渔趣发明
青少年发明创造
趣味路径
文云全
知识产权出版社
全国百佳图书出版单位
—北京—

图书在版编目（CIP）数据

渔趣发明：青少年发明创造趣味路径 / 文云全著 .—北京：知识产权出版社，2023.2
ISBN 978-7-5130-8506-9

Ⅰ. ①渔… Ⅱ. ①文… Ⅲ. ①创造发明—青少年读物 Ⅳ. ①N19-49

中国版本图书馆 CIP 数据核字 (2022) 第 234943 号

内容提要

本书是作者多年开展发明创造教育研究与实践的成果。作者将发明创造的科学法则、技能、思维、精神和价值等融于"渔趣"之中，从发明创造的切入口、操纵杆、发展力、秘笈盒、评估尺五个方面探索了青少年发明创造的趣味路径，为青少年发明创造提供经验指导，促使其思路拓展；在趣味中引导青少年发现身边的"不如意"，从而进行解决"不如意"的发明创造。

本书作为中小学发明创造课程的辅导读物，既考虑到了内容的广泛性，又具有较强的针对性和实用性，可为中小学发明创造课程教学、青少年自学发明创造、家庭开展亲子阅读与实践活动等提供参考。

责任编辑：阴海燕　　**责任印制**：刘译文

执行编辑：赵蔚然

渔趣发明——青少年发明创造趣味路径

YUQU FAMING——QINGSHAONIAN FAMING CHUANGZAO QUWEI LUJING

文云全　著

出版发行：知识产权出版社有限责任公司　　网　址：http://www.ipph.cn
电　话：010-82004826　　http://www.laichushu.com
社　址：北京市海淀区气象路 50 号院　　邮　编：100081
责编电话：010-82000860 转 8701　　责编邮箱：laichushu@cnipr.com
发行电话：010-82000860 转 8101　　发行传真：010-82000893/82000270
印　刷：三河市国英印务有限公司　　经　销：新华书店、各大网上书店及相关专业书店
开　本：720mm×1000mm　1/16　　印　张：16.75
版　次：2023 年 2 月第 1 版　　印　次：2023 年 2 月第 1 次印刷
字　数：232 千字　　定　价：98.00 元

ISBN 978-7-5130-8506-9

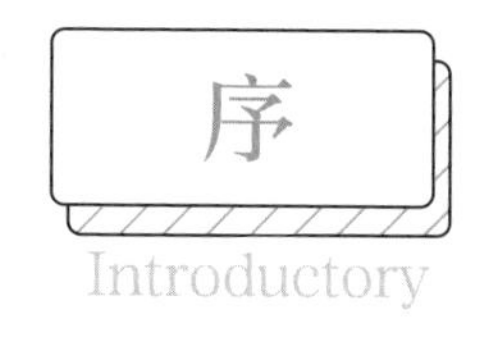

应文云全老师之邀，为其《渔趣发明——青少年发明创造趣味路径》一书作序，倍感荣幸和欣慰。于是冥思加敏思多日，遂成此开篇小文，实赞此书，实赞文老师！

一部超越业界的“奇”书

当今世界，科技创新日新月异，全球竞争进入全新的创新比拼阶段。国民科学素养是国家科技创新实力的重要体现，而创新发明能力是国民科学素养的内在潜质。进入 21 世纪，国际教育正转入创新发展时期。世界各国无不奋力打造创新培育政策框架与教学实施体系，科学教育也从早期传统模式逐渐转型至当代的科技创新教育模式，大量的教学新模式和新规律得以萌生并渐进成型。其关注点不再仅仅是科学概念、知识、传统技能的知晓，而是更注重科技与创新结合，旨在最终育成青少年创新素养，其根本表征在于创新的意识、心态和习惯的建立。

然则关于创新的教学中，似乎总有一种“缺点儿什么”的感觉，那就是摸准青少年创新规律之脉、切中青少年创新之障、启开青少年创新之思、升华青少年创新之智、塑造青少年创新之魂的教学材料始终难以找寻。这是多种客观因素造成的，首先是青少年创新规律与成年人不同、与科技人不同、与机构人不同；其次是青少年处于知识成长期，方法与思维偏稚嫩；最后是适于青少年读懂、模仿、充满兴致的高级趣味科学读物不可多得。以此三方面的客观原因，国内适合青少年创新教育的材料仍“踏破铁鞋无觅处”。

当我一口气遍历文老师此书，我的欣慰之情油然而生，恰似顿有一股喜悦喷薄而发，有那么一种找到了“宝藏”的猛然激动。此书就是业界长期的一种期冀，长期以来“遍历不寻”，如今终于“柳暗花明又一村”。于是我称此书为“奇”书，超越业界，具有自然客观之实，全无虚假恭维之嫌。此处，业界自然是指青少年科技创新教育界，包括国内外、校内外科技教师及支持此业的各界团体与个人。在此业界，此书当属“创新之大成”。

一部“谈鱼论渔”的“趣”书

“鱼”，生活之基本兼高级食材；“渔”，生活之方法兼品味兴趣。古人语，“授人以鱼不如授人以渔”，实道教育本质与传授大法。“渔趣发明”，一个新构词组，初次听颇有奇异之感，细想却无违和之异。“渔”自为“趣”，合之立显某种品质生活方式涵义；跟之“发明”，隐含视“发明”为“有发明兴趣之人于趣味发明之修炼路径求索创新”之意，比较贴切。

谈出于“鱼”，自各种待鱼之技巧思路，及各类启思之逻辑策略；论归于“渔”，由各种方法之剖析启智，至各种技巧之成型示范。此书颇为难得之处，在于以“趣”为线索，以“趣”为引领，还处处强调“趣”之本味、“趣”之吸引、“趣”之阅读，“趣”之发明习得与实践过程。此“趣”，还指青少年之“童趣”，好奇之“兴趣”，灵感之“志趣”，创新之“乐趣”。

最为难得之处，是此书能将创新发明的科学之法则、技能、思维、经验融于“渔趣”之中，毫无牵强拼凑之感，能让每一个孩子听懂。而且，该书的阐述是科学的，案例是鲜活的，思维是启迪的，方法是示范的。那么，其读来必然是吸引人的、通俗易懂的、深入浅出的，即便是小小的孩子，相信也能被自然地带入我们期望的青少年能够建立的创新意识、发明方法、价值观、情感、喜好、乐趣等形成的“圈儿”。

君不见，我读此书，尽被由“鱼”到“渔”的“渔趣”所吸引。这种感觉应该是第一次在创新发明教学材料中得以遇见，所以此书是难得的，而这正说明其中这个“趣”用得好！

一个至性追求的“高”人

记得大约是 2015 年上半年的一天，我头一次被江苏省科协及青少年科技中心邀请，为江苏的数百名科技教师做科技创新和科技教育讲座，地点应该是在南京，那是我为江苏的老师们做的第一次报告。报告花了有 3 小时，中间有一个约 15 分钟的间休。就在间休中，主办方向我介绍了几位老师，文老师就是其中之一。我们一见如故，交流很觉开心。与文老师的交流不过简单数语，已经窥见他平凡中的不凡，也为他比其他科技名师更加孜孜追求的精神所感动。只是当时我还不知道，他在江苏教育界同行中有着如此高的修为和鼎鼎大名。

接下来的数年，在我为江苏科技教育做相关指导的过程中，大多数时候都能见到文老师。随着交流的增多，特别是在我所见到的许多江苏青少年科创作品，最好的那几个之中总是能看到文老师辅导的影子。我更是感受了文老师的倾心倾情倾力，他是一个真正为了孩子们的创新成长而不懈努力、一个潜心为了孩子们的创新成功而竭智尽力的中学科技教师。尤其是他超越一般科技教师的真知灼见、理论素养、实践精神及“无我”品格，让我看到了中国科技教育未来的发展高度。所以，我觉得文老师特别值得钦佩。及至后来在江苏科技教师培训中，文老师和我都是培训专家，我知道了更多他的经历、故事、追求和建树，也更增加了对他的理解和欣赏。

读完此书，我真正弄清了文老师为何让我如此钦佩的原因。一个中学的科技教师，能够跨越到创新发明的高阶层次，又能够如此灵性地引导学生展现出创新发明的奥妙神通，通过孩子们那一个个奇思妙想的作品，阐释了往往难以琢磨的方法，非“深谙此道”所不可能，我觉得是很了不起的。

我还必须强调，全书所展现的方法论的梳理，更有层次，更有框架，更有体系，让中小学生创新发明的方法论自成一说，这是最为不多见的。这是层次更高的体现。

所以，我说文老师是一个“高人”，他有至性的追求，穷所有汗水、经历和智慧，集生活与人生之独到，在平凡中做到了不平凡；他是一个纯粹的“高人”，一个不凡的“有趣之人”，带给了青少年如此“有趣”的创新法宝。

毫不夸张地说，文老师是一个品味、志趣、修养、学识俱佳之人的典型，也是中国的科技教师应该学习的“模范”。有这样的人，才有这样的书！

让我们通过这本可以视为中国青少年创新之“法宝”的《渔趣发明》，品赏科创之“趣”，溯源文老师之智慧，感受文老师的倾心倾情。我们一定要让周围的孩子们多读、多用、多实践此书中的“趣”与“法”。

最后，我要说，教师的根本目标在于让学生得“渔”，而不是得“鱼”。我相信，文老师创作的这本展现创新教学与发明本质、充满聪灵心意和倾注卓越智慧的“法宝”书，必然培养出许许多多未来可期的青少年发明家。他们一定会为国家贡献更多的创新发明！

我是向世清，一个科学研究之人，以严谨求实为本。这里言之不虚，目标无他，仅为举荐此书，举荐文老师之大举。愿文老师的此书远播青少年，成就我国的青少年科创教育之新气象！

向世清（研究员、教授）
中国科学院上海光学精密机械研究所
2022 年 8 月 15 日于上海嘉定

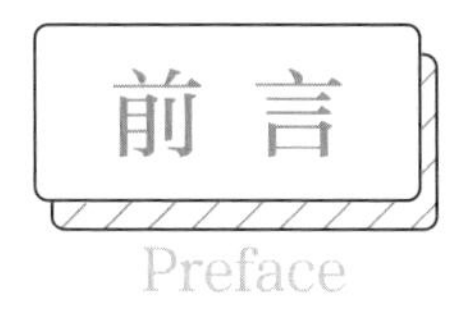

前言

Preface

科技创新是人类社会发展和综合国力提升的“牛鼻子”[1]，而发明创造是科技创新的核心和关键，其重要性不言而喻。诸多有志有勇的青少年从小便梦想成为“发明家”，不少学校和教师也注重打造以发明创造为亮点的特色科技教育，为培养创新人才不懈努力。

然而，对于青少年甚至大多数成人而言，发明创造犹如闪耀天际的星辰，神秘莫测，令人神往，却高不可攀，难以企及，在真正准备开展发明创造行动时，不知如何下手；或者在面对发明创造“首创出先进、新颖、独特的具有社会意义的事物及方法”的严苛要求时，又不知怎样操作，如何着力；抑或在面对发明创造可能或正在经历数次失败的现实时，更是不知所措，缺乏实施技巧和评价策略。

那么，可否让发明创造既有效又有趣呢？“渔趣发明”[2]的提出，正是为了探索青少年发明创造的趣味路径。

作为一种教育理念、方法和过程，“渔趣发明”有其特殊的内涵和意蕴，主要表现为促进青少年创新发展。

---

[1] 新华社 . 习近平在上海考察 [EB/OL].（2014-05-24）[2021-05-29]. www.xinhuanet.com.

[2] 文云全 . 试论“渔趣创新”的意蕴表征及层次架构 [J]. 创新创业理论研究与实践，2020（13）：1-2，5.

“渔趣发明”之意为“渔”，即引导青少年学会发明创造。从意义上说，青少年发明创造之意为“渔”，应着眼长远发展，减少短期功利性行为，以创新人才培养为目标，引导青少年发明创造可持续发展，学会创新。

“渔趣发明”的旨在“趣”，即快乐发明创造。从宗旨上说，青少年发明创造之旨在“趣”，应关注过程体验和成长状态，以终身发展、快乐成长为遵循，坚持主体性和趣味性，引导青少年自主探究，快乐创新。

德国物理学家克劳斯•冯•克利青发现量子霍尔效应获诺贝尔物理学奖，他在领奖时平静地说这是“多年等待的结果”。这种“等待”如“渔”的过程，一方面是辛勤耕耘，坚持不懈地努力；另一方面是放眼长远，追求价值的自我实现。青少年发明创造具有同样的道理，要坚定信念，潜心钻研，循序渐进，不急功近利，方得胜利。因此，青少年发明创造要淡化功利，着眼长远，培养自主意识和独立发现、思考并解决真实问题的能力。

在生活中，“趣”代表的是一种悠然闲乐的生活态度，在发明创造中追求新奇性和注重娱乐性。因此，“渔趣发明”是指根据青少年特点和爱好，在教师或家长的指导鼓励下，以“趣”贯穿始终，让青少年积极主动地开展发明创造实践活动，体验发明创造过程，学习发明创造方法，感悟发明创造真谛，从而激发青少年的创新兴趣，开发青少年的创新潜能，培养青少年的问题意识、创新思维、创新精神和实践能力的过程。

本书主要内容包括：发明创造的切入口（何处下手）、发明创造的操纵杆（怎样操作）、发明创造的发展力（如何着力）、发明创造的秘笈盒（实施技巧）、发明创造的评估尺（评价策略），共五章。书中选取大量经典案例，结合近百首“渔趣发明”打油诗及注释，以讲解和交流形式，让大家在“趣”中学“渔”：感受新奇，体验发明创造的乐趣；破除神秘，领会发明创造的意趣；实践探究，体会发明创造的妙趣；追寻本源，领悟发明创造的志趣。

本书可作为中小学发明创造课程的辅导读物，也可作为青少年自学发明创造的科普读物或家庭开展亲子阅读与实践活动的指导用书，还可为广大教师和科研人员自主研修或开展创造教育专门研究提供参考。

Contents

第一章　发明创造的切入口（何处下手）

发明创造，一个充满神奇色彩的字眼！成为发明家，是许多热血青少年的美好梦想！著名教育家陶行知说："处处是创造之地，天天是创造之时，人人是创造之人。"虽说发明人人可为，时时可为，处处可为，但必须走好关键的第一步——"入门"。"万事开头难"，对初识发明创造的青少年来说，发明创造的起点和难点就在于如何找到神圣的发明创造殿堂的切入口。[1]

一、从"不如意"切入发明创造[2]

先和大家分享一则发明创造故事：有一名初二学生，一天在去外婆家的路上，自行车因漏气而不能骑了，附近又没有修车打气的地方，他只好推着车走了很远，累得上气不接下气。这时他想："要是能随车带一个打气筒就好了。"可是当他准备将家里的贮气式打气筒随自行车带走时，才发现打气筒体积太大，携带不方便；而且他在用此气筒给自行车打气时，感觉很费劲，其原因是贮气罐太小。经数次反复设计试验和改进后，最终他发明创造了"双层打气筒"（见图 1-1），获得江苏省第十届青少年发明创造比赛一等奖和第十二届全国发明展览会银奖。他也因

---

❶ 吴雷 . 中小幼科技教育实验与探索 [M]. 北京：科学出版社，2001：112-115.

❷ 文云全 . 从"不如意"切入发明 [J]. 科学大众・江苏创新教育，2012（1-2）：42.

品学兼优、发明创造成绩突出，被评为“首届中国少年科学院院士”“中国当代发明家”[1]。他就是高中就读于江苏省启东中学的黄泽军同学。现在，黄泽军的发明创造作品“双层打气筒”的第一代模型被收藏在南通教育博物馆。[2]

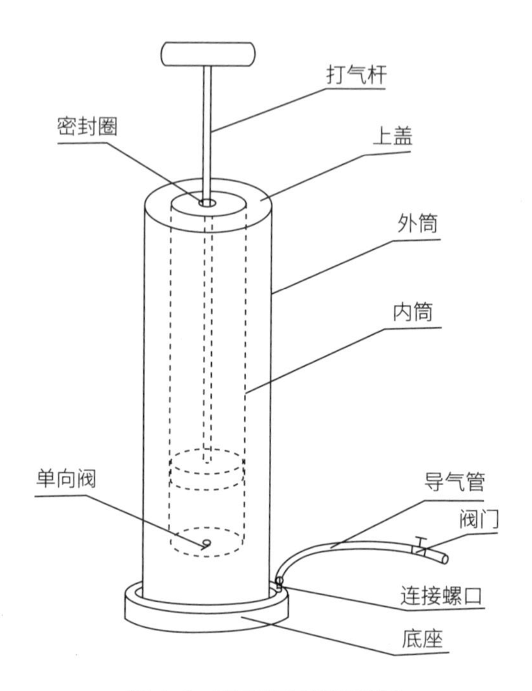

图 1-1　双层打气筒示意图

从上面的例子可以看出，发明创造是一个有计划的创新活动，它有着科学合理的基本工作流程。当今很少有产品是偶然被开发出来的，发明创造的过程需要使用各种各样的能力，如创造性思维、空间想象、批判性思维和逻辑推理，等等；它还需要动手能力，如测量、画草图、绘图和使用各种工具。那么，发明创造的过程包括哪些环节呢？一般来说，发明创造的过程主要有以下几个环节：

---

❶ 中国发明协会 . 中国当代发明家大辞典（第二卷）[M]. 北京：知识产权出版社，2008：5.

❷ 大江中学课题组 . 学会发明 [M]. 西安：陕西人民出版社，2011：93.

（1）问题——发现明确。从生产、生活、学习等方面发现与明确要解决的问题。

（2）构想——解决办法。收集相关信息并进行处理，发挥想象，得出问题的解决方案。

（3）设计——图解方案。将解决办法具体化，准确表达出创新设计的灵感。

（4）制作——模型实物。将设计方案付诸实践，制作模型或实物，并分析讨论提出意见。

（5）改进——验证优化。结合模型实物和反馈意见、建议进行方案改进和优化。

（6）发表——成果处理。将比较成熟的发明（创新）成果发表或参加比赛，甚至申请专利等。

同时，我们从“双层打气筒”的发明故事中，还能看出其发明创造的“切入口”是两个“不如意”。他在认真分析后发现，这两点“不如意”之间似乎是互相矛盾的：从携带方便来说气筒要小点好，从打气省力的角度来说气筒要大点好。“到底是大点好还是小点好呢？能不能有两全之策呢？”他因此陷入了长久的沉思。后来，他终于想到将气筒壁由单层改为双层，夹层贮气量比以前增加了好几倍，又因少了旁边的贮气罐，整体体积可变小，解决了这一矛盾，同时克服了携带不方便和打气不省力两个“不如意”（见图 1-2）。

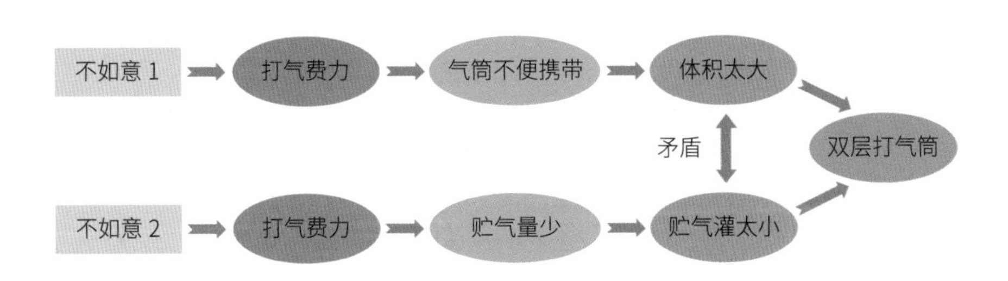

图 1-2 “双层打气筒”的发明过程示意图

矛盾发明

矛盾问题普遍存，
化解常需寻其根。
利用矛盾出妙招，
方法新奇发明生。

矛盾是普遍存在于事物之中的，是事物发展的动力，需要找到矛盾存在的根源，才能相对彻底地解决矛盾。而发明创造可基于矛盾，利用矛盾解决问题，从而产生意想不到的效果。无论是方法创新，还是发明创造，新奇妙招往往就在矛盾的解决过程中应运而生。

当然，发明创造的切入口很多，不同的发明人和不同的发明创造项目，其切入口有可能不同。从以上讲到的“双层打气筒”的发明创造故事我们不难看出，抓住事物中存在的“不如意”，就可能找到“如意”的发明创造课题。而事实上，从身边事物的“不如意”切入，是发明创造取得成功最直接、最有效的方略。当然，大多数的“不如意”都可以看成事物的缺点，所以，从这个意义上说，发明创造的过程，就是将“不如意”变为相对“如意”的过程。

说到此，我们不禁要问，除了上面提到的“携带不方便”“不省力”等“不如意”外，还可以从事物哪些方面的“不如意”切入发明创造呢？其实，“如意”“不如意”是人们对事物特征表象的一种心理感觉，是与人们的需求和愿望分不开的，而人的需求和愿望是发展变化的，所以可以说“如意”是相对的，而“不如意”是绝对的。从这个意义上说，只要坚定信念，留心观察，深入发掘，做个有心人，抓住事物的特征，从不同角度思考其特征的局限性，就不难找到事物的“不如意”，找到发明创造的切入口。我们可以列举出某样物品多项特征上的“不如意”供发明创造选题参考。比如，结构的不合理，功能的不完备，色彩的不协调，操作的不方便，设计的不安全，动力的不节能，使用的不省力、不卫生，控制的不精确、不快速，还有不轻便，寿命短，无变化，等等（见图 1-3）。

图 1-3 “不如意”切入发明示意图

以下举几个通过寻找事物的“不如意”切入发明创造的例子。

比如，结构的“不如意”。盛荣荣同学发现现有的牛奶箱（预约送货）上锁的结构不合理，给送牛奶的人增添了许多麻烦，但如果不锁，牛奶又容易被别人拿走或弄坏弄脏。于是他在信箱的启发下，将牛奶箱内部设计为交叉斜面结构，发明创造了“方便安全存物箱”（见图 1-4）。一方面在放牛奶时无须开锁，就能让牛奶瓶缓慢滚下不至于摔坏，另一方面能防止已放入的牛奶被别人拿走或弄坏弄脏。该作品因构思精巧、结构简单、操作方便、成本低廉、安全可靠，获得第十三届全国发明展览会金奖、光华青少年科技发明创造奖、第十二届江苏省青少年科技创新大赛一等奖。

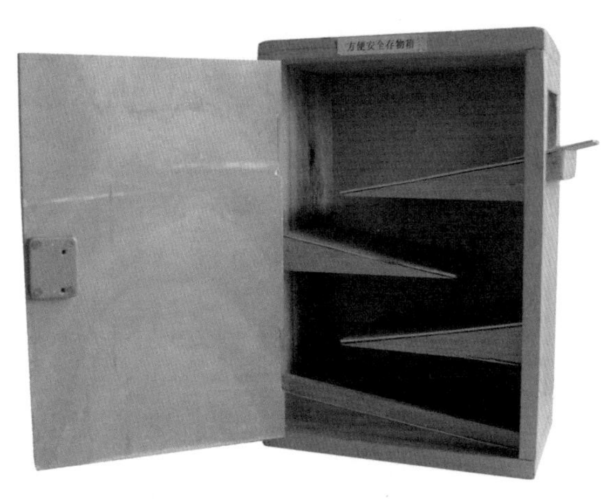

图 1-4 方便安全存物箱模型

朱金伟同学发现一般的拖把宽度固定，在拖大面积地方时拖把太小，在拖小地方时拖把太大，而且由于拖把是单面的，一弄脏就需要清洗后才能拖。于是他针对拖把结构的“不如意”，发明创造了“辊轮伸缩式拖把”（见图 1-5），将拖把头设置为双排伸缩可变宽度的滚筒式，解决了以上问题。“辊轮伸缩式拖把”获得第五届中国国际发明展览会铜奖。

图 1-5　辊轮伸缩式拖把模型

又如，功能的“不如意”。电工等施工人员经常需要在高空作业，非常危险，对他们的保护措施就显得尤为重要，而现有的高空作业安全装置可靠性差，其功能不如意，特别是在作业人员从高空急速下落时，不能有效实现救生。沈洋洋、吴俊同学发明创造一种“高空作业急速救生装置”（见图 1-6），由固定器、突击器、螺钉、珠链组成，珠链穿过突击器构成自锁装置，拉珠链的速度过快时会使其自锁，在没有危险时，该装置不起作用，当出现危险，拉珠链的速度过快时，该装置就立即发挥作用，结构简单，操作方便，安全可靠。

图 1-6　高空作业急速救生装置模型

功能拓展

功效目的在实用，

能动思考情理中。

拓宽视野求创新，

展现风采青春梦。

功能拓展也可简单理解为“一物多用”，即将现有物品的功能作用进行合理化拓展，以发明创造的“三性”标准作为指导，力求创新，展现风采，实现梦想。功能拓展的关键在于拓展，需要能动地思考，开阔视野，发散思路，发挥想象，甚至可以团队合作，头脑风暴，多维度多项目整合提炼。

因为在看《新闻联播》时，看到某矿厂工人因防护不到位导致中毒或窒息的严重事故，江苏省启东中学科创先锋队队长张森晖带领黄俊杰、张晓宇迅速组成发明创造团队，针对这一安全方面的“不如意”，开始研究矿厂工人用呼吸面罩。他们发现重工业呼吸面罩空气透入率低，不适度高，安全保障系数低，适用范围狭窄，不适用于长时间高强度工作，经过近半年的研究，发明创造了“重工业助力型舒适安全呼吸面罩”（见图 1-7），是一种可用于重体力劳作的改进型安全呼吸面罩。此面罩通过涡轮增压风扇高速送风，实现供给足量氧气、助力呼吸的同时，排汗除湿，增加佩戴舒适度；结合气敏传感器等电学元件，设计电路，随时对工作环境进行检测，当环境空气质量不适于继续工作时或存在危险气体时，能自动停止外部供氧，并启用应急供氧系统，助力逃生，实现完全智能化；增设过滤层，提高空气过滤效果。这项发明创造获得第二十八届江苏省青少年科技创新大赛二等奖。

图 1-7　重工业助力型舒适安全呼吸面罩模型

此后，张森晖同学通过寻找“不如意”又提出了多项发明创造方案，包括“抽拉式垂直无烟烧烤机”“互联信息共享及时性道路监控系统”[1]等，其中后者可用于执法部门智能搜寻车辆设备。他研究发现现在的道路监控器是以第一代电子警察与第二代的数字处理监控器为主力，却有以下问题：紧急情况下，无法快速地将信息反馈给信息中心，使得犯罪分子有了逃逸之机；大部分的违章破案还是基于人工，最先进的第三代图像模拟监控器也仅是违章智能判断；最大的问题就是对没有明显特征的车辆（没有牌照等）无法进行有效追踪监控，导致办案难度大，浪费人工。因此，道路监控器存在许多漏洞，急需更新换代。本创意将报警器与红绿灯、处理器直接相连，将因电话报警而浪费的时间节约了起来；建立小型单片机区域处理器，更快更高效地搜寻甚至没有特征信息的目标车辆，并可以指挥所有辖区内的监控器；所有监控器所拍摄的数据均可通过区域处理器实行信息共享，实现共同追捕同一辆车的目标；可以根据既定程序，依次判断道路实时状况，并反映到信息中心；区域处理器也可实现信息共享，实现跨区域追捕。本装置可实现报警行动一体化，

---

❶ 张森晖 . 互联信息共享及时性道路监控系统：201610752171[P]. 2016-08-30.

缩短报警时间同时对没有明显特征的车辆进行有效的追踪。“互联信息共享及时性道路监控”获得第九届中国国际发明展览会金奖和第十二届宋庆龄少年儿童发明创造奖创意奖。

张森晖在发明创造感想中说：“在科创先锋队的这段时间，我不仅学会了找‘不如意’，也学会了坚持，还收获了努力的乐趣。虽然学业繁忙，但科创的坚韧精神依旧让我不言放弃。我想，这就是我这段历程中的一笔财富吧。我会带着这份科创的坚韧精神，继续下去。”

品鱼戒急

品腥后余贵美味，
鱼骨刺扰常伴随。
戒除浮躁沉下心，
急缓巧避见鱼肥。

品尝鱼之美味的同时，切莫忘记鱼还有腥味与骨刺，因此不能食之过急，否则不仅难以品出鱼之真正美味，还容易被鱼骨刺卡喉，造成意外。重点是为了鱼腥过后余下的美味，需要慢下来，剔除鱼刺的干扰才能品出来。这对于发明创造的启示在于其成功和产生的作用和影响可能要在经历艰辛与坚持后才能慢慢地体现出来，也就是说发明创造的良好效应有时可能需要一定的时间才能体现，不要轻言放弃。

在生猪检测中，测体重、温度时，用体重计、温度计，分别测两次，造成了步骤的烦琐，浪费时间；而且使用后观察刻度时，还必须进行估读，这就造成了很大的误差。沈赛江同学发明创造了一种“生猪检测仪”[1]（见图 1-8），是快速检测生猪体重和体温的装置，由红外测温装置、压力传感器测重装置、显示器、电动门等组成，其特征在于：上方装有红外测温装置，下部装有压力传感器测重装置，侧面有显示器；控制部

[1] 沈赛江 . 生猪检测仪：200820032218[P]. 2008-02-03.

分有电动门，其上有调换电源正负极的出口门控开关。该发明创造能同时快速测出生猪的体重和体温，并将合格与不合格的生猪区分，达到省时、方便、准确的效果。

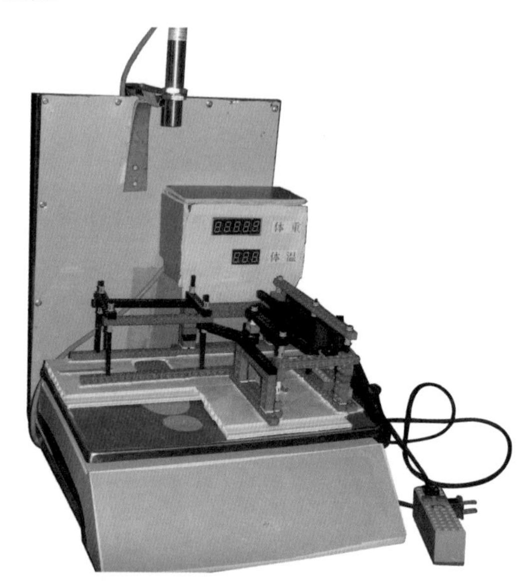

图 1-8　生猪检测仪模型

再如，环保节能的“不如意”。现在的旧电池有偿回收工作大都需要人工执行，烦琐且浪费人力资源。而由于定点回收单位少，所以人们纵然有环保意识也难提起回收旧电池的积极性，因此，旧电池回收效率还是非常低的。杨永华发明创造的“旧电池有偿回收装置”[1]（见图 1-9），是收集旧电池兑换硬币或用于缴付乘车费的装置。旧电池投入口的内部下方有一个金属传感器，中部有投币器、指示灯以及扬声器。将金属传感器与出币器、指示灯以及扬声器连起来，既可以快速感应电池，又能以声、光信号传出。本实用新型专利，可以在提高电池回收效率的同时方便人们的乘车投币。“旧电池有偿回收装置”是将自动售货机的原理加以逆向使用，投入旧电池后可以出来相应钱币，或折算成相应钱币用于乘车等消费，让大家乐于把旧电池投入其中，从而提高旧电池的回收率。

---

[1] 杨永华 . 旧电池有偿回收装置：200920038629[P]. 2009-01-01.

具体来说，箱体上顶有盖板，上部一侧有投币口，下部为存币箱；箱体上部另一侧装有投电池口，投电池口下方装有金属传感器，其下部为存电池箱；存电池箱与存币箱并排放置；箱体正面装有指示灯和扬声器以及出币口；箱体内有单片机。使用时，乘客将旧电池从投电池口投入，即可从出币口处领取相应的钱币，或通过单片机折算相应乘车费用，实现有偿回收旧电池，为环保节能做出贡献。

图 1-9　旧电池有偿回收装置模型

燃气灶的主火开关一般都为手动调节，当临时需要把锅具从燃气灶上移走时，只能通过手动调节火力的大小或开关，否则主火继续燃烧，既浪费燃料，又使厨房工作环境变得恶劣，甚至诱发火灾。当继续使用时需要重新打火、调节，使用很不方便。梁陈发明创造的“自动开关主火的燃气灶”（见图 1-10）解决了这一问题。本发明主要由灶体、主火控制机构等组成，在燃气灶的主火燃气通道上设置一个阀门，由锅具自身的重力压迫（或移离）来控制此阀门的通断，从而控制主火燃气的供气情况，实现主火自动控制。本发明操作方便，大大减少了打火和调节次数，节约燃料，安全可靠，值得推广。

图 1-10　自动开关主火的燃气灶模型

江苏省启东中学陈骏马同学为了充分利用自然能源，针对现有水力和风力驱动装置各自独立运行且返回时产生的阻力大的“不如意”，发明创造了“低阻水风力驱动装置”[1]（见图 1-11）。该装置由叶轮、横梁、阀片、支架组成，在支架内通过轴、轴承装有圆形的叶轮，两个叶轮上装有 4 ～ 6 对横梁，横梁上通过轴承装有可自由转动的阀片，支架固定在立柱上，在叶轮片下部轴上装有齿轮，与主柱上的齿轮相吻合。此装置小风力或低落差的水力就能驱动，阀片受力面积较大，返回时阀片产生的阻力变小，它能不受风向、水流方向的影响。此项发明创造获得首届国际中学生发明展览会（韩国）金奖、第十四届全国发明展览会金奖、全国青少年科技创新大赛二等奖、第十四届江苏省青少年科技创新大赛一等奖，并获得国家实用新型专利。

总之，不管抓住事物的哪一特征寻找其“不如意”切入发明创造，都需要我们认真分析各种不同的需要，充分发挥想象，再对比现有事物的现状和特征，将“不如意”之处尽量列出，然后进行个别解决或分类合并解决，这样的发明创造不仅容易成功，而且具有一定的实用价值。

---

[1] 陈骏马 . 低阻水风力驱动装置：CN02257938[P]. 2002-10-21.

图 1-11　低阻水风力驱动装置模型

二、从知识与技术的应用切入发明创造[1]

发明创造的切入口很多，如前面说过的从“不如意”切入发明创造是最直接、最有效的方式。这种来源于生产、生活，通过观察思考发现问题或因需求而提出发明创造课题的方式，可以说是“自下而上”的选题方式。与之相反，还有一种课题来源于理论知识或相关技术的具体应用，基于理论假设和思考想象而产生的灵感，是“自上而下”的选题方式。但我们应该知道，无论是哪种选题方式，所有发明创造都离不开知识与技术的支撑，知识与技术是发明创造的基础。[2]

换言之，如果我们“学以致用”，将知识或技术应用到合适的地方，解决某个或某些问题，满足某种需要，就有可能产生新的结构、方法和效果，得到发明创造新成果。当然，这里说“可能”而不是“一定”，能否得到新成果关键要看知识与技术的应用是否“合适”，是否符合《中华人民共和国专利法》中发明创造（或实用新型）的条件，即“三性”：新颖性、创造性和实用性。众多发明创造实例证明，从

❶ 文云全 . 从知识与技术的应用切入发明 [J]. 科学大众 · 江苏创新教育，2012（3）：23.

❷ 文云全 . 儿童创造力发展的动力体系及运行策略 [J]. 现代中小学教育，2017（12）：82.

知识与技术的应用切入发明创造更容易成功。这是一种应用型发明创造，是“活学活用”的结果。当然，只有将掌握的知识与技术应用到实际中合适的地方，才有可能产生新颖、先进、实用的发明创造作品。

如根据物体重力始终竖直向下，人们发明创造了重垂线、摆钟等；根据杠杆原理，人们发明创造了天平、跷跷板、剪刀等；根据光的特性，人们发明创造了平面镜、放大镜、潜望镜、显微镜等；根据热胀冷缩原理，人们发明创造了温度计；根据物质的热敏特性，人们发明创造了温控开关；根据电和磁的特性，人们发明创造了指南针[1]、电灯、电动机、电磁炉等。

那么，如何才能提高从知识与技术应用切入发明创造的成功率呢？接下来我们将从知识与技术的种类及特性说起，然后举例分析。以便于青少年读者有选择性地学习知识与技术，并有针对性地加以巧妙应用，使知识与技术应用的过程更符合发明创造的规律和条件。

我们先说知识。知识是人类认识的成果或结晶，是人们在实践中所获得的认识和经验的总和，它具有规律性、实践性、继承性和渗透性等特征。知识的分类方式较多[2]，经济合作与发展组织（OECD）提出了目前最权威最流行的知识分类方式，将知识分为四类：事实知识（know-what）、原理知识（know-why）、技能知识（know-how）和人力知识（know-who）。事实知识与原理知识是显性的知识，可以直接应用于实践，产生一定的效果，而技能知识和人力知识是隐性的知识，一般需要通过人们的理解、训练后在具体的技能操作或人事管理等特定场合方可应用。[3]我们在后面讨论技术应用时会有所涉及。在实践过程中，对具体的发明创造项目而言，我们所用的知识一般指前者，即事实知识和原理知识。事实知识是指事物本身所固有的自然现象、属性、规律、定律等，

---

❶ 吴国盛 . 科学的历程 [M]. 北京：北京大学出版社，2016：154.

❷ 季正泉，茅慧生 . 学会发明 [M]. 北京：长征出版社，1999：21.

❸ 杨伟杰 . 网络环境下协作学习活动中的绩效技术研究 [R]. 武汉：第五届教育技术国际论坛，2006.

如日出日落、潮涨潮退、四季轮回、生物进化、海绵吸水、流体浮力、磁体同性相斥异性相吸、大气压强、热胀冷缩、能量守恒、平行四边形具有不稳定性而三角形具有稳定性，等等。原理知识是指包含着事物为什么会这样或那样的原因在内的道理、法则或模型，如电磁感应、反冲、杠杆、虹吸、光的折射和反射、光合作用等。

下面举几个中小学生运用知识进行发明创造的例子。吴家山在科学课上学了磁铁异性相吸的原理，用来解决生活中的问题，设计出了“防滑香皂”（见图 1-12）；朱敏敏同样利用磁体异性相吸原理，发明创造了“汽车内用刮露器”（见图 1-13），汽车雨刮器通过磁力带动，实现车内玻璃刮露；李松林利用磁体同性相斥原理发明创造了“电磁避震器”（见图 1-14）。周海健利用水既可以作为缓冲剂，又可以保暖或降温，还可以解渴的特性，发明创造了“水头盔”（见图 1-15）。顾飞燕利用光的反射和直线传播原理发明创造了“声音振动演示装置”（见图 1-16），让声音通过振动传播的现象能直观演示。声音振动不易被直观地看到，而可见光的反射和直线传播容易被看到，该发明正是利用这一点特性，将不易被直观看到的现象转化为容易被看到的现象。陈沈博利用重力知识发明创造了“自动关闭门窗的铰链”（见图 1-17），让门窗在打开的同时有所上升，放手后门窗借助自身的重力作用而自动关闭；唐赛雷利用物体超重失重的特性发明创造了“数字式超重失重演示仪”（见图 1-18），能通过数字显示直观看到超重失重的程度；倪礼金发明创造了“用单摆测定重力加速度实验仪”（见图 1-19），省了实验时同时计时和计数的麻烦，也大大减小了实验误差。秦卫利用课本上学到的气压原理，发明创造了“盲人自动饮水器”（见图 1-20），在饮水机出水口旁边加一根长度可调的导气管至密封的贮水箱内，当水放到一定量的时候把进气管口封住，贮水箱内的空气便成为封闭气体，在温度不变的情况下，其体积随着饮水机内水的流出而逐渐增大，根据理想气体定律，封闭气体的压强会逐渐减小，里面气压逐渐减小至管口处内外压力平衡后，水停止流出，盲人饮水不再被烫伤。高文蔚利用杠杆原理发明创造了利用自来水自身重力控制阀门“自动定时关闭的水阀”（见图 1-21）；还有曾经提到的梁陈发明创造“自动开关主火的燃气灶”，也是巧妙利用杠杆原理和锅自身重力的发明创造。

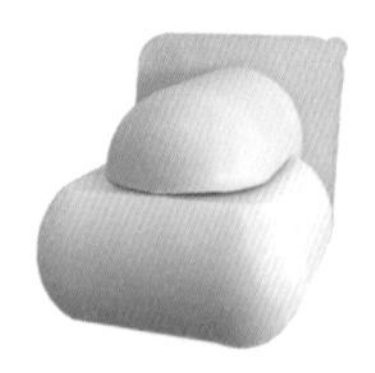

图 1-12　防滑香皂模型

图 1-13　汽车内用刮露器模型

图 1-14　电磁避震器模型

图 1-15　水头盔模型

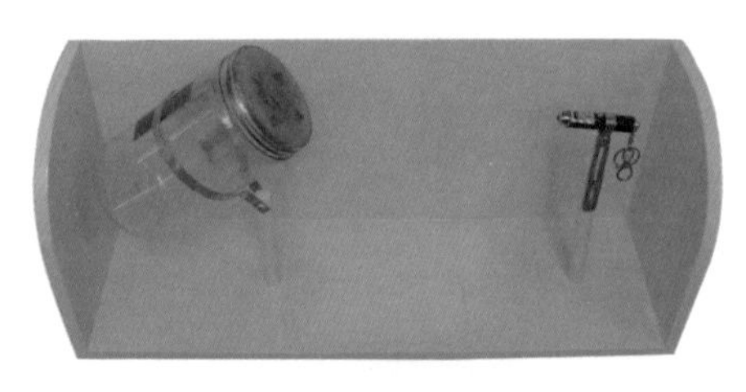

图 1-16　声音振动演示装置模型

图 1-17　自动关闭门窗的铰链模型

图 1-18　数字式超重失重演示仪模型

图 1-19　用单摆测定重力加速度实验仪模型

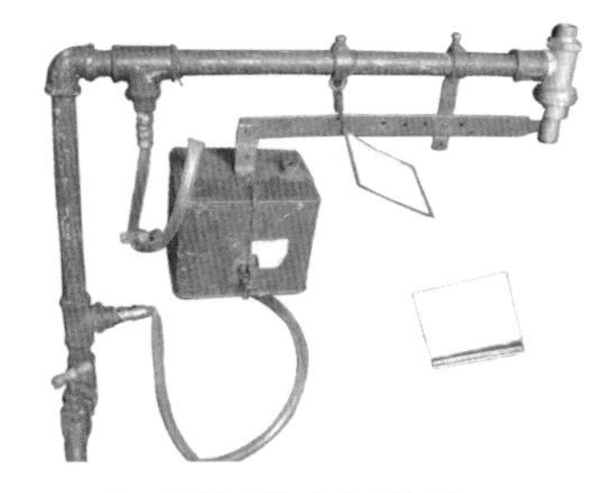

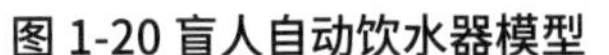

图 1-20 盲人自动饮水器模型　　**图 1-21 定时关闭的水阀模型**

当然，有时我们可能并非提前知道相关知识或技术，仅凭自己想象便能得到新颖独特的发明创意点子。如初三学生倪超，发现灯泡的灯丝一旦烧断，屋里便漆黑一片，就连换灯泡也看不见，于是就想到要发明创造一种新型灯泡，要是能在一段灯丝烧断后也能继续发光就好了。尽管他所学知识有限，但他根据生活常识——一条路不通，可以绕道而行，大胆设想——电也应该可以绕道。于是，他找来纸和笔，根据“绕道”原理，画出了一种灯丝电路可以“绕道”的特殊灯泡结构，灯泡中任何一处灯丝断裂，电流都可以绕道使电路继续接通，灯泡可以继续发光。当他把发明设想图纸交给老师时，老师非常诧异，以为他懂得相关电路知识。经过交流才知道他完全是凭自己想象画出来的。后来，在老师的引导下，他进行了有关电路知识的学习，查阅了很多资料，最终成功实现设想。这种电路叫“桥式电路”，发明创造作品取名“桥式灯丝灯泡”[1]（见图 1-22）。这种灯泡的灯丝任何一段烧断后，灯不会马上熄灭，还能发光一段时间，同时亮度有所变化，提醒人们准备更换灯泡，这既延长了灯泡的寿命，又防止了更换灯时看不见。该作品结构简单、成本低廉，获江苏省青少年科技创新大赛一等奖。

---

[1] 杨丽 . 面向初中生创新能力发展的校本课程开发与实践 [D]. 南京：南京师范大学，2017.

图 1-22　桥式灯丝灯泡模型

再来说说技术。《辞海》指出，技术是根据生产实践经验和自然科学原理而发展成的各种工艺操作方法与技能，广义的技术还包括相应的生产工具和其他物质设备，以及生产的工艺过程或作业程序、方法。技术具有实践性、应用性、发展性的特征。技术可以指物质，如机器、硬件或器皿，也可以包含更广的架构，如系统、组织方法和技巧。所以说，能够直接应用产生发明创造的，不仅包括无形的工艺操作方法与技能技巧，如造纸技术、印刷技术、核电技术、航天技术、酿酒技术、捕鱼技术、空调技术、焊接技术、遥控技术、激光技术、大棚种植技术、无土栽培技术、太空育苗技术、基因工程技术、纳米技术、半导体技术、物联网技术等，也包括有形的技术成品、发明创造成果等，如不倒翁、吸盘、平面镜、凸透镜、红外感应器、温度传感器、压敏开关、霍尔开关、水银开关、继电器、投币器、太阳能电池板、电子标签、LED 灯、网卡、遥控器，等等。

下面举部分学生发明创造的例子说说技术应用的发明创造。如吕怀瑾看到教学用圆规在黑板上画圆时容易打滑，于是在圆规一个脚尖上安装吸盘和万向节，发明了“防滑圆规”；利用太阳能电池板，倪纵横和朱翔宇发明创造了“遥控便携型太阳能风能增氧机”（见图 1-23）；龚心怡发明创造了“太阳能闪光示宽可移动后视镜”（见图 1-24）；陈涵发明创造了“太阳能广告灯箱”（见图 1-25）；利用自锁结构，刘星海发明创造了“自锁门窗风扣”（见图 1-26），在起大风的时候，门窗可以借助风力自动关闭；高杉发明创造了“预约送货存放箱”（见图 1-27），放入货物后，在重力作用下箱内能实现自锁防盗；利用光电感应原理，倪晓波发明创造了“光控路灯开关及故障报警装置”（见图 1-28），实现路灯自动开关和故障报警，大大方便了管理与检修；利用位移传感器，施天穹发明创造了“热胀冷缩数字演示装置”（见图 1-29），能非常精确而直观地显示固体的微小形变；利用电子标签，吴哲文发明创造了“射频管理超市物流系统”（见图 1-30），解决了超市用条形码结账烦琐、管理低效等问题。

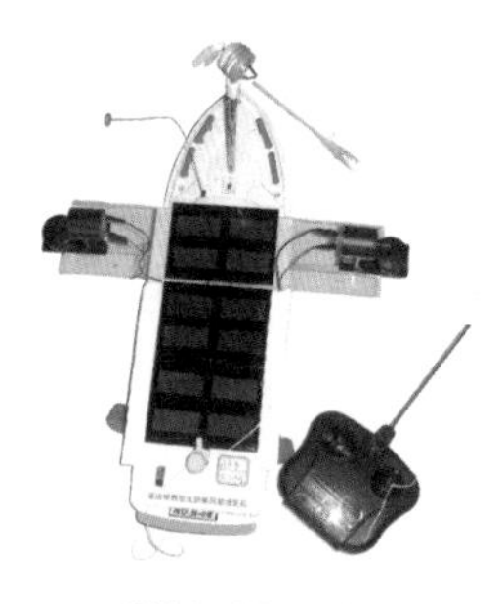

图 1-23　遥控便携型太阳能风能增氧机模型

图 1-24　太阳能闪光示宽可移动后视镜模型

图 1-25 太阳能广告灯箱模型

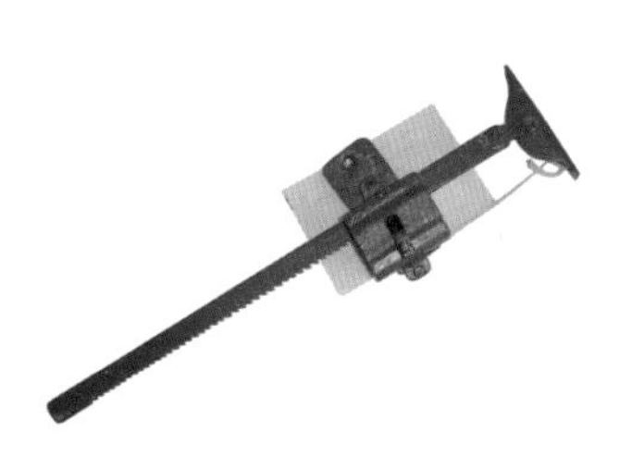

图 1-26 自锁门窗风扣模型

图 1-27　预约送货存放箱模型

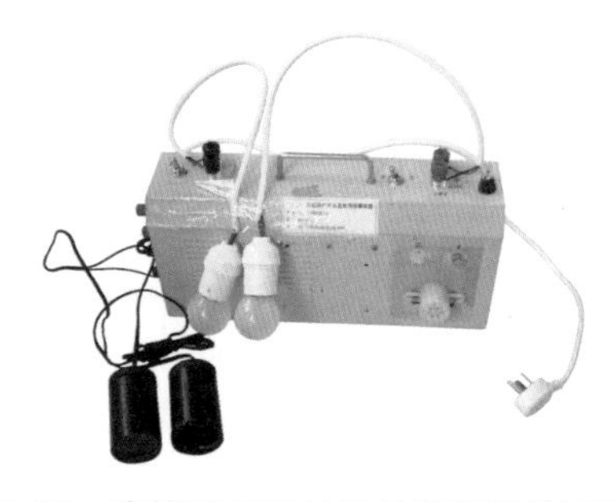

图 1-28　光控路灯开关及故障报警装置模型

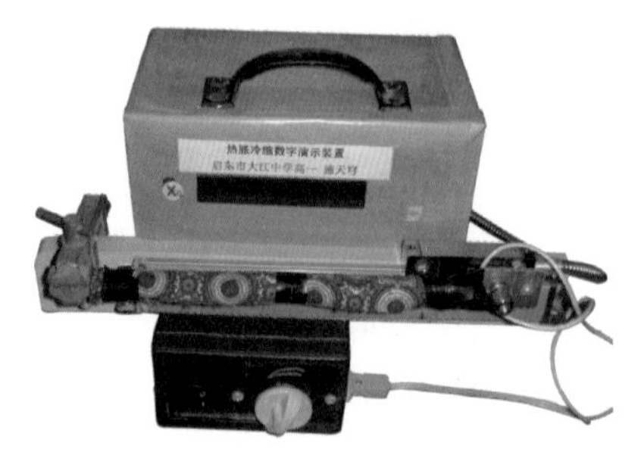

图 1-29　热胀冷缩数字演示装置模型

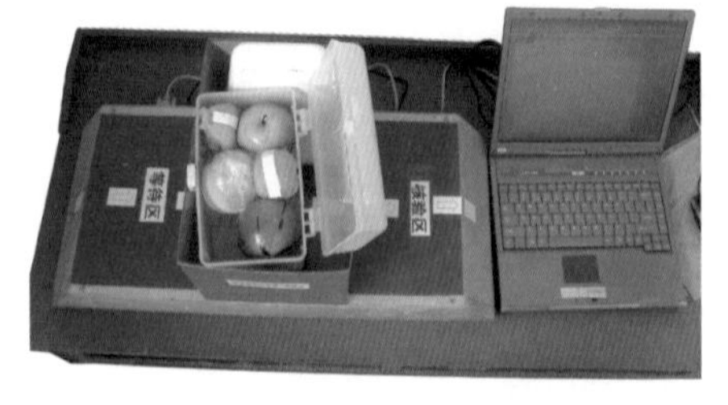

图 1-30　射频管理超市物流系统模型

盐鱼适量

盐去水分保新鲜，

鱼道拨云本质现。

适可控制真相出，

量中取巧奇妙来。

盐是百味之首，具有保鲜去水之功。在用盐腌鱼的过程中，应该把握盐的量，过多会咸，过少会达不到去水保鲜之效。对于发明创造，用盐腌鱼的启示在于适度去水能让鱼肉的美味更加鲜活地体现，适度的控制有利于研究成果的取得，而过于挑剔则可能扼杀未来的创见。

总之，知识与技术的应用在发明创造过程中具有基础性和决定性的作用，我们应在这方面加强学习积累。可以说，知识的力量是无穷的，关键要看我们是否学懂学活，并能将其巧妙地用到合适的场合和对象上。有人说，知识是一匹无主的骏马，谁能驾驭它，它就属于谁。同样，技术是人类智慧的成果，是推动社会进步的强大动力。学习掌握相关技术，并加以恰当应用，可以为我们的生产生活带来意想不到的效果，甚至产生发明创造。

三、在实践考察中切入发明创造[1]

中央电视台《走近科学》栏目有这样一则报道："1999 年 9 月 16 日，在浙江宁波举办的全国第十二届发明展览会上，一件没有实物模型的作品，却因为其精巧的构思和广泛的实用性而一举入围获奖，这件名为'快速充气救生衣'的作品，竟然出自一名中学生之手……朱健华是在与同学们一道去海边实践考察时，偶然发现渔民所穿的救生衣存在着体积大、携带不方便的问题。于是，朱健华就试图用一种现场发泡的方法来解决这个问题，他的想法得到了指导老师的支持和帮助。没多久，朱健华发明创造的'快速充气救生衣'由于克服了以往救生衣的缺点，在全国第十二届发明展览会上荣获了金奖。"

朱健华发明创造的"快速充气救生衣"还获得了第十届江苏省青少年发明创造比赛一等奖，后来他被评为"中国当代发明家"[2]。其实，该作品的发明创造过程，是一个典型的实践考察的过程。为解决轻质无毒浮体的配方问题，他跑上海，奔苏州，考察了多家塑料厂、化工厂和包装厂，查阅了《中国化工大全》，访问了不少专家。通过大量实验，详细记录并分析对比实验结果，然后再改进再实验，他终于找到了两种无毒害和副作用的有机物。按 1：1 的比例，将总重不超过 700 克的两种液体隔离放在衣服夹层，外表和普通衣服没有两样，在紧急情况下，只要一拉、一按或一拍，两种有机物接触，就能迅速反应生成总体积超过原来 22 倍的大量无毒害气体和泡沫固体用于救生。这个例子有力地证明，发明创造的切入口可以是在实践考察中的所见所思，在实践考察中提出发明创造课题，又在实践考察中解决发明创造问题。

江苏省启东中学陈赏在参观企业时发现，工厂设备为减小机械摩擦

---

❶ 文云全 . 在实践考察中切入发明 [J]. 科学大众 · 江苏创新教育，2012（4）：22.

❷ 中国发明协会 . 中国当代发明家大辞典（第二卷）[M]. 北京：知识产权出版社，2008：5.

防止磨损老化，电机轴承需要定期定量加润滑油。然而，人工加油劳动强度大、不安全、不准确；现有自动加油装置结构复杂，操作麻烦，不够精确，加多了会造成浪费，加少了则会烧坏轴承。为了改善这一情况，她与启东市大江中学沈欣婷合作，发明创造了“主动式高精度液体分配器”（见图 1-31），利用圆锥形单孔旋转阀芯与分配器内腔吻合，孔内设置与内径吻合的可动密封活塞，由孔内空间容积与程控阀芯旋转次数实现主动式高精度液体分配，结构简单，计量准确，操作方便，实用性高，可广泛适用于各种机械的润滑，也可适用于其他各种液体的精确自动分配。

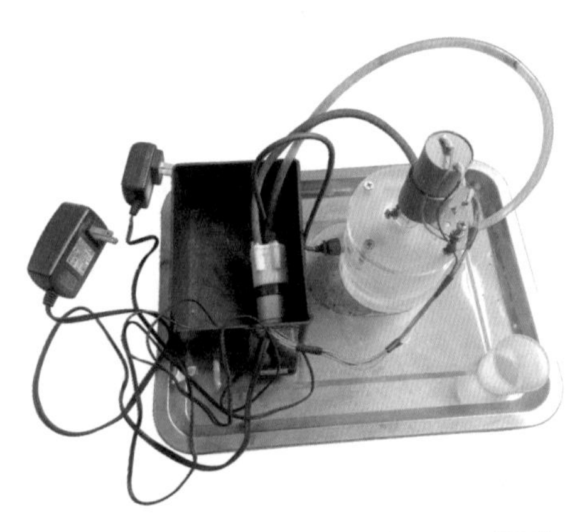

图 1-31 主动式高精度液体分配器模型

有了一次的成功，陈赏同学更加喜欢实践考察，特别是在平日里注意观察思考。她了解到车辆刹车问题导致了许多交通事故，于是想研究一种针对刹车故障提前检测预警的装置。她发现现有刹车故障的检测与预警主要有两种方式：一种是通过在刹车相关机构上设置温度传感器、黏度传感器或霍尔开关等设备，分别检测刹车盘的温度、刹车液压油和刹车片的厚度；另一种是直接在车辆行进过程中检测其刹车效果。前者检测结构复杂，操作烦琐，且检测结果不够精准，后者为行进中检测，存在相当大的风险。经过反复设计修改，发明创造了“驻停汽车刹车故障自检报警装置”（见图 1-32）。该装置由刹车盘、刹车片、检测片、弹簧、拉力传感器、电磁铁、压力传感器、手动开关、警示灯、蜂鸣器、控制器、电源等组成。在与刹车盘配套的刹车片上方设置与刹车片联动的检测片，检测片通过弹簧和拉力传感器与电磁铁相连接；电磁铁固定于汽车支架；刹车踏板下设置压力传感器；驾驶室内设置手动开关、警示灯和蜂鸣器；拉力传感器、电磁铁、压力传感器、手动开关、警示灯和蜂鸣器等设备通过导线连接控制器和电源。[1] 本发明创造结构简单，成本低廉，操作方便，安全可靠。

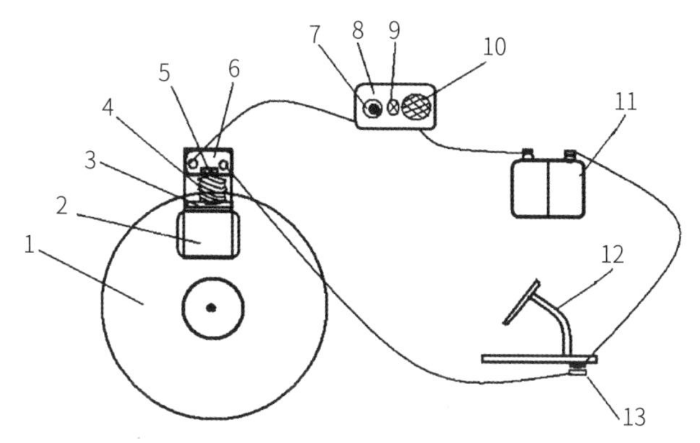

1. 刹车盘；2. 刹车片；3. 检测片；4. 弹簧；5. 拉力传感器；6. 电磁铁；7. 手动开关；8. 控制器；9. 警示灯；10. 蜂鸣器；11. 电源；12. 刹车踏板；13. 压力传感器

图 1-32　驻停汽车刹车故障自检报警装置示意图

实践是人们改造自然和改造社会的有意识的活动。实践的重要性不言而喻，相关名言不计其数。艾青在《光的赞歌》中指出："实践是认识的阶梯，科学沿着实践前进。"魏巍在《东方》中写道："实践出经验。"实践的具体形式多种多样，基本形式主要有三种：生产实践、处理和变革社会关系的实践、科学实验。我们这里所说的实践，主要是指生产实践和科学实验。生产实践是改造自然界和人类社会的实践活动，是最基本的实践，是其他实践活动的基础。科学实验是把实践对象置于理想化的环境中，运用技术手段来观察、测试其各种属性、性质、规律的活动，是一种从生产实践中发展出来的作用越来越重要的探索性、尝试性的实

[1] 李富荣 . 高中学习型教研组建设与管理研究——以苏州工业园区普通高中为例 [D]. 苏州：苏州大学，2015.

践活动。

考察是细致深刻地开展实地观察或调查。我们进行发明创造活动往往离不开考察，因为在考察过程中，我们可以了解掌握大量信息，也可能会碰到一些不可思议的事情或看到一些不同寻常甚至稀奇古怪的现象。而这“不可思议”“不同寻常”“稀奇古怪”的事情或现象，就可能是发明创造的切入口，或是发明创造的课题，或是解决发明创造问题的妙方。

挖鱼体验

挖地出鱼难思解，
鱼藏旱地为夏眠。
体察非洲湖滨暑，
验得惊喜肺鱼来。

旱地挖鱼，似乎不可思议，其实可行。有一种鱼能用肺呼吸，一般生活于非洲，即肺鱼。肺鱼生活于淡水中，除用鳃呼吸外，还能以鳔代肺呼吸，枯水时可钻入淤泥夏眠数月。肺鱼外形似鳝鱼，但稍短而粗，头部稍短圆，长有须状鳍四根，前后各两根对称，多栖息在湖泊水草茂盛地。因此，旱地挖鱼要选对地方和时节。对于发明创造而言，挖鱼的启示在于细致考察，勇于实践。不同的思维，不同的路径，会带来不同的体验，不同的效果。

可以说，实践考察是发明创造的基础，发明创造是实践考察产生的成果（见图 1-33）。朱健华发明创造的“快速充气救生衣”，其课题的选取就来自对渔民生产实践的考察，其发明创造问题的最终解决也运用了科学实验的方法。当然，最重要的是他从渔民的生产实践中发现并提出了救生衣存在的“体积大，携带不方便”等问题。爱因斯坦说过：“提出一个问题往往比解决一个更重要。因为解决问题也许仅是一个数学上或实验上的技能而已，而提出新的问题，却需要有创造性的想象力，而且标志着科学的真正进步。”

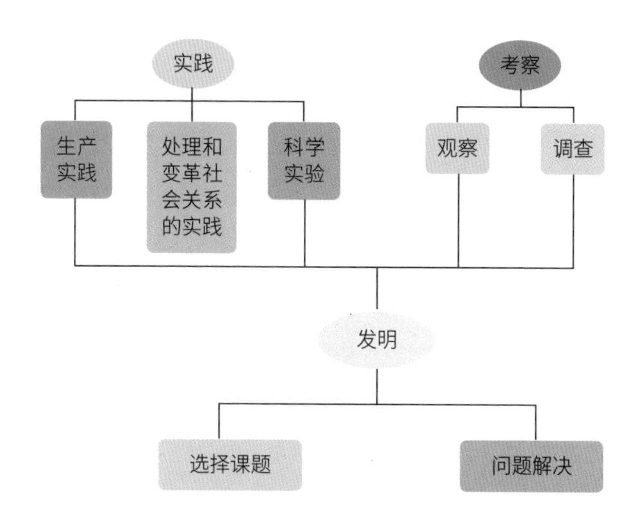

图 1-33　实践考察切入发明创造示意图

其实，在我们身边，还有不少从实践考察切入发明创造成功的典型，它们不仅证明了实践考察在发明创造中的重要性和有效性，而且在不同程度上为我们指明了从实践考察入手开展发明创造活动的操作要领。

给大家再讲一则从实践考察切入发明创造的故事。一次，高一学生张平家中装修，他积极主动地要求帮忙做一些力所能及的事。期间，他了解到了许多工具的使用方法，也听说了曾有木工因粗心而将一根手指断在电动刨板机上的事。这一消息被张平认真地记录了下来，并始终在他的脑海里回旋。后来他仔细观察和思考后，发现电动刨板机确实很不安全，于是想通过发明创造解决这一问题。怎么办呢？他更加仔细地观察木工使用刨板机的全过程，并投入到刨板机结构的研究中去。他先是想将刨板机的锯台设计成移动式的，利用木板与锯片的摩擦力带动锯台的移动从而实现通断电路，使锯片转动或停止，但一试验发现，由于惯性，锯片刹车停下来所用时间较长，手还是容易受伤。他又想到利用类似汽车上的刹车装置，使锯片停下来，但事实证明这也不行。然后，他想到用类似老式自行车圆环锁的滑片结构，通过杠杆带动滑片，但发现滑片移动速度太慢，还是被否决了。经过多次设计、实验和改进，最后，他找到了利用红外感应器控制保护罩自动保护高速旋转锯口的方法，发明创造了“安全自动刨板机”（见图 1-34）。当手进入设置的危险区时，红外感应器检测到信号后立即使继电器工作，在拉杆和弹簧的作用下，保护罩迅速转下，将锯口包围，从而阻止手继续前进与锯口接触，避免伤到。该发明创造获得第十九届江苏省青少年科技创新大赛一等奖。

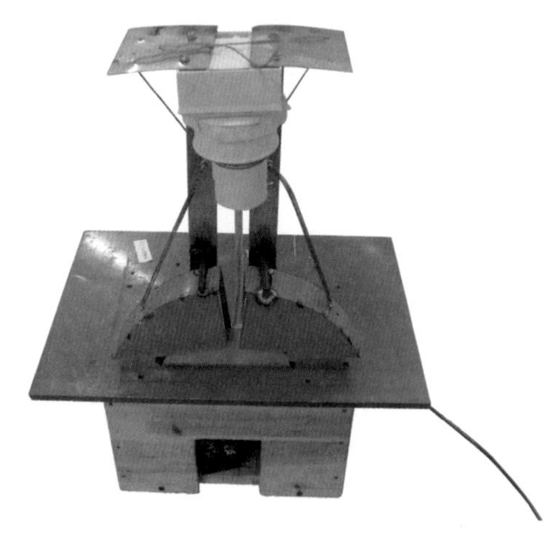

图 1-34　安全自动刨板机模型

当然，通过实践考察进行发明创造成功的案例还有很多。例如，吴尚斌同学看到市场上所用的袖珍计算器由于键盘小，容易误按，不便绑定和储存多种货物价格，操作次数多，使用效率低下，于是发明创造了方便、准确、高效的“售货计算器”（见图 1-35），获得第三届全国青少年发明创造比赛二等奖和江苏省青少年发明创造比赛一等奖。张胜松同学发现在更换高空日光灯启辉器时相当费力，发明创造了“装卸启辉器的机械手”（见图 1-36），获得第五届全国发明展览会铜奖。黄炜同学在参观水泥厂时，看到电工正检修因短路而被烧损的电路，于是迅速记下了这一问题，通过深入研究，利用短路时会产生热量使线路迅速升温的现象，发明创造了“变色测温胶带”，线路温度升高时，胶带会变色，提醒人们及时采取措施，以防造成严重后果，该发明创造获得首届中国青年科技成果博览会新星奖。家住农村的朱丰慧同学在吃隔夜的红烧鸡肉时，发现已经变馊不能吃了，他调查后发现农村大都没有冰箱，夏天饭菜普遍易馊，于是认真研究使食物变馊的原因和防馊的方法，设计了多种防馊方案进行试验，最终发明创造了用压力锅进行水封和高温消毒相结合的“防馊锅”（见图 1-37），荣获江苏省第十届青少年发明创造比赛一等奖、全国第十二届发明展览会铜奖。杨燕燕同学发现晾晒的衣物容易被风吹掉，于是积极思考，采取对策，发明创造了可以防风的衣架，还可用于商场防盗，取名为“防风（防盗）衣架”（见图 1-38）。朱海雷在考察本镇污染状况后，发现现有的工厂直接使用用自来水冲的方式除烟尘，不仅费水，除尘效果也不佳，而且管道易堵，于是发明创造了“水雾除烟尘装置”（见图 1-39），解决了以上问题，荣获第十四届江苏省青少年科技创新大赛一等奖、全国第十四届发明展览会铜奖。这样的例子不胜枚举。

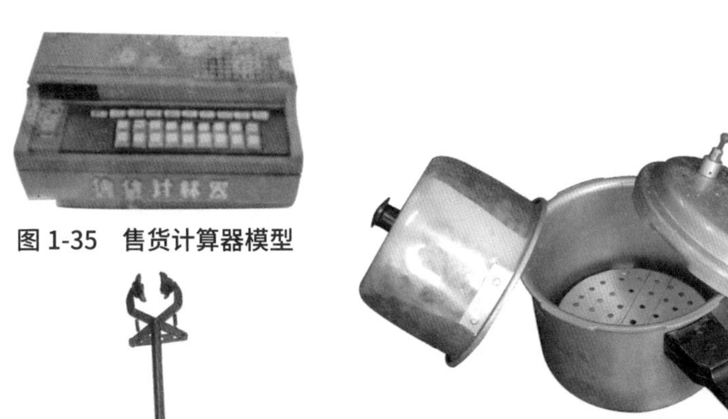

图 1-35　售货计算器模型

图 1-36　装卸启辉器的机械手模型

图 1-37　防馊锅模型

图 1-38 防风（防盗）衣架模型

图 1-39 水雾除烟尘装置模型

著名教育家陶行知说："行动生困难；困难生疑问；疑问生假设；假设生试验；试验生断语；断语又生了行动，如此演进于无穷。"我们在日常生活中，要积极参与各种实践考察，大胆行动，养成从实践考察活动中发现问题的良好习惯。要在乐于实践的同时，勤于观察，善于思考。要对重点问题或现象有针对性地加以考察，这样才能将所见所思转化为发明创造课题。总之，在实践考察中切入发明创造，要做到"四用"，即：用手实践，用心观察，用脑思考，用笔记录。

四、从剖析"事""物"切入发明创造[1]

请看一则发明创造故事：一次，学校举行重要讲座，通过校园广播系统向各个班级发了通知，结果正式讲座开始后，还是有几个班的同学迟迟没有到场，最终没能听到重要的讲座内容。朱衷伟就是错过参加本次重要活动机会的同学之一。经过对学校广播设备进行深入调查和思考剖析，朱衷伟发现了问题所在。由于班级较多，不同年级间经常不同步使用广播，所以每个班级独立设置了开关。这既有方便之处，也出现了明显的问题。当某个班级由于某种需要而关闭广播，则会使这个班级错过重要的通知，这种情况给班级带来了很大的不便。如果在播音室就能控制每个班级的广播，那就方便了。经过一段时间的探索研究，朱衷伟同学利用无线编码器原理，发明创造了"具有点控与总控复位功能的广播系统"[2]（见图 1-40），获得江苏省青少年科技创新大赛一等奖。

❶ 文云全 . 从剖析"事""物"切入发明 [J]. 科学大众・江苏创新教育，2012（5）：25.

❷ 朱衷伟 . 具有点控和总控复位功能的广播系统：201020022988[P]. 2010-01-04.

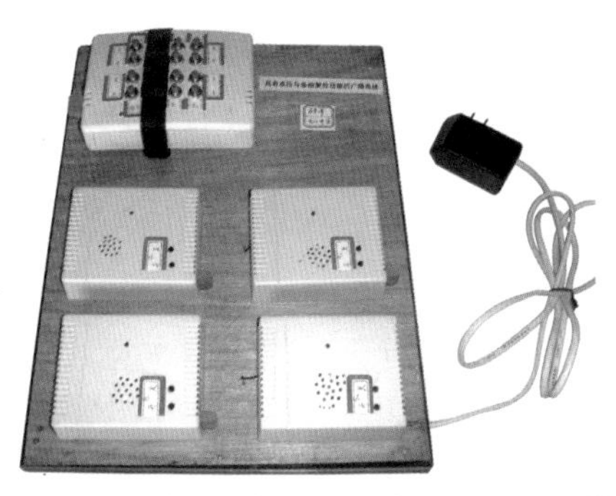

图 1-40 具有点控与总控复位功能的广播系统模型

我们不难看出，朱表伟同学这一发明创造的成功得益于抓住合适的“事物”进行剖析。其实，对普通学生来讲，发明创造的选题一般都是从现有事物开始的。这里，我们可以把“事物”分解成“事”和“物”两个方面，即事物是由事情和物体组成的统一整体。事物是世界的组成部分和组成元素，是世界的载体和表现形式，是人类通过实践活动，从认识对象中、从虚无或混沌中发现、界定、彰显出来的对立统一体或矛盾体。只要选择合适的“事”或者“物”进行深入剖析，就有可能选到合适的发明创造课题，即从剖析“事”“物”切入发明创造（见图 1-41）。

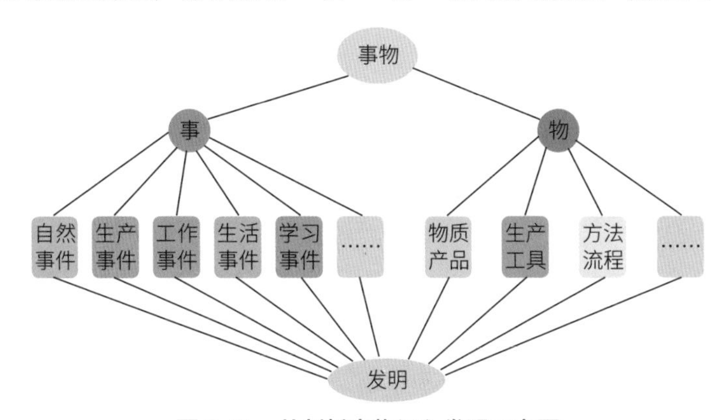

图 1-41 从剖析事物切入发明示意图

（一）从剖析“事”切入发明创造

这里所说的“事”是指自然界或人类社会生产、工作、生活、学习等活动中发生的一切事情，或称事件。按不同方式和角度，事情可分为许多种类。如自然事件和人为事件；好事和坏事；喜事和悲事；容易事和麻烦事；平常事和稀奇事；重要事和非重要事；紧急事和非紧急事；过去事、现在事和将来事；等等。诸多事情中，有的平常无奇，不值一提；有的美妙无穷，让人回味；有的印象深刻，甚至刻骨铭心。面对这些事情，有的人熟视无睹，若无其事，得过且过；有的人认真记录，反思得失，改进行为；有的人抓住契机，深入分析，大胆创造。我们进行发明创造，要有一颗乐于采集的心，一双善于发现的眼，一双勤于记录的手，有选择地把所经历或了解到的对自己触动较大的事及时记录下来，并加以深入剖析，挖掘其中产生问题的因素，分析其中的原因，提炼突出的问题，寻求解决的办法。这就是从剖析"事"切入发明创造的基本做法。

我们可以在对某一具体事件的发生、发展或结果的分析中切入发明创造，选择合适的发明创造课题。下面举一些从剖析"事"切入发明创造的例子。

王胤博同学看到红绿灯路口往往出现红灯方向车多排队等候，而绿灯方向空无一车的现象，这就造成了交通不够畅通，长时间等待耗油使用车不够节能和环保等问题。他经过剖析现有红绿灯系统发现，现有的红绿灯变换时间为固定值，红绿灯循环交替时间只能根据预先设定值机械地变换，于是发明创造了"车流量控制红绿灯系统"[1]（见图 1-42），在路口四个方向的车辆等待区内距等待线一定距离的地方串联设置感应开关组，感应开关组与控制器输入端相连，控制器内设置逻辑判断电路，控制器输出端接红绿灯，当东西路口在绿灯期间检测到此路口待通过车辆较少，而南北路口等待红灯的车辆较多时，无论东西路口剩余绿灯时间有多长，系统便启动红绿灯倒计时转换程序；当东西路口在绿灯快结束时仍检测到此路口待通过车辆较多，而南北路口等待红灯的车辆较少时，系统便启动红绿灯延时转换程序，延时最大与最小值可根据需要设

[1] 王胤博 . 车流量控制时长红绿灯系统：201120027481[P].2011-01-26.

定。这种设计既达到让交通更顺畅之效果，又能为环保节能作出一定贡献。这项发明创造获得江苏省青少年科技创新大赛一等奖和全国发明展览会银奖。

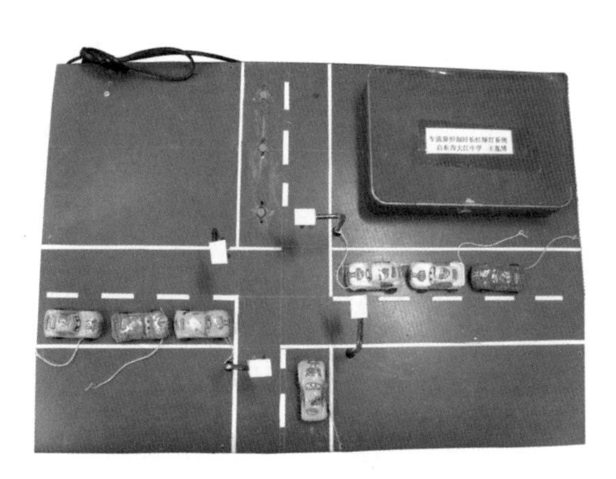

图 1-42　车流量控制红绿灯系统模型

黄曙滕同学在飞机上看到乘务员为旅客提供饮料时，因不同乘客需要不同，乘务员准备了多种饮料，给乘客倒饮料时要拿不同饮料瓶，操作很不方便，于是在剖析其中原因后，将一个瓶内部分割成多个空格，可以分装多种饮料，瓶口开关可根据需要方便地连通不同的饮料，发明创造了“分割饮料瓶”（见图 1-43）；盛荣荣同学在经历卷纸用单手不易撕断的情形后，针对以上不足，剖析了现有卷纸托架结构，利用物理上学过的杠杆原理，发明创造了“方便折断卷纸的底座”（见图 1-44），获得第十三届江苏省青少年科技创新大赛一等奖；陆信惠同学观察到给墙体粉刷时手工操作效率低下，影响工期，经过深入分析思考和设计实验后，发明创造了“墙体快速抹灰装置”（见图 1-45），成倍提高了墙体粉刷效率，该作品获得全国发明展览会银奖；卫娇娇同学发现在晚上或人不在时空气清新剂或香水仍然在挥发造成浪费，于是为了节约而发明创造了“光控自动香花瓶”（见图 1-46）；罗晓骏同学感受到教室在门窗封闭状态下空气质量很不好，容易造成健康问题，发明创造了“空气净化消毒机”（见图 1-47）；袁杨杨同学看到园艺工人修剪绿篱费劲且修剪造型单一，发明创造了“绿篱造型修剪机”（见图 1-48）……

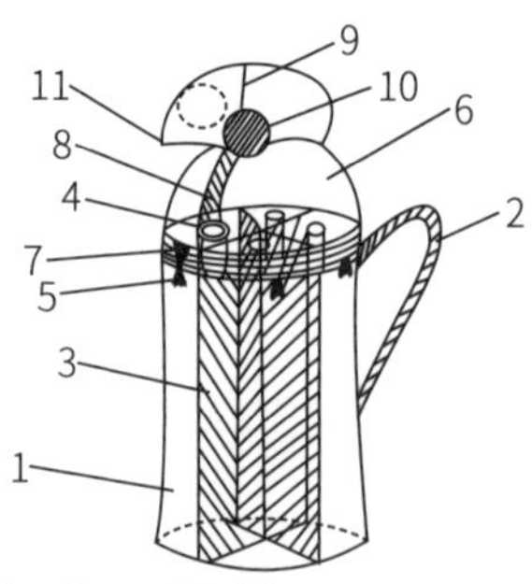

1. 瓶体；2. 把手；3. 分隔板；4. 开口；5. 下标记位；6. 瓶盖；7. 上标记位；8. 导管；9. 悬线；10. 重球；11 出口

图 1-43　分割饮料瓶说明

图 1-44　方便折断卷纸的底座模型

图 1-45　墙体快速抹灰装置模型

图 1-46　光控自动香花瓶模型

图 1-47　空气净化消毒机模型

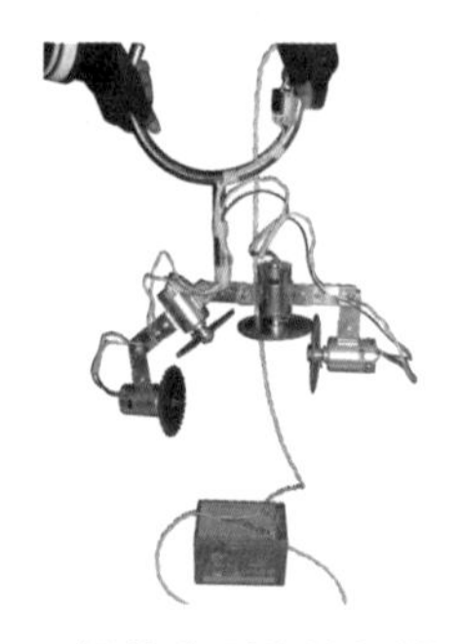

图 1-48　绿篱造型修剪机模型

需要指出的是，这里所说的值得剖析切入发明创造的“事”，在发生时间、事情内容、剖析深度等方面，要在我们力所能及的范围内和切入发明创造的可能性中，有所选择，有所侧重。“事”不在大小，不在先后，不在是否为自己亲身经历，而是要结合我们自身的理解和感受，预测其切入发明创造的可能性大小，并按照发明创造的标准，分析其如何能体现新颖性、创造性和实用性。

（二）从剖析“物”切入发明创造

“物”主要是指物体，也泛指人以外的具体的东西，可以是物品或科学技术成果，如物质产品、生产工具和方法流程等。开展发明创造实践活动时，我们可以在对有形的产品及生产工具等物质设备进行剖析中，在对无形的生产作业程序、工艺操作流程或方法进行思考中，选择具有研究意义和可操作性的发明创造课题。从剖析现有物品、技术成果、生产工具及方法流程切入的发明创造是所有发明创造中数量最多的。

巧妙组合

组合巧在有增加，
妙为新奇创意花。
同组结异自身叠，
物联事合任由搭。

组合是相对简单易行的发明创造技法，能组合的事物多，只要思路打开，思维发散。同类物品、异类物品、自身叠加等均可实现组合。物品与事件也可以巧妙关联，实现新颖、实用和创造性的重组与构建。组合发明创造的关键在于“1+1>2”，需实现新的突破，或产生新的功能。

入选《中国当代发明家大辞典》[1]的张胜松同学发现厨房用具多，在使用、清洗与保管等方面都很不方便的情形，在分析一件件都只有一种功能的刀、开瓶器、磨刀器等厨具后，灵机一动，“为什么不用组合法，把它们组合在一起呢？”于是，他把所有的厨房用具捧回到房间，一个人在纸上比画安排，最终找出一个结构较合理、体积较小的方案，制作

[1] 中国发明协会. 中国当代发明家大辞典 [M]. 北京：北京理工大学出版社，1995：12.

改进，发明创造了具有 12 种功能的“厨房多用器”（见图 1-49），获得全国发明展览会铜奖和第四届江苏省青少年发明创造比赛一等奖。

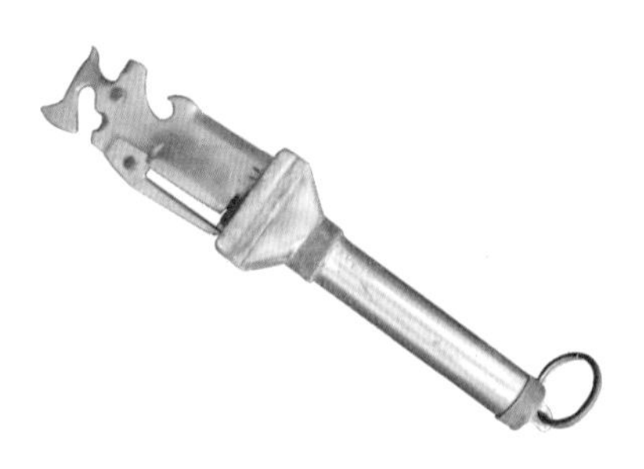

图 1-49　厨房多用器模型

又如，杨海健同学剖析了现有摩托车手套冬天特别冻手的不足，发明创造了“无线调温电热手套”（见图 1-50）；张胜松同学就包扎绳不容易割断的问题发明创造了“包扎绳热割器”[1]（见图 1-51）；沈瑛瑛同学在观察现有阳台晒物过程中的不方便后，发明创造了“阳台两用晒架”；陈杰同学发现农村将棉花苗移栽时所用工具不方便效率低，发明创造了“两用移苗器”（见图 1-52）；吴程程同学在建筑工地旁边玩耍时，发现搬运砖块工人手中的搬砖器一次能夹住的砖块不够多，不够稳，搬运效率不高且存在安全隐患，发明创造了“省力搬砖器”（见图 1-53）；张勇同学看到家人用传统工具清理井下淤泥时费力的情形，发明创造了“井下取泥器”（见图 1-54）；夏金华同学与黄俊杰同学根据现有货车结构和快速装卸的需要，发明创造了“货车自装自卸装置”（见图 1-55）；汤圣彬同学研究发现普通插座插孔结构不够安全，发明创造了一种“隐藏式安全插座”（见图 1-56）；施红成同学在家用普通砂锅煮中药时药水沸腾漫了一地，于是发明创造了“中药煎煮机”（见图 1-57）……这样的例子不胜枚举。

[1] 何立权 . 青少年发明家成才之路：“亿利达青少年发明奖”活动在江苏 [M]. 南京：东南大学出版社，1996：200.

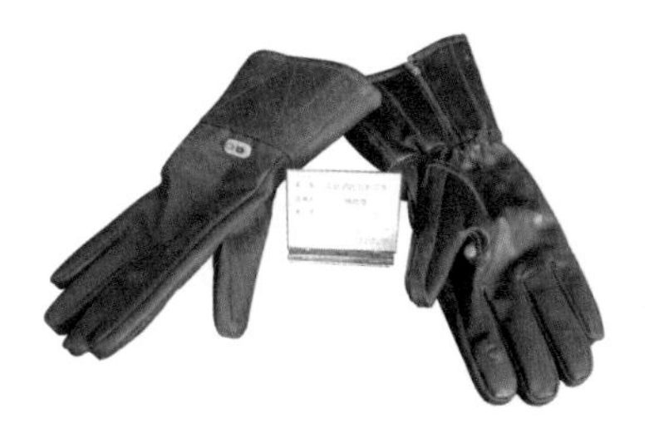

图 1-50　无线调温电热手套模型

图 1-51　包扎绳热割器模型

图 1-52　两用移苗器模型

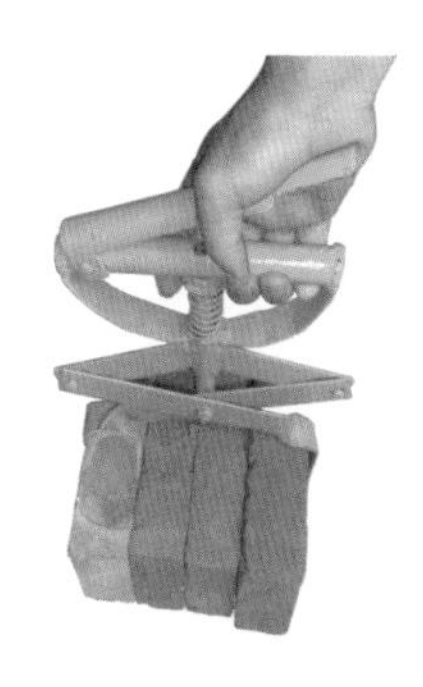

图 1-53　省力搬砖器模型

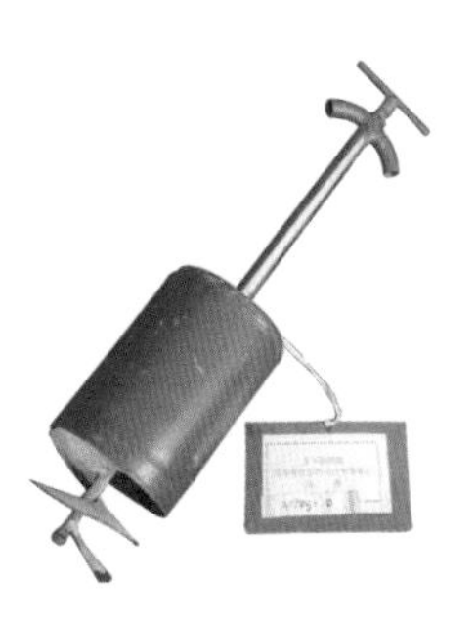

图 1-54　井下取泥器模型

图 1-55　货车自装自卸装置模型

图 1-56　隐藏式安全插座模型

图 1-57　中药煎煮机模型

当然，“事”和“物”往往是联系在一起的。如果说发明创造的问题解决环节是一个面对问题从“没有办法”到“找到方案”的过程，可谓“无中生有”。那么，发明创造的课题选择环节则是一个面对现有事物从“已有成果”剖析中找出“发展空白”提出问题的过程，可谓“有中生无”。它们相互依存，彼此影响，事件的发生往往离不开物品，物品的使用也离不开事件情景。因此，我们进行发明创造选题时，常常需要全面深入剖析相关的“事”和“物”，把二者结合起来分析与思考，以便于快速而恰当地把握问题关键，找到合适的发明创造课题。

戗鱼角度

戗指回逃防逆窜，
鱼心只在命相关。
角对关键持恒心，
度罢柳暗戗不难。

“戗”是逆向对峙填充之意，戗鱼是指在捕鱼时，为防止鱼逆向逃脱而采取的一种阻拦方式。因此，戗鱼的角度事关能否成功阻拦回逃之鱼，需要有的放矢，不可松懈，尤其是在有大批鱼集中回逃之时。对于发明创造，戗鱼的启示在于将矛头角度指向问题关键，同时持之以恒，坚定信念，不忘初心。

五、在“追问”中切入发明创造[1]

获得“江苏省首届青少年发明家”称号的袁懿同学曾给大家讲述自己的发明创造故事：“一次，我放学回家，听见‘噗’的一声，走过去一看，原来是我家装修的木工在使用气针枪钉木板。出于好奇，我问：‘师傅，能把那枪借我看看吗？’却被木工制止。他说：‘不能碰，这东西很

[1] 文云全．在“追问”中切入发明[J]. 科学大众·江苏创新教育，2012（6）：25.

危险。’我又问：‘为什么呢？’他说：‘你看了就知道了，不过要站远点。’我只能远远地站在一旁看着他操作。他拿着气针枪对着木板扣动扳机，嘭嘭直响，一枪一根针，一会就把很大的木板固定住了，板的表面也几乎看不见针，真是神奇又好玩，但感觉这东西真的可能存在安全隐患。在以后的日子里，我又从电视里了解到气针枪伤人的事件时有发生，甚至有装修工人在使用气针枪时不慎将气针打入别人头颅，酿成大祸。气针枪在给我们带来便利的同时，也带来了安全隐患。‘怎么办呢？’我决心要研究一种安全气针枪来减少类似事故的发生。我首先分析了气针枪的结构，分别从开关、送气系统、出口三处入手研究，但经过多次试验都不理想。于是主动找了机会，详细地向专业木工询问了气针枪的工作原理和控制方式，深入地探讨不安全的原因，并再次观察木工使用气针枪的全过程。‘不安全的罪魁祸首到底是什么呢？’我在心里问自己。经过反复揣摩，我终于明白根本原因是‘子弹上了膛’，一触即发。同时发现木工在使用气针枪时是将气针枪靠近或顶在木板上，而把气针枪拿下来时就是最容易造成事故的时候。经过多次设计、试验和改进，我利用反向控制送针装置的方法，在气针传送装置上设置逆向控制器，这就使得在非正常使用时气压通道中没有气针，只有将气针枪枪头紧贴木板，压紧安全触杆，送针装置才能将气针送入气压通道。我发明创造的‘装潢用安全气针枪’（图 1-58），获得第十六届全国发明展览会金奖、第十七届江苏省青少年科技创新大赛一等奖，并申请了国家专利。”

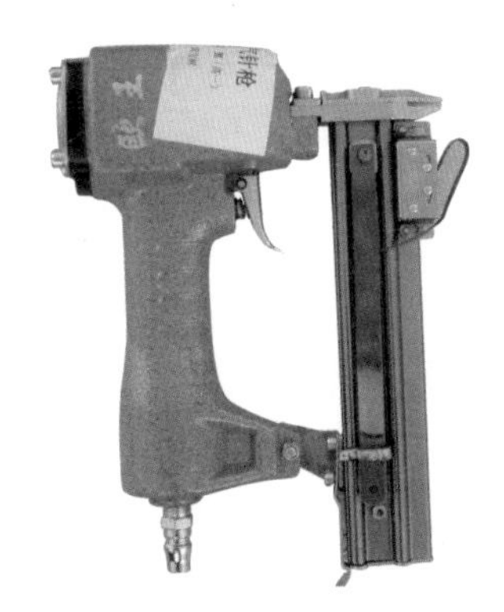

图 1-58 装潢用安全气针枪模型

袁懿同学因发明创造成绩突出，被评为“中国当代发明家”[1]和“江苏省首届青少年发明家”。从这个发明创造故事中，我们不难看出，他爱“问”，而且是多次地“问”，这应该是他发明创造成功的重要原因。

刮鱼去鳞

刮刷冲鳞逆向行，

鱼如发明事理平。

去回做思合一效，

鳞阻若难齐扫清。

刮鱼去鳞一般为逆向操作，即用外力逆向作用于鱼鳞使其脱落。对于创造，刮鱼鳞的启示主要在于逆向思维，反向作用。因此，在发明创造过程中，应该根据需要采取逆向思维或反向流程工艺操作，往往能事半功倍。

发明创造一旦被打破了神秘的光环，创造的热情便如潮水般涌来。每次我对新生作“小发明创造大有作为”的专题讲座后，都有不少学生兴致勃勃地跑来找我，自信、激动而又无奈地问我相似的问题：“老师，原来发明创造并不是我以前想象得那么神秘，我也一定能搞出发明创造作品来，我很想马上就开始，但不知从什么地方下手，发明创造什么，什么可以发明创造？”其实，处于这一状态的同学已经打破了对发明创造的畏惧，无从下手的困惑只是因为没有走出发明创造过程中关键的一步——如何选择发明创造课题，即发明创造的切入口。面对热情、主动、好问的同学们，我顺势回答：“不着急，你们这么积极主动，热情高涨，充满自信，乐于交流讨论，而且好问。如果能将这种好‘问’的精神运用于实践，一定能找到如意可行的发明创造课题，成功进行发明创造。

---

[1] 中国发明协会 . 中国当代发明家大辞典（第二卷）[M]. 北京：知识产权出版社，2008：5.

选择确定发明创造课题的过程就是明确研究主题和方向的过程，这是真正步入发明创造殿堂大门的步骤，对发明创造活动的有效性起着决定性的作用。”

射鱼准确

射击弹弓箭为刃，
鱼游浅水目标清。
准瞄折射稍低中，
确在快加稳准狠。

射鱼是一种常用的捕鱼方法，一般用弹弓或标枪将锋利箭刃快速打向游于浅水目标清晰的大鱼。由于光的折射，瞄准时也需稍偏一下方能击中目标，而射鱼的主要特点在于快稳准狠。于发明创造而言，射鱼如定题，即确定主题，而稍偏之意正如发明创造的前瞻性要求，快稳准狠也如发明创造中创造性的充分体现。

其实，发明创造在“提出问题”“分析问题”和“解决问题”等环节中，都离不开“问”，尤其是在“提出问题”阶段[1]。我们不仅要“问”，而且要更加详细深入地了解情况，要追根究底地查问，多次地问，这就叫“追问”。“追问”可根据“5W 原则”进行（见图 1-59），即 What（是什么）、Who（谁）、When（时间）、Where（地点）、Why（为什么），其中特别要多问“为什么”。“追问”可以问自己，也可问别人；可以直接问，也可间接问；可以非常正式地问，也可以在闲聊中随意地问；可以问专业人士，也可以问非专业人士……“追问”要善于抓住交流讨论中的可用信息，随时记录，及时记录，并针对相关信息进行调查研究。

[1] 曾祥翊 . 研究性学习的教学设计 [M]. 北京：科学出版社，2011：107.

图 1-59 “追问”切入发明的 5W 原则示意图

大凡有成就之人，包括发明创造成功者，无一不有多问的良好习惯。许多发明创造都是在“追问”中切入，找到合适发明创造课题和最终解决问题的。

沈赫男同学一次经过学校文印室门口时，偶然听到里面的工人抱怨说：“这么多的资料我一个人对折后再装订，恐怕三天都来不及，太费劲了！”沈赫男想：“这到底是怎么回事？”于是停下了脚步，想弄个明白。正巧有位工人走了出来，沈赫男便主动上前谦虚地和他交谈了起来。“为什么要对折？”“纸张太大，装订需要。”“为什么费劲？”“手工操作。”“有没有能对折纸张的机器？”“没有看到。”沈赫男同学这样不断追问后，当场心里就一阵暗喜：“这就是一项发明创造的课题！”后来，经调查了解，目前学校、机关、企事业单位面对大量复印油印文件资料，需对折后装订的工作烦琐，劳动效率低，而已有专业折纸的大型机器结构复杂，售价高，不适合办公室使用。于是通过反复设计、试验和改进，最终巧妙地利用纸张自身的重力，用“U”形槽和滚轮定型的方法，发明创造了结构简单，成本低廉，操作方便，经济实用的“折纸机”（图 1-60），获韩国首届国际学生发明展览会银奖。

图 1-60　折纸机模型

结构改进

新颖实用小发明，

结构设计抓特征。

关键形态若改进，

立异标新创新生。

发明创造分为发明、实用新型和外观设计，其中实用新型又称“小发明”，是青少年易学易做的发明创造。实用新型的关键是形状结构，对物品的形状结构进行改进，体现新颖性、创造性和实用性，即可成为发明创造。

又如，葛慧萍同学一年冬天与父亲一起去银行存款，看到营业员点钞时，点一阵，就要停下搓手哈气取暖，便问父亲：“他们的手怎么这么冷？”父亲说：“大概是因为点钞要用手在湿海绵上蘸水吧。”葛慧萍为了弄个究竟，主动与一位营业员进行了深入交流，追问了许多问题。“为什么要蘸水？”“用‘海绵 + 水’的办法还有什么不好？”“能不能用别的东西或方法替代？”等等。后来，葛慧萍针对“海绵 + 水”点钞冻手、不卫生、易挥发、每蘸一次只能点钞 30~40 张等不足，将制造肥皂的工艺移植过来，反复实验和改进，经过无数次的失败，并不断在失败中追问“为什么？”“怎么办？”“行不行？”，终于发明创造了固体状、有香味、无污染、不易挥发，且每蘸一次能点钞 400 张的“长效卫生点钞香脂”（图 1-61），获得首届中国青年科技成果博览会新星奖。葛慧萍同学后来荣获首批“中国当代发明家”称号[1]。

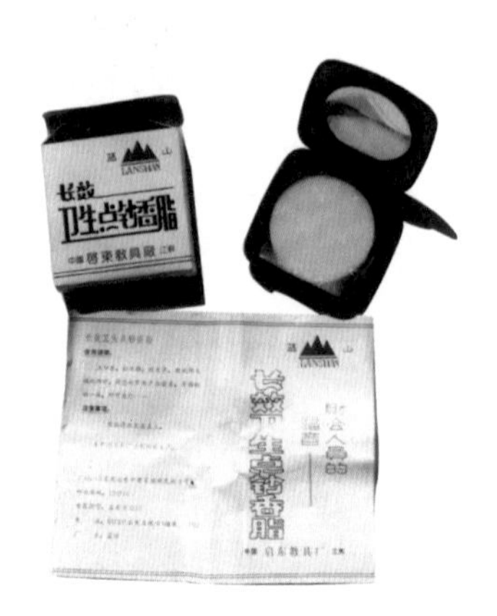

图 1-61　长效卫生点钞香脂模型

还有很多同学都是在不断追问“是什么”“为什么”“怎么办”的过程中发明创造成功的。例如，张胜松同学追问酒店为什么经常找不到开瓶器，发明创造了“固定式开瓶器”（图 1-62）；黄爱东同学追问为什么现有插座容易触电，发明创造了“暗蔽式墙壁插座”（图 1-63）；万英豪通过追问不方便清洗窗帘等多种家庭用品的“怎么办”，发明创造了“家用多功能清洁机”；张琳莉通过追问清洁工为什么要带那么多的工具，了解到清洁工具功能的单一，发明创造了“多用垃圾箱”（图 1-64）；张金辰在自己家里电视机遥控器失踪后，通过系列追问，发明创造了“无线搜寻遥控器装置”（图 1-65）；吴俊成看到上下学路上经常出现一个方向车多拥堵而另一方向车少路空的现象，于是经过连连追问，设计论证，发明创造了“单向车流高峰借道自动控制装置”（图 1-66）；李丹丹和范晓松同学根据现有电动车电瓶容易漏电的情况，相互之间不断争辩，彼此追问，合作探究，发明创造了“电动车漏电检测装置”（图 1-67）；卫

[1] 中国发明协会．中国当代发明家大辞典 [M]. 北京：北京理工大学出版社，1995：12.

晓挺同学看到新闻中报道某些纯净水不达卫生标准的消息，查阅了许多资料，并不断追问质疑，找到了一种快速净水的方法，发明创造了“简易快速自动净水装置”。这样的例子不胜枚举。

图 1-62　固定式开瓶器模型

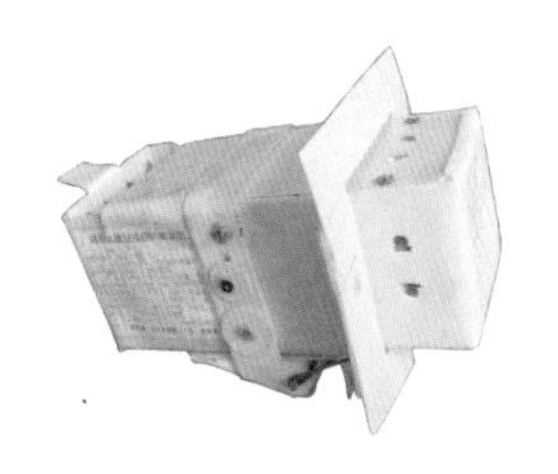

图 1-63　暗蔽式墙壁插座模型

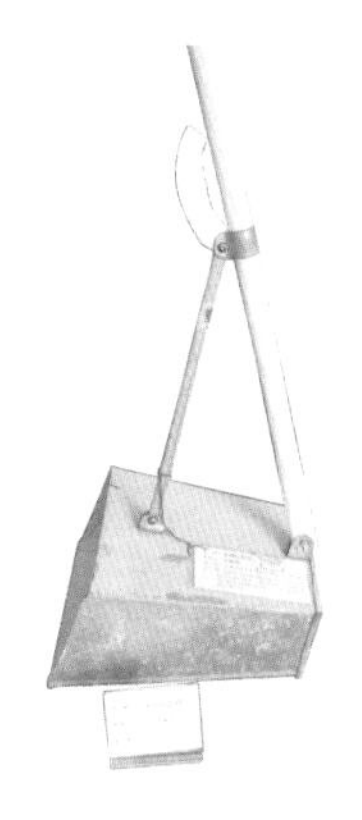

图 1-64　多用垃圾箱模型

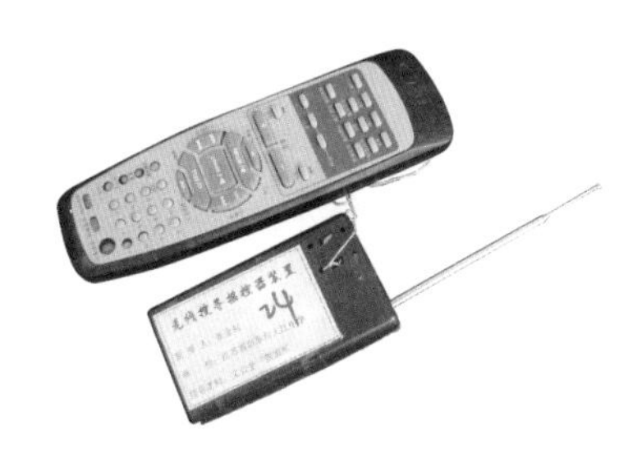

图 1-65　无线搜寻遥控器装置模型

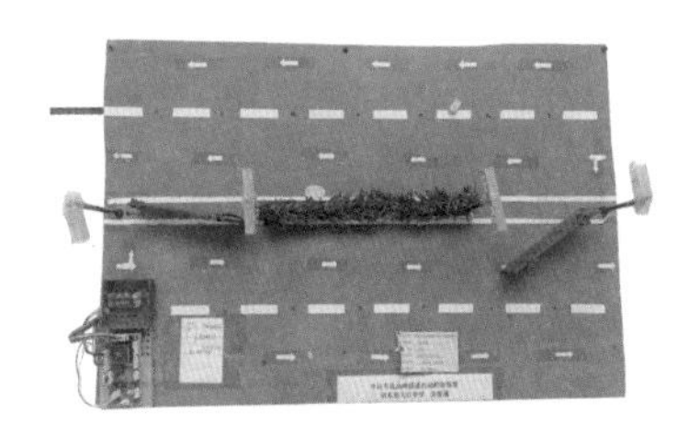

图 1-66　单向车流高峰借道自动控制装置模型

图 1-67　电动车漏电检测装置模型

如果说“问”是一种方法，一种处事的态度，一种探究的行动，那么“追问”就是一种成功的路径，一种创新的精神，一种积极主动，乐于与人交流讨论的精神，一种“打破砂锅——问到底”的求真务实精神。值得强调的是，我们在以“追问”切入发明创造的过程中，不要机械地拘泥于问“为什么”，还需要主动、积极、灵活地根据谈论事物和交流对象的言行进行适时变化，采取有效的追问策略，才能在发现真问题、分析透问题和解决实问题的过程中，达到发明创造的目的。另外，需要就某一问题与别人交换意见或进行辩论时，在“追问”的态度上要有礼貌，要尊重对方。可以用“请问”“您能告诉我”“能否请教一下”“您有什么看法”“能不能给点建议”“您认为根本的原因是什么”等等口气与别人进行交流讨论。当然有时也需要我们能察言观色，学会听话中之话，言外之意，善于捕捉有用信息。

六、在休闲活动中切入发明创造[1]

《辞海》指出：休闲是休息，过清闲生活。休闲活动是在非工作或学习时间内，为达到身心的调节与放松，以各种“玩”的方式进行的业余活动。科学文明的休闲方式，可以有效地促进智能、体能的锻炼和生理、心理机能的调节。在休闲活动中，由于身心处于放松的状态，人们在体验快乐的同时，常常会有新的需求和新的想法产生，这一过程往往能孕育创新点子。所以，在休闲活动中，我们在“玩”的同时，留意观察，主动思考，及时记录，就不难切入发明创造。

先看一个例子。溜冰是一项受许多人喜爱的休闲活动，陆春晓同学在学习溜旱冰时发现，溜冰鞋的刹车装置设置在后跟，刹车时需要将脚尖抬起，身体容易失衡，多数溜冰者不习惯使用，特别是初学者，频繁摔倒，造成不同程度的伤害。他想：“怎么解决容易摔倒这个问题？能

[1] 文云全．在休闲活动中切入发明 [J]. 科学大众·江苏创新教育，2012（7）：40.

否在刹车时无须翘起脚尖，只要脚趾用力便可实现刹车呢？”他首先想到的方案是利用杠杆原理，在溜冰鞋脚趾部位设置按压开关，通过杠杆传动，带动刹车片与轮轴紧密接触而刹车。后来他通过试验改进，提出了更加简便的第二种解决方案，由刹轴改为刹轮，将刹车片设置于两个相邻轮子间，利用两轮转动时对刹车片的摩擦力方向相反的特点，实现更有效的刹车。就这样，陆春晓发明创造了“脚趾刹车溜冰鞋”[1]（见图 1-68），荣获全国发明展览会银奖，还获得了国家专利。

图 1-68　脚趾刹车溜冰鞋模型

再看一例。江苏省启东中学陈添木发现每次体检时，每位同学需要分别测身高、体重、体温，步骤烦琐，浪费时间，而且使用后观察刻度时，还必须进行估读，这就造成了很大的误差。一次他在商场门口的休闲场所看到自助测量身高体重的装置，于是想能否用于常规体检呢？他通过研究改进，发明创造了“一种快速测量身高、体重、体温的装置”（其发明创造的控制框图见图 1-69、结构示意图和展板模型照片见图 1-70）。装置上方装有测身高的红外线发射和接受装置，中上部装有红外线追踪装置、测体温红外线检测装置和显示器，下部装有压力传感器，并配有红外反射帽，红外反射帽上方为反射面。将测身高、体重、体温的三种装置组合起来，并且使显示结果数字化，从而能同时快速地测出人的身高、体重、体温，达到省时、方便、准确的效果。该发明在第十七届全国发明展览会上获得金奖。

[1] 陆春晓 . 脚趾刹车溜冰鞋：201020200427[P]. 2010-05-18.

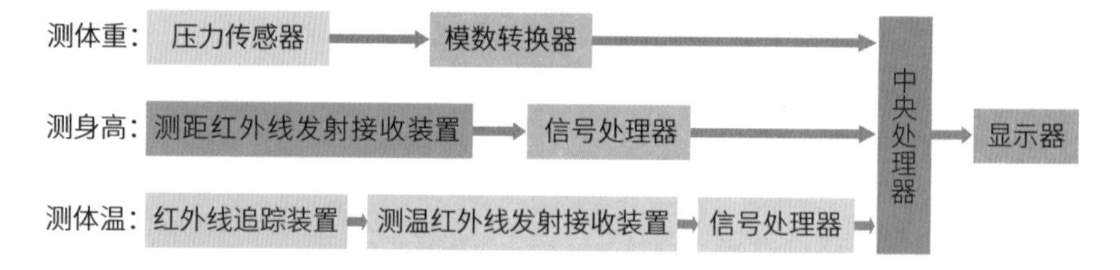

图 1-69　一种快速测量身高、体重、体温的装置的控制框图

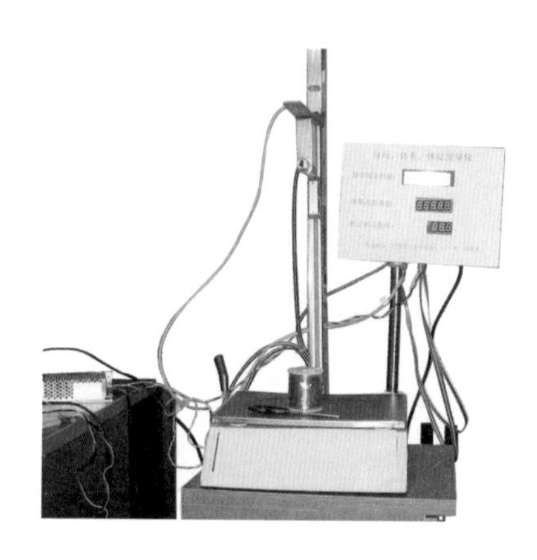

图 1-70　一种快速测量身高、体重、体温的装置的模型

休闲活动的种类很多，按照不同的活动内容和方式，可以把休闲活动分为体能、出行 / 旅游、收藏、思考、创作、社会服务、栽培饲养、娱乐等类型。每种类型的休闲活动都有着不少具体的活动内容和方式。因此，在休闲活动中切入发明创造，要根据不同的对象、内容、场景和方式，有一定的针对性，有所选择和侧重（见图 1-71）。

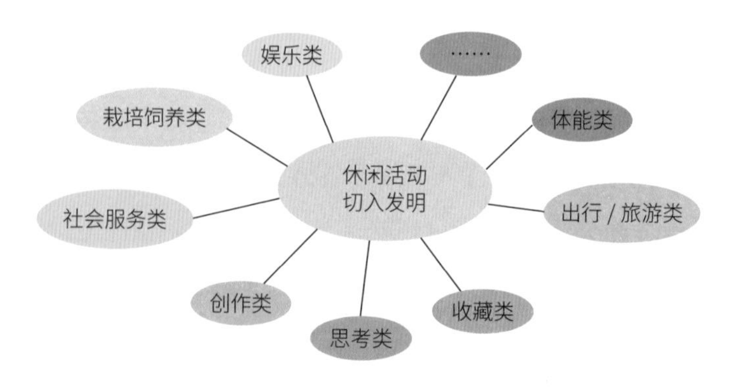

图 1-71　休闲活动切入发明的示意图

一是体能类，指通过体魄锻炼增进体力，调节身心、激发斗志的活动，如跳绳、呼啦圈、跑步、骑车、溜冰、游泳、健身操、登山、打拳和各种球类运动等。陆春晓同学的“脚趾刹车溜冰鞋”就是在这类休闲活动中发明创造的。同样，杨圣灵同学在玩呼啦圈时碰到了计数难的问题，便想：“如何准确计数以增加活动的趣味性和比赛的公正性呢？”她在网上查到已有人设计过呼啦圈计数装置，是把计数器装在呼啦圈内部，当转动呼啦圈时，碰到计数器按钮一次就计数一次。她发现这种计数方法存在一个极大的弊端，由于人的腰围不与呼啦圈内部周长相等，导致产生少计圈数的错误。通过研究，利用电磁感应原理，她发明创造了计数准确、操作方便的“呼啦圈自动计数装置”。[1]又如，高毛毛同学在参加羽毛球活动中，发现体育器材室的球拍挂于墙上的钉子上，存在摆放凌乱、占地大、不便保管、挂取时容易损坏等缺点，于是针对以上问题发明创造了“球拍架”（见图 1-72）。再如，范成涛同学喜欢打篮球，为了便于在自行车后架上快速、稳定地固定书包、篮球等物品，他利用橡皮筋结网，在网边加上钩子，发明创造了“方便绳”。还有，为了让健身器方便随身携带，金跃发明创造了“迷你健身器”；为了登山方便，王佑纯同学发明创造了结构简单，小巧轻便的“行走助力器”，薛鹤飞发明创造了“多用登山钩”等。

图 1-72 球拍架的模型

---

[1] 杨圣灵 . 呼啦圈自动计数装置：201220029072[P]. 2012-01-27.

二是出行 / 旅游类，指亲近大自然欣赏各地风光美景或增长见闻的活动，如旅行、郊游、远足、野炊等。为了便于保管和携带，一物多用，节约成本，张胜松同学发明创造了“厨房多用器”（见图 1-73）；为了满足不同人的口味，刘星海同学发明创造了“分格式旋转电火锅”（见图 1-74）；为防止被蚊子叮咬，朱荣荣同学发明创造了“电振式防蚊帘”（见图 1-75）；为了方便旅行途中休息，柏琳伊同学发明创造了“带桌椅的行李箱”（见图 1-76）；为了同时满足行走和宿营的需求，有人想到了发明创造“帐篷车”；为了满足外出充电需求，有人发明创造了“旅游充电盒”“脚踩充电器”等。

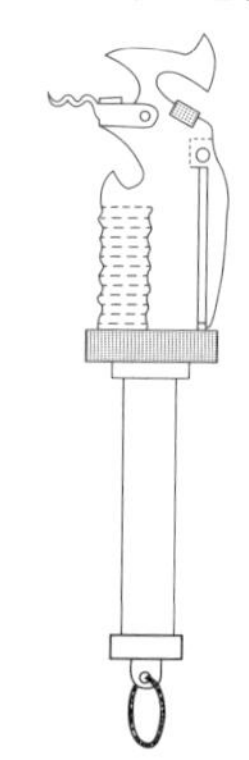

图 1-73　厨房多用器的模型

图 1-74　分格式旋转电火锅的模型

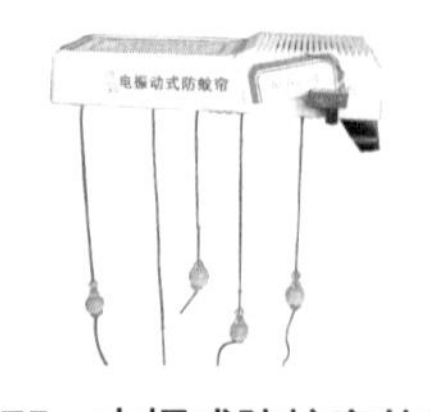

图 1-75　电振式防蚊帘的模型

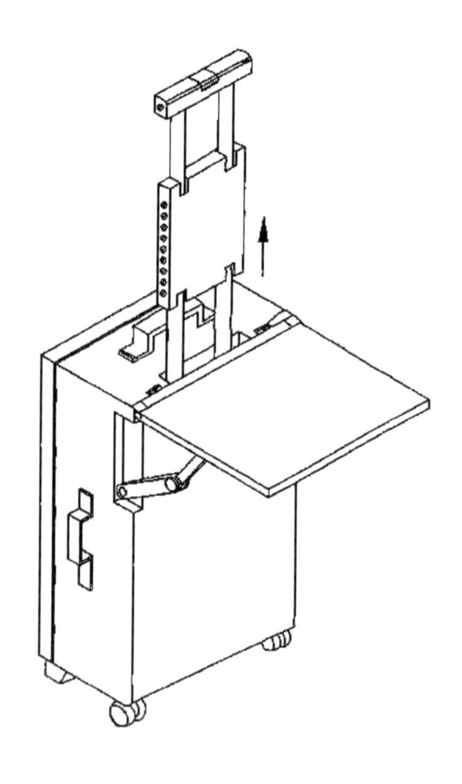

图 1-76　带桌椅的行李箱示意图

三是收藏类，指对自己感兴趣的某样物品进行收集、辨识、整理、分类、储藏和展示的活动，如收集邮票、火柴盒标贴、卡片、书签、剪报、钱币、徽章、贝壳、模型等。例如，饶见维将书签和笔结合，发明创造了“书签两用笔”；李嘉同学将扫描打印设备应用到日常的学习中，发明了“一种错题自动整理装置”，能够方便进行错题集的整理，极大地提高了学习的效率，有助于快速的对学习中遇到的问题进行总结，达到事半功倍的效果。[1]

四是思考类，指培养判断力、启发智能及思考能力的益智活动，如围棋、象棋、跳棋、拼图等。为了防止棋子丢失，梁伟等人发明创造了“无棋子黑白棋”；为了达到无须第三者裁判，两人也能玩军棋的目的，史绪桐发明创造了“自动裁判军棋”；为了让棋子不易倒掉，彭潇利用不倒翁原理，发明创造了“不倒棋”；毛小广将知识学习与拼图游戏结合，发明创造了“立体地理拼图板”；为了让盲人也能玩魔方，杨军发明创造了“盲人魔方”等。

扩展应用

扩有节制不胡夸，
展到必需成精华。
应随时迁做改变，
用后方显真奇葩。

扩展应用与其说是一种方法，不如说是一种思路。任何事物的功能均有其显性的一面和隐性的一面，而不断开发其隐性功能的过程，正是创新者所从事的工作之所在。因此，有节制，按需求，随时迁，应变化地扩展应用确实是一种创造发明创造之妙法。

五是创作类，指利用手脑创造事物，满足人类创作的心理需求，培养审美的感觉，更可将创作出的成果，变换色彩，美化生活环境，丰富人生的活动，如插花、绘画、书法、摄影、手工艺、弹奏乐器、写作、歌唱等。为了满足人们学习油画的需要，吴福彬发明创造了“数字油

[1] 李嘉．一种错题自动整理装置：CN201710340346[P]. 2017-05-15.

画”；为了练习写字时节约纸张，曾亦男和陆盛鹏等人发明创造了“可重复使用的水写纸”；为了能尽快拿到拍摄的照片，王俊杰发明了“一种方便携带的 3D 打印照片机”；为了充分利用墨水瓶中的墨水，曲丹丹发明创造了“锥底墨水瓶”等。

色彩变换

大世界五彩缤纷，
小发明琳琅满目。
色彩变换切需求，
奇妙创意量无数。

色彩是大千世界绚丽的理由，各种各样的色彩和搭配可以满足不同需求，产生无穷的实用创意，甚至发明创造。如红绿灯为安全交通福音，太阳镜是健康出行伴侣等。当然，纯粹的色彩变换如果没有相应结构设计作为基础，不一定能成为发明创造。

六是社会服务类，指服务社会，奉献爱心，增长见闻，增强社交能力的活动，如参加社团、社区服务、敬老院义工、红十字会、义务消防、安保等活动。刘逸星为了防止儿童和老人喝奶烫伤，将体温计的感温部件埋嵌在奶嘴的吸吮端处，示温部件嵌贴在奶嘴的挡板上，发明创造了“带体温计的奶嘴”[1]；窦世玲为了方便给儿童喂药发明创造了“小儿喂药杯”；为了让儿童快速安全学步，王瑄发明了可组合成弹性学步车的“旅游万用车”；张喜国和宁德梅为了行车安全，发明创造了“折叠式车辆故障警示牌”；为了让交通更加安全，李正浩等发明创造了“虚拟斑马线”；张江林和杜伟明为了方便轮椅上下楼梯，发明创造了“爬楼轮椅”（见图 1-77）；等等。

[1] 刘逸星．带体温计的奶嘴：CN95225182[P]. 1995-10-27.

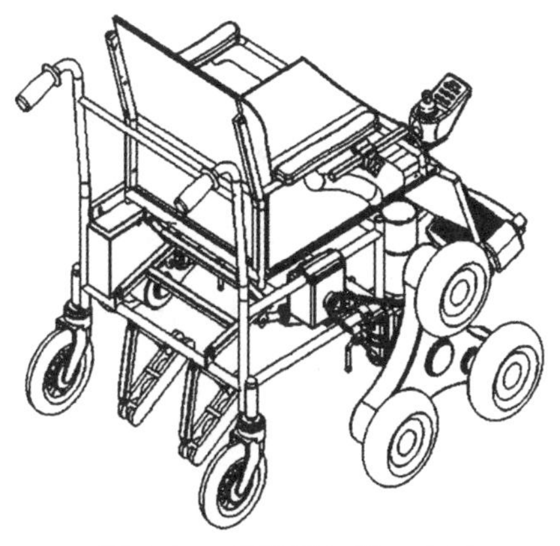

图 1-77　爬楼轮椅的示意图

七是栽培饲养类，指栽培植物饲养动物以培养爱心、耐心和领会生命可贵的活动，如种草、养花、饲养动物（鱼、鸟、狗）等。为了方便、高效、省力地进行种植，巫欢、袁杨杨等人发明创造了“自动浇水花盆”（见图 1-78）、“绿篱修剪机”（见图 1-79）、“家庭植物生长灯”“倒栽植物”“割草机”等；为了提高饲养效率和乐趣，杜德文发明创造了“一种无线遥控鱼饵夹”，马强圣、罗瑞杨发明创造了“自动喂鱼器”，邱文化发明创造了“宠物伞”等。

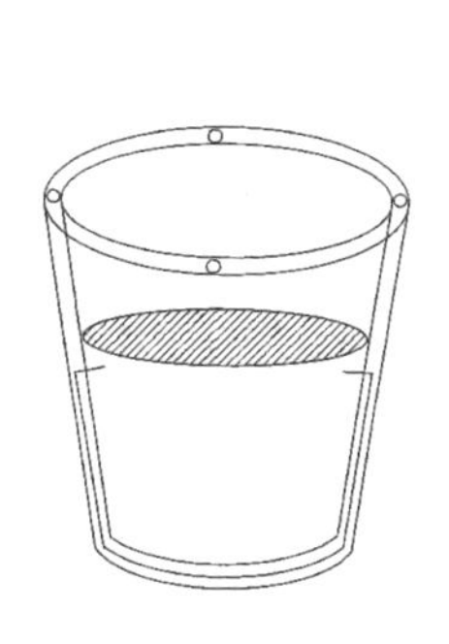

图 1-78　自动浇水花盆的示意图

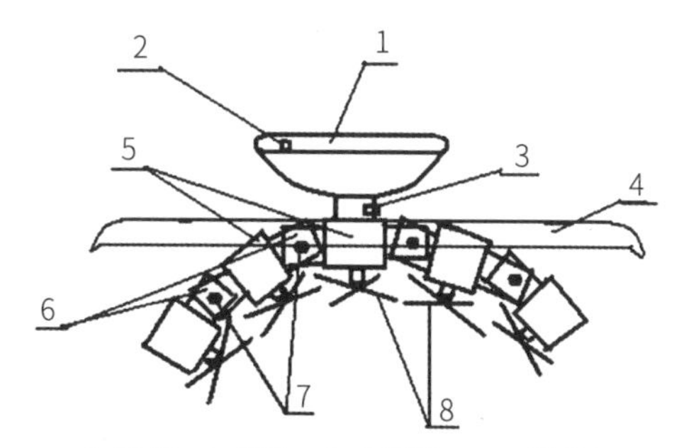

1. 手柄；2. 开关；3. 电源插口；4. 防护罩；5. 若干电机；6. 连接片；7. 螺栓；8. 刀片

图 1-79　绿篱修剪机的模型

八是娱乐类，指在工作之余以放松心情调节身心为目的的娱乐活动。娱乐感已成为个人幸福的关键[1]，如看电视、电影、戏剧、舞台剧，上

[1] 平克 . 全新思维：决胜未来的 6 大能力 [M]. 高芳，译 . 杭州：浙江人民出版社，2013：191.

网、玩游戏、跳舞、演奏音乐、读书看报等。为了方便阅读，任临正等人发明创造了“书托”[1]，带托条的两张托板将书籍托起，由两只机械手将展开的书页面压附在托板上，再由支腿配合，使书页独立地竖立在桌案上，不再需要读者用手去按扶；为了方便在上厕所时进行阅读，陈遇献等人产生了发明创造“卫生间阅读桌”的构想；为了方便使用和保护移动电脑，张佳发明创造了“电脑散热器支架”；为了消除二胡高音衰减的毛病，廖万侦发明创造了“高低音双筒二胡”（见图 1-80），用桥形双脚码子联结大小双筒的高低音二胡，增加了小筒的高音共鸣，扩展了二胡的音域……

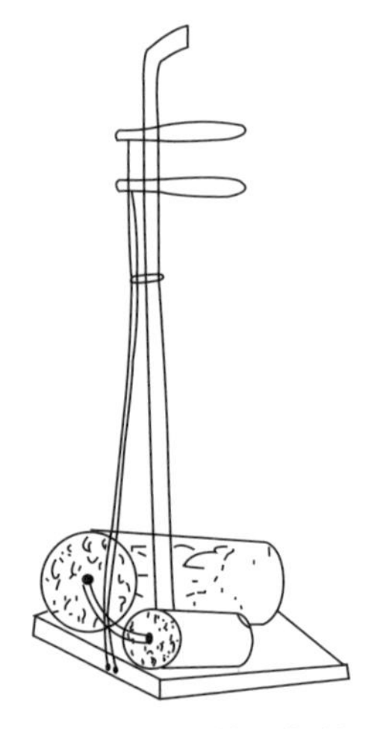

图 1-80　高低音双筒二胡的示意图

当然，不同的人在不同的场景下，根据不同休闲活动内容，会有不同的活动需求和活动形式，也会产生各不相同的体会和感悟，所以切入发明创造的可能性和成功率也会有所差异。只有在休闲活动过程中，留心观察，认真体验，积极思考，并善于抓住“问题”和“需求”者，才不会轻易让发明创造契机溜走。

差异发明

理想现实差异找，
异中求新创意好。
发明本质在差异，
创造价值品位高。

发明创造的目的就是为满足理想与现实的差异，这就是需求。在差异中寻找创新点，发明创造点，就是探究差异根源，探求新异方

---

[1] 任临正 . 书托：CN93121057[P]. 1993-12-18.

案，体现发明创造的价值和品位。实践中，从差异入手，第一可以找到适合的发明创造课题，体现发明创造的实用性；第二可以通过对比差异，体现发明创造的新颖性；第三可帮助改进原有发明，提高效能，体现发明创造的创造性。

七、抓住“意外”切入发明创造[1]

发明创造是一种创新，我们总是期待有令人惊喜的奇迹发生。发明创造的过程，在一定意义上说就是创造惊喜的过程，或是找到合适发明创造课题时的灵光闪现，或是发明创造关键问题得以突破时的喜出望外。其实很多的惊喜都是伴随着“意外”或“偶然”而产生的。“意外”是指料想不到、意料之外的事件（事情），包括不幸之事与开心之事。在发明创造实践中，往往会因一些偶然因素，甚至错误因素，导致不一样的结果，产生“意外”。这种“意外”往往是发明创造创新的契机，是发明创造创新的宝贵线索，所以我们不要轻易放过。

那么，如何有效防止不幸“意外”的发生，充分利用开心的“意外”事件，抓住“意外”切入发明创造，获得发明创造成功呢？我们先看一则根据“意外”而发明创造的故事。

2002 年 7 月 31 日《信息时报》刊登了题为“广州市区铁路道口事故频频　火车穿城过道口险象惊心”的报道：“……广铁集团目前最头疼的是铁路道口安全问题……已发生过多起车毁人亡事故……这些道口都有工作人员轮班当值……各个铁路道口的‘瓶颈’问题日益突出，对群众生命财产构成了较大的威胁，亦对城市生活和经济发展造成较大影响，已到了各方人士怨声载道的地步。”看到这则消息后，施丽娟同学感到不可思议，“为什么铁路道口都有工作人员轮班当值，还是会造成这么严重的‘意外’交通事故呢？”于是，她及时记下了这一问题，决定

---

[1] 文云全. 抓住“意外”切入发明 [J]. 科学大众·江苏创新教育，2012（9）：27.

尽快搞清楚其中的原因并解决。通过调查她发现，目前铁路道口安全栅栏（门）、警示灯和提醒音的控制都是人工进行操作的，比较麻烦，而且警示灯和提醒音太单调，道口等候的人感觉茫然枯燥而着急，所以才会有“意外”的悲剧发生。能否发明创造一种结构简单、操作方便、安全可靠且能让在铁路道口等候的人们心情舒畅的自动控制提醒装置呢？她研究后发明创造了一种“铁路道口自动控制提醒装置”（见图 1-81），并于 2004 年 9 月在上海举办的第五届国际发明展览会上获得铜奖。其结构是在铁路道口前方一定距离处和后方一定距离处分别设置重压力传感器，火车经过道口前方控制处时能使重压力传感器触发产生信号。此信号经线路传输到控制铁路道口的安全栅栏（门）处，使其启动关闭道口，同时警示倒计时灯和警示声音提醒装置启动，保证火车道畅通，同时让道口等候的人们一边看着倒计时红灯，一边听着警示声音等待火车的经过。当火车通过道口后方控制处时，使重压力传感器触发产生信号，此信号经线路传输来控制安全栅栏（门）反向动作打开道口，同时使警示倒计时灯和警示声音提醒装置停止工作。

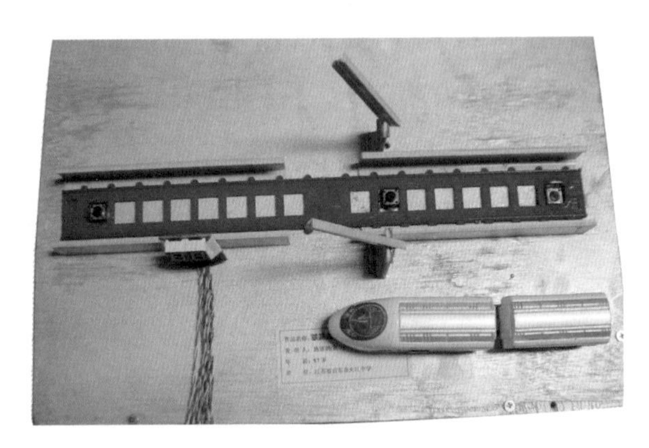

图 1-81　铁路道口自动控制提醒装置的模型

施丽娟的“铁路道口自动控制提醒装置”是从“意外”事件的结果出发切入而产生的发明创造，能在一定程度上减少铁路道口“意外”交通事故的发生。其实，“意外”事件的发生往往具有一定的“偶然性”，因此，这种“意外”的发明创造，往往也是“偶然”的发明创造。这样的例子还有很多，我们不妨用关键词“意外的发明创造”或“偶然的发明创造”上网搜索一下，便可以找到不少。下面与大家分享“意外”或“偶然”发明创造冰棍、心脏起搏器、豆腐、微波炉、万能胶、青霉素等的经典片段。[1]

1905 年，弗兰克·埃珀森把他制作苏打水的工具忘在了外面一整夜，第二天，用来搅拌苏打水的棍子和一些香料水冻在了一起，于是便有了第一根“冰棍”的诞生。[2]电机工程师约翰·霍普斯试验用无线电加热来恢复体温以治疗低体温症患者，但在实验过程中发现心脏如果停止跳动也可以用人工刺激的方式来恢复，于是发明改进了“心脏起搏器”。相传西汉淮南王刘安的母亲喜欢吃黄豆，在其生病期间，刘安让人把黄豆磨成粉，加水加盐搅拌后竟成了块状，刘安分析发现石膏能使豆乳凝结，于是意外发明了“豆腐”。从事雷达技术开发的工程师珀西·勒巴朗·斯宾塞在做实验时，偶然发现一块巧克力棒粘在了短裤上，思维敏捷的他没有认为这是他的体温使巧克力融化，而是更为科学地分析并证实了是磁控管发射的肉眼看不见的高强度辐射“光束”“将其煮熟了”，从而发明创造了“微波炉”。1942 年，哈里·库弗博士在伊斯曼柯达公司进行一项挑选一种透明塑料以提高武器瞄准器精度的工作，在沮丧时偶然地将被称为氰基丙烯酸酯的材料扔到了窗外的垃圾桶。几年以后，他注意到过去盛放氰基丙烯酸酯的容器仍旧粘在垃圾桶底部，想尽一切办法也不能将其取下来，从而申请获得了“万能胶”专利。[3]有名的“大懒汉”生物学家亚历山大·弗莱明在实验做到一半的时候外出度假，当他回来时，发现培养皿上全是细菌，只有长了霉菌的地方除外，他意外地注意到霉菌杀死了周围的细菌，这种霉菌就是“青霉素”（盘尼西林）

---

❶ 房明，赵兰辉．世界重大发明发现百科全书 [M]. 昆明：云南教育出版社，2008：12.

❷ 弗林特．妙趣横生！十个意外发明的产品 [EB/OL].（2011-09-20）[2022-05-21]. http://bwwzhidaojiuhao.blog.sohu.com/185048473.html.

❸ 夏炎．无心插柳的发明 [J]. 科学中国人，2009（7）：16-17.

的基本形式[1]，也是有史以来医学领域最重要的发现，后来，人们根据弗莱明发现青霉素的例子总结出了“适度懒散法则”，用来形容一些纯属意外或偶然（通常源于某些被弄糟的事情），却最终对人类有益的发现与发明创造。

再来看看我们中小学生抓住“意外”或“偶然”事件切入发明创造成功的例子。一次意外停电，让张胜松发明创造了“带保险丝的插头”（见图 1-82）。他发现通常的电器上的保险丝都安装在外壳内，一旦发生故障，不能直观判断是否是保险丝烧断，且更换起来比较麻烦，于是他将保险丝安装在插头内，并在插头内装入发光二极管，插头上下均用透明材料覆盖，插头脚设计为可以拧下的结构，方便更换。此发明获得第五届全国青少年发明创造比赛一等奖。丁佳文了解到电工容易意外触电的情况，研究发现电工专用手套只能在一定程度上防触电，不具有测电功能，不能直观测定和显示电压，不方便电工的操作，于是发明创造了“带测电功能的手套”。[2] 该手套由感应触点、显示器、指示灯、导线等组成，在手套内外夹层设置感应电压测定装置，并通过手背显示器显示测定结果，构造简单，使用方便，安全可靠，能够减少触电事故的发生，获得第十九届江苏省亿利达青少年发明创造奖。翟茂华同学了解到，因汽车尾灯损坏驾驶员却不知情，造成多起意外交通事故，于是发明创造了“一种车灯损坏应急的方法”。施闻博看到有人视力本来极差却检测结果为良好，非常意外，通过研究发现现有的视力检测表内容固定，容易被记住，失去检测意义，于是发明创造了“旋转视力检测仪”，获得江苏省第十一届亿利达青少年发明创造奖。薛娟娟同学一次用大头针装订资料时，意外地将自己的手指刺破，于是发明创造了一种“大头针装订器”（见图 1-83 和图 1-84），由机身、推杆和底座组成，操作方便，工效高，安全实用，获得第十一届江苏省青少年科技创新大赛一等奖。王莉蕾同

---

[1] 杨建峰 . 世界重大发明与发现 [M]. 北京：外文出版社，2013：184.

[2] 丁佳文 . 带测电功能的手套：200720037474[P]. 2007-05-04.

学偶然一次看到教师们装订试卷费力的情景，发明创造了“简易资料装置装订器”，能大大提高装订效率。高杉同学偶然一次在自家楼下看见一位送牛奶的叔叔在开启牛奶箱时，意外地把钥匙弄断在锁孔里了，非常着急，于是想到要是能发明创造一只箱子，送货时无须开锁，而拿取时必须开锁就好了，后来巧妙地利用杠杆原理和牛奶箱自身重力实现自锁的结构，发明创造了“预约送货存放箱”，获得第十二届江苏省青少年科技创新大赛一等奖和第十三届全国发明展览会银奖。张平了解到木工操作电动刨板机容易发生意外伤害事故后，利用红外感应器控制保护罩自动保护高速旋转锯口的方法，发明创造了“安全自动刨板机”。

图 1-82　带保险丝的插头的模型

图 1-83　大头针装订器的示意图（俯视图）

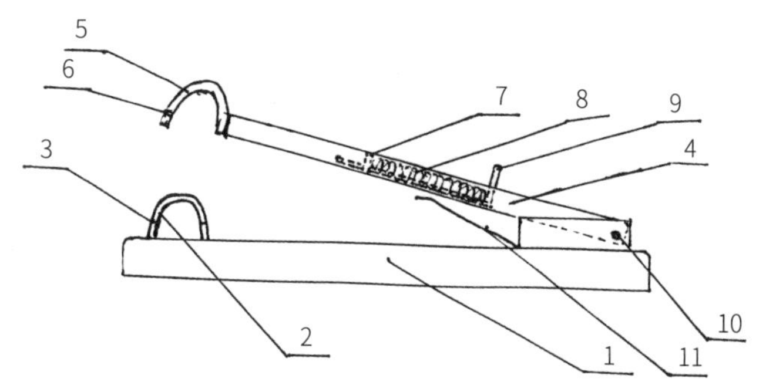

1. 底座；2. 内定型槽；3. 内槽针孔；4. 压杆；5. 外定型槽；6. 外槽针孔；
7. 推针头；8. 弹簧；9. 推针挡板；10. 转动连接；11. 弹片

图 1-84　大头针装订器的示意图（侧视图）

这些从“意外”或“偶然”事件的结果切入发明创造成功的案例，给了我们诸多的启示。首先要有善于发现“意外”的眼睛，关注“意外”或“偶然”发生的各类事件，学会细心观察，认真分析思考，发现其中与常规常理“不一样”的现象或矛盾，探寻矛盾是解决问题的第一步；[1]其次要有及时记录“意外”的习惯，身边带好纸和笔，遇到“意外”之事，随时记录，及时记录，养成良好记录习惯；最后要有对“意外”溯本求源的精神，“见怪不怪，其怪自败”，遇事多问“为什么”，不达目的不罢休，尊重事实，讲求科学，一探到底。

其实，任何事件都有起因、经过和结果三个要素，当然，“意外”或“偶然”事件也不例外。起因是事件发生的前提条件，经过是事件发展的过程，结果是事件最终的表现形态，起因和经过可谓事件结果产生的条件。抓住“意外”切入发明创造，除了从结果出发，逆向分析“意外”或“偶然”事件发生的原因，溯本求源，直接取得发明创造成功外，还可以在弄清“意外”或“偶然”事件发生的原因的基础上，有目的有计划地改变事件发生的条件，即控制事件发生的起因和过程。一方面防止有害的结果发生，另一方面让更多有利的“惊喜”发生，让有用的“意外”或“偶然”结果变成“意料之中”或“必然”结果，特别是对“意外”或“偶然”发生的不幸事件，要想办法改变起因与过程，让不幸之事不再发生，让开心之事有效掌控（见图 1-85）。这种改变的最终目的都必须指向“有用”，都必须把握科学性、新颖性、创造性和实用性原则。

总之，我们在发明创造创新实践过程中，一方面要努力创造有用的“意外”产生的条件，另一方面要善于抓住“意外”产生的契机，随时记录，并通过辩证分析，理性思考，主动提炼，让开心之事得以充分利用，让不幸之事转化为有用资源，获得发明创造成功。

---

❶ 博迪，戈登堡 . 微创新：5 种微小改变创造伟大产品 [M]. 钟莉婷，译 . 北京：中信出版社，2014：185.

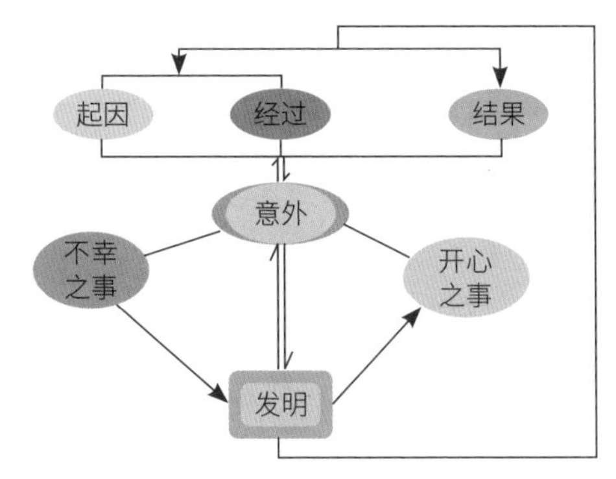

图 1-85　抓住“意外”切入发明创造思路图

八、由“爱心”切入发明创造[1]

《大众日报》2012 年 5 月 15 日发表了题为“致力‘爱心发明’ 让患者更舒适”的文章，报道山东省立医院小儿重症医学科的护士们在为患儿进行插胃管操作时，发现传统的操作方法易导致患者恶心、呕吐，增加了患儿的不适感，同时使操作成功率降低，于是护士们怀着一颗“母爱”之心，反复探讨与实践，提出了“改良奶嘴辅助经口留置胃管技术”，即在奶嘴前方剪一小口，胃管自小口穿过，插胃管时先将奶嘴放入患儿口中，借助于患儿吸吮节律，顺势将胃管插入，大大减轻了患儿的不适，置管成功率达 100%。该院护理部主任李振香说：“小发明、小创新虽然看似微不足道，但它能让患者更舒适，这就是我们护理人员致力创新的初衷。因此，不少住院患者把这些小创新称为‘爱心发明’。”

“爱心”是指对人或事物同情怜悯的心态与行为，对营造良好社会风尚，维护社会安定团结，促进世界和谐发展等有着积极的效能，值得称颂。正如有诗赞美“爱心是一片冬日的阳光，使饥寒交迫的人感到人间温暖；爱心是一泓沙漠中的清泉，使濒临危境的人重新看到生活的希望；爱心是一首飘落在夜空的歌谣，使孤独无依的人获得心灵的慰藉；

[1] 文云全 . 由“爱心”切入发明 [J]. 科学大众・江苏创新教育，2012（10）：26.

爱心是一场洒落在久旱土地上的甘露，使心灵枯萎的人感受到情感的滋润。”[1]“爱心发明创造”就是指源于“爱心”、为了“爱心”和通过“爱心”行动产生的发明创造。因此，发明创造心也是爱心。[2]

那么，在具体实践中，如何由“爱心”切入发明创造，实现“温暖人间”“滋润心灵”和“照亮暗夜”呢？“改良奶嘴辅助经口留置胃管技术”的发明创造为我们提供了专业人员爱心发明创造的参考，下面我们再来与大家分享一则学生爱心发明创造的案例。

秦卫同学在高一时特别喜欢学校开设的科技创新课，对发明创造创新非常感兴趣。一个停电的晚上，他在微弱的亮光下为奶奶倒开水时，开水溢出烫伤了自己的手。这时他觉得盲人饮水是一件困难的事，于是不顾手被烫伤，立刻拿出随身携带的纸和笔，写下了“可以使盲人饮水不烫伤手的一种装置”的发明创造设想，除详细记下自己手被烫伤之事外，还在下方赫然写道：“老师，我要用我的聪明才智为天下所有的盲人做点贡献！！！”老师看了他的设想稿后，先是不觉为奇，为盲人饮水进行的发明创造较多，但后来看到下面的那句话时，老师被深深地感动了，便迅速约他面谈，并对秦卫说：“就凭你这样执着的精神，就凭你这颗爱心，你的发明创造已成功了一半。”秦卫同学惊诧而兴奋地望着老师，半信半疑，问道：“那另一半呢？”老师说：“在你这句话中，用你自己的聪明才智。”第二天课上，老师在上面津津乐道，他在下面望着天花板津津有味地想。老师当时没有打扰他，下课时叫他到办公室。没等老师开口，他便低头接连认错。老师说：“我不是要批评你，只是想知道你上课时在想什么？”他说：“老师，我只是在想，饮水机里面的水为什么会流出来？”老师随口回应：“这个你应该知道的。”他说：“不，老师，水往低处流是一般认识，但水也会往高处流啊。我们在初二物理中学过气压原理，水是被压出来的……你看我能否用气压原理来解决盲人饮水的问

---

❶ 佚名 . 赞颂爱心的古诗词 [EB/OL].（2013-12-11）[2022-05-09]. http://www.zgshici.com/daquan/335668.html.

❷ 中松义郎 . 头脑革命 [M]. 李博，译 . 青岛：青岛出版社，1998：110.

题？……在饮水机出水口旁边加一根长度可调的导气管至密封的贮水箱内，使水放到一定时候把进气管口封住，里面气压逐渐减小至管口处内外压力平衡后，水停止流出，盲人饮水不再被烫伤……”在老师的鼓励和指导下，秦卫同学完成了方案设计和试验，虽然模型制作好后出现密封不好等问题，但最终通过改进成功发明创造了“盲人自动饮水器”（见图 1-86）。❶ 该作品因结构简单、外形美观、污染小、能耗低、使用方便、成本低廉等优点，获得第十届江苏省青少年科技发明创造比赛一等奖和第十二届全国发明展览会铜奖。

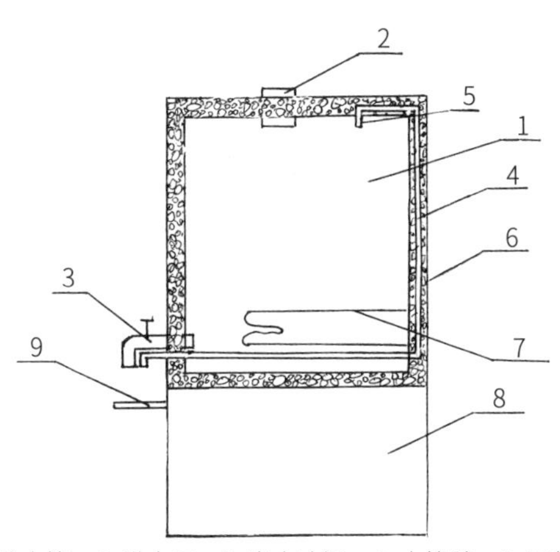

1. 贮水箱；2. 进水口；3. 出水冷门；4. 水箱壁；5. 导气管；
6. 隔热层；7. 电热丝；8. 底座；9. 接水盘

图 1-86　盲人自动饮水器

从上面两则案例不难看出，由“爱心”切入发明创造的对象具有较强的针对性。当然，这类发明创造多为关爱特殊群体或个体，特别是老人、小孩、残疾人等弱势群体；也可以关注大众需求，如公共安全、卫生与健康等；还可以是非人类的其他生物，包括动物、植物。因此，由“爱心”切入发明创造，关键是激发我们内在的“同情怜悯”之“爱心”，充分挖掘利用“爱心”所产生的信心和动力，分析“爱心”对象的各种需要，尤其是特殊需要，并设法予以解决。

❶ 吴春华 . 科技创新要突出社会责任感教育 [J]. 中学课程辅导，2014（1）.

需求创造

需要为发明之母，
实用是发明根基。
不求即时适用性，
未来需求大惊喜。

实用性是发明创造的基本属性，也是评判标准之一，而需求分析正是抓住实用性的主体，得出发明创造之机，发明创造之题，以及评判之尺。学习发明创造从选题开始就要以需要为重点切入，深入分析，归纳提炼，聚焦问题，明确目标。同时也可以放眼未来，从长远着想，挖掘潜在需求，创造未来所需，引领时代发展。

的确，“需要是发明创造之母”，由“爱心”切入发明创造，就是以“爱心”满足特殊对象的各种需要。人的活动总是受某种需要所驱使，需要激发人去行动，并使人朝着一定的方向去追求，以求得到的满足，需要是人的活动的基本动力。从需要的起源划分，需要包括自然需要和社会需要，自然需要是为保存和维持有机体生命和种族延续所必需的需要，包括维持有机体内平衡的需要和回避伤害的需要等；社会需要是人们为了提高自己的物质和文化生活水平而产生的，包括对知识、劳动、艺术创作的需要[1]，对人际交往、尊重、道德、名誉地位、友谊和爱情的需要，对娱乐消遣、享受的需要等。[2]按需要的对象划分，需要包括物质需要和精神需要，物质需要是指人对物质对象的需求，包括对衣、食、住有关物品的需要，对工具和日常生活用品的需要；精神需要是指人对社会精神生活及其产品的需求，包括对知识的需要、对文化艺术的需要、

[1] 涂铭旌，孟江平．创造发明的思路、方法及路径 [M]. 北京：科学出版社，2016：91.

[2] 王珏．民办学校家校冲突研究——以 N 市 XW 校为例 [D]. 南京：南京师范大学，2019.

对审美与道德的需要等。因此，“爱心发明创造”要从不同对象的不同需要出发，有针对性地分析“爱心”需求，开展“爱心”思考、“爱心”设计和“爱心”创造创新，因此我们可以画出由“爱心”切入发明创造的思路图（见图 1-87），许多由“爱心”切入发明创造的例子都说明了这一点。

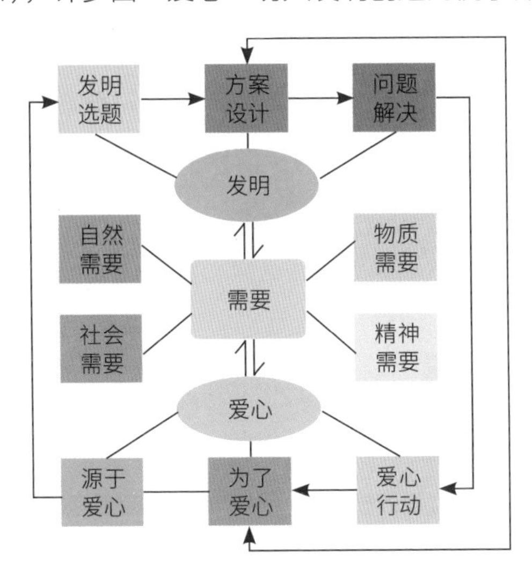

图 1-87　由“爱心”切入发明创造思路图

例如，黄全同学看到单手残疾人将插头从活动拖线板插座上拔出时费力的情形，以及直接用手抓插头存在触电的危险，利用杠杆原理，在插座上设置能将插头自动弹出的按键，发明创造了“方便安全插座”，既方便了单手残疾人，也方便了正常人单手使用，获得第九届全国发明展览会银奖；何建红和施佳坤同学为了满足普通家庭特殊提醒需要，尤其是老人和小孩提醒需要，分别发明创造了“简便家用提醒器”（见图 1-88）和“可方便设置千次的家用提醒器”，分别获得第九届全国发明展览会铜奖和第十三届江苏省青少年科技创新大赛一等奖；刘文兵同学为了让已准备好的拖鞋能适合脚大小不同的客人的需要，发明创造了“方便迎客鞋”（见图 1-89）；[1] 秦卫同学考虑到普通农村家庭使用热水淋浴不方便，而灶台锅底周围热量大量浪费，于是发明创造了“简易

[1] 钱文东 . 如何在数学教学中培养学生的自主学习能力 [J]. 中学课程辅导，2014（1）.

热水淋浴器”（见图 1-90）；陈天鸣同学到农场参观时，看到饲养员给料时，后面还没加好，而前面给的很快就吃完了，十分忙碌辛苦，于是发明创造了一种“饲养场自动给料装置”（见图 1-91），获得第十三届江苏省青少年科技创新大赛一等奖；黄磊妞同学发现残疾人开车时因手脚不便，碰到紧急情况需要刹车时，经常手忙脚乱，十分危险，于是突发奇想，发明创造了“残疾车靠背刹车装置”，通过背往后靠的动作实现刹车，获得第十五届江苏省青少年科技创新大赛二等奖。❶

图 1-88 简便家用提醒器的模型

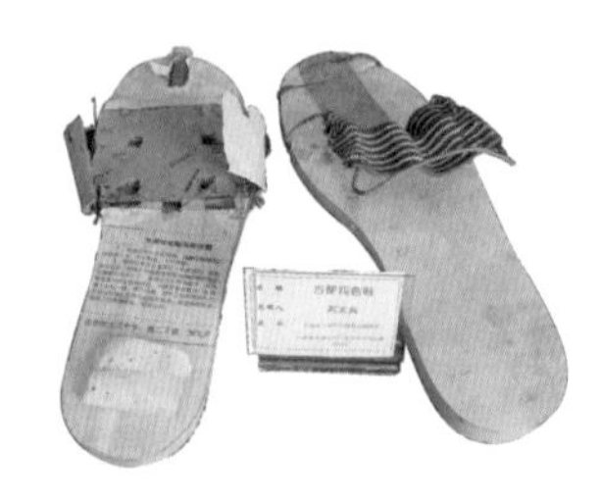

图 1-89 方便迎客鞋的模型

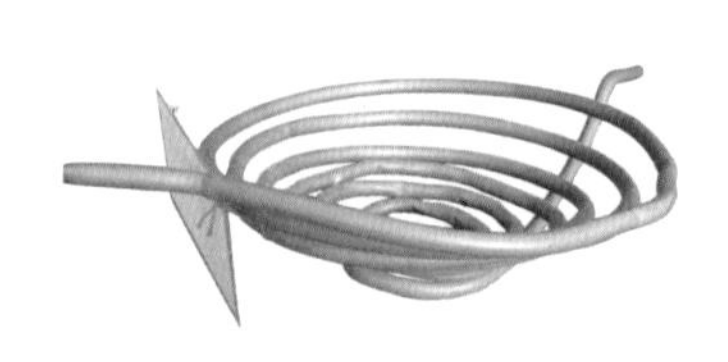

图 1-90 简易热水淋浴器的模型

图 1-91 饲养场自动给料装置的模型

又如，苏州一个普通的出租车司机陈福明因姐姐小儿麻痹瘫痪卧床，他不离不弃悉心照顾，用了整整 3 年时间，发明创造“应急便洁器”，体积小、方便携带，更重要的是它无须宽衣解带，即使是腿脚不便的残疾人，坐在轮椅上、躺在床上也能使用，获得国家专利；9 岁小学生唐乙楠发明创造了“袋装输液报警器”；李晓伟同学发明创造了一种协助残疾人和康复病人生活自理的“爱心时钟”；刘安成同学发明创造一种“爱心座位提示器”，用于公共汽车及车站码头为老人孕妇儿童准备的爱

❶ 吴春华 . 科技创新要突出社会责任感教育 [J]. 中学课程辅导，2014（1）.

心座位；阚婧同学发明创造“爱心便当盒”，新颖独特，贴心实用，深受情侣喜爱；伊金英同学发明创造“爱心尿湿提示器”，达到提醒陪护或护理人员及时更换尿布的目的；孙学文同学发明创造“即时回馈型爱心捐助箱”[1]，其在投币时能使爱心捐助即时得到令人赏心悦目的回馈，可以是声、声像、光效、雾效、卡通动作、愉悦的气味、科学原理演示或赠送一张书签或者精美的卡片，使单方面的捐助行为变成互动过程，非常有利于鼓励人们爱心捐助；徐宝根同学发明创造“爱心电话”，在电话机面板上设有数个用于代表电话号码的存储按键，具有方便、快捷、直观、保密的优点，即使不认字，也能打常用的电话，省去了记忆电话号码的烦恼，可在按键上直接设置图片，方便视力有障碍的人使用；黎茂振同学发明创造了“一种爱心红绿灯”，用颜色和形状结合显示，方便色觉异常人士使用；曲旋同学发明创造“一种爱心援助用手表”，表壳外表面安装涂有荧光粉或反光漆的外罩，可以在黑暗中发光，在夜晚可以指示人们发现弱势群体，并伸出爱心援助之手；兰小平等同学发明创造“一种爱心智能机器”，通过在普通机器人中增加远程通信系统，可实现一方隐蔽地与另一方进行交流，达到关心和帮助另一方的目的。

再如，在第 27 届全国青少年科技创新大赛上，东北师范大学附属中学李卓航同学的“校车侧翻缓冲及车体自动回正系统研究”获得一等奖，该项目利用倾角传感器检测校车的侧翻状态，并通过嵌入式电控装置对气动电磁阀实时控制，从而实现对校车侧翻时的自动缓冲及回正，降低事故危害、增加逃生机会和减少发生次生危害的可能性；哈尔滨市第三中学孙翊文同学的“基于 ZigBee 无线传感器网络的高层火灾语音定位报警及逃生指导系统”[2]获得一等奖，该系统能在第一时间播报火灾发生的具体楼层和逃生注意事项，为楼内人员的逃生赢得宝贵时间，降低火灾中的人员伤亡，可广泛用作高层住宅、写字楼、宾馆、饭店的火灾报

❶ 北京爱德康环境文化有限公司 . 即时回馈型爱心捐助箱：201110139645[P]. 2011-05-27.

❷ 孙翊文 . 高层火灾智能定位语音报警装置：201120533992[P]. 2011-12-19.

警装置；山东省济南市济钢高级中学殷子炫同学的“变温剪切应力自动检测地沟油方法与仪器的研究”也获得一等奖。中国科协青少年科技中心主任李晓亮说：“参赛选手针对当前社会存在的焦点、热点问题展开调查研究，并提出自己的解决方案，科技创新大赛不再是冷冰冰的原理与技术，而从中体现出一种关怀和友爱的温情。”

热点关注

热心热情热点事，
点滴线索藏真知。
关心关爱关天下，
注神探究不宜迟。

热点难点焦点都是创新的起点，关注热点往往能把握世态脉络，走在前沿，思考先行于别人，取得第一手素材，从而以先人一步的优势取得成功。因此，进行发明创造需要主动关注国际国内大事，了解生活热事难事，怀天下之心，做先人之举。

总之，放眼大千世界，只要善于观察分析，“爱心”的需要无处不在，“爱心”发明创造的灵感也源源不绝。法国巴尔扎克说：“发明家全靠一股了不起的信心支持，才有勇气在不可知的天地中前进。”信心与爱心联合起来能发挥极大的功效，但信心减去爱心等于零。由“爱心”切入发明创造，就是要以“爱心”为源泉和动力，产生发明创造动机，确定发明创造主题，探索发明创造构想，设计发明创造方案，解决发明创造问题，检验发明创造成果，实现发明创造梦想。[1] 当然，实践中，设计要快，决定要慢。[2]

---

❶ 胡卫平 . 中国创造力研究进展报告 [M]. 西安：陕西师范大学出版社，2016：107.

❷ 纽迈耶 . 创造力提升的 46 条天才法则 [M]. 侯滨，译 . 上海：上海人民美术出版社，2016：44.

九、在伦理道德思辨中切入发明创造[1]

学渔方式

学知创新剑双刃，

渔趣成败不单存。

方遒终得发明物，

式道融通喜乐根。

科技创新是把双刃剑，学习发明创造也不例外，其间自有成败、善恶、优劣及喜乐。与渔趣同理，热情高涨忽拾灵感终得问题解决的方案，而将其中的道理规范及技能融会贯通，则可找到喜乐根源，即成败的关键。因此，发明创造需要取善者而得成。

想必大家对“白色污染”一词并不陌生。的确，“塑料”的发明创造着实因其使用方便、价格低廉的优势，给人们的生活带来了诸多便利，我们已几乎离不开它了。然而，艾柯尔·马克在《人类最糟糕的发明：科技的发展到底给我们带来了什么？》一书中，称“塑料”为“百年难解的白色恐慌”，排在“人类最糟糕的发明创造”之首。是的，丢弃在环境中的废旧包装塑料，不仅影响市容和自然景观，产生“视觉污染”，而且因难以降解，还会对生态环境造成潜在危害——混在土壤中，影响农作物吸收养分和水分，导致农作物减产；增塑剂和添加剂的渗出会导致地下水污染；混入城市垃圾一同焚烧会产生有害气体，污染空气，损害人体健康；填埋处理将会长期占用土地等。[2]的确，科学技术是把双刃剑，我们在享受发明创造为人类带来的便利的同时，也遭受其带来的负面影响，有时甚至涉及伦理道德。例如，器官移植、安乐死、基因计划

---

❶ 文云全 . 在伦理道德思辨中切入发明 [J]. 科学大众·江苏创新教育，2012（11）：27.

❷ 杨名 . 论技术的生态困境及消解途径 [Z]. 太原：2008 年全国博士生学术论坛——科学技术哲学，2008.

和辅助生殖技术等生命科学技术的飞速发展给人类带来了福祉，同时也带来了诸多伦理道德难题。

有人不禁要问：科技的发展到底给我们带来了什么？如何看待发明创造与伦理道德之间的关系？

根据《辞海》，“伦理”可解释为“处理人们相互关系所应遵循的道理和准则”，“道德”可理解为“以善恶评价的方式来评价和调节人的行为规范的手段和人类自我完善的一种社会价值形态”。“伦理”与“道德”现通常作为同义词使用。发明创造中的伦理道德引起了人们越来越多的关注。当然，我们也可以在伦理道德思辨中切入发明创造。换句话说，我们可以在如何让人们更好地遵守伦理道德的规范和要求中，积极思考，主动实践，大胆创新，找到新问题，创造新技术，提炼新方法，从而有所发明创造，有所创新，促进人类社会的发展进步。

任何一项“科学”的发明创造，都隐含利与弊的双重性，发明创造并不都造福人类，也有其对人类的危害。除塑料外，还有许多的发明创造，都让人欢喜让人忧，真是哭笑不得。如汽车的发明为人们交通带来了方便，却因交通事故频发而被称为“城市生活中的流动杀手”；电池的发明让人们实现了方便用电，却因其污染环境而被称为“地球污染的超级公害”；口香糖的发明为人们生活增添了乐趣，却因其粘于地面难以清除而被称为“咀嚼而出的肮脏世界”；香烟的发明令一些人神往，却因其所含尼古丁有害人体健康而被称为“身心麻醉的罪魁祸首”；互联网的发明大大方便了人们的工作、学习和生活，却由于其真实性难以把握而被称为“正邪莫辨的虚拟空间”；转基因技术的发明让诸多作物产量倍增，却因其对人类影响的不确定性而被称为“魔鬼签订的未来契约”；核能技术的发明为人类提供了一种巨大的能量来源，却因为其威力太大而被称为“能引爆世界的恐怖炸弹”；克隆技术的发明为无性繁殖提供了可能，却因为其不合伦理而被称为“伦理底线的终结者”……

不少相关文章也在热议发明创造与伦理问题。如 2010 年第 16 期的《法制与社会》发表李媛的文章《生物科技发明中的伦理道德争议》；

2010 年第 14 期的《科技信息》发表李梁的文章《人肉搜索引发的伦理道德思考》；2011 年第 1 期的《辽宁行政学院学报》发表赵学宁的文章《浅谈手机引发的伦理道德思考》；朱晓卓、倪征田在网络上发表文章《一例新生儿脑瘫案例引发的伦理学思考》。

在伦理道德思辨中切入发明创造可以根据伦理的不同种类进行。我们可以将“伦理”分为生命伦理、环境伦理、网络伦理、休闲伦理等。涉及范围包括个体与社会的关系，要求大家遵守的社会公德、公共秩序、公共安全、法律法规等；也包括人类与其他生物的关系，要求大家爱护动物、保护环境、节约能源等。这样的发明创造实例很多，其中青少年的发明创造也不少。

以下列举部分相关发明创造的实例，期待能引起大家对发明创造与伦理道德关系的进一步思考。

在公共安全方面，发明创造者们紧紧围绕“安全”做思考，努力寻找生活、工作中一切存在不安全的地方，分析为什么不安全，然后设计解决这些安全问题的方案并加以实施。

例如银行安全。施丽娟同学为解决现有银行柜台物品传递装置不安全的问题而发明创造了“银行防盗柜台的传递装置”[1]（见图 1-92）。她发现银行都采用在防盗窗下的柜台上开一圆弧形的凹槽，供银行及客户间传递钱、票，这种做法仍存在不安全的隐患，而且双方都要在弧形凹槽底部将钱、票取出，很不方便。该发明创造是一种防盗性能好，传递钱、票方便的传递装置，结构简单，操作方便，成本低廉，安全可靠，获得第十四届全国发明展览会金奖和光华青少年科技发明创造奖。陈振宇同学根据现有密码输入器输入密码时容易被人看见或记住动作存在的不安全而发明创造了“变序输码电子密码锁”（见图 1-93）。他研究发现，目前已知的密码锁，大多通过输入单一的固定密码来打开。由于键盘的固定性，致使有些人根据手指的动作，判断出相应的数码位置，从而获知

[1] 康敏娜 . 一种用于银行网点的智能安全装置：201810870306[P]. 2018-08-02.

密码，因此使密码易被人发现，造成重大的经济、信息或财产损失。分析现有电子密码锁存在的问题，主要是：键盘固定，易被人记住数字键的位置；输入的密码单一，不能够有序地改变密码。他的发明创造要克服以上缺点。一是变形状，即将电子锁键盘变为圆形，使键盘无方向性；二是变数字，即键盘数字可以转动，随机停下，改变数字键的位置；三是变颜色，即通过指示灯颜色变化，确定数字键的真实位置，即知道“新密码”；四是变位置，即将指示灯装在较为隐蔽的地方，可以做得足够小，由操作者握于手心，不会被旁人看到，这样就能有效防止密码被盗。该发明创造结构简单，成本低廉，保密性强，获得第十七届全国发明展览会铜奖。

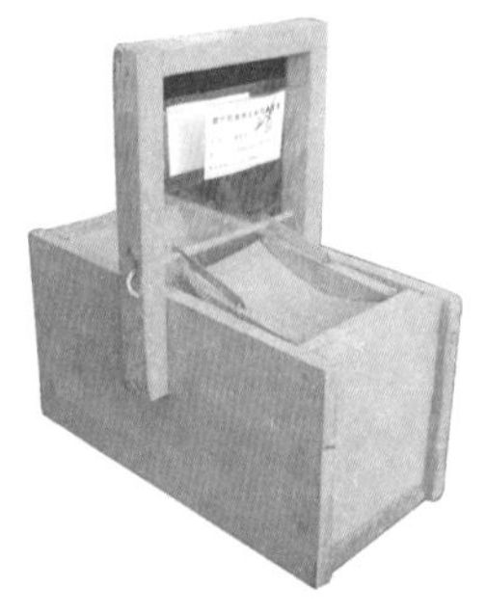

图 1-92 银行防盗柜台的传递装置模型

图 1-93 变序输码电子密码锁模型

又如交通安全。王健荣同学为了让道路减速带更加安全合理，发明创造了“一种双排间隙错位型道路减速带”[1]（见图 1-94）。他研究发现，现有减速带的设置是将减速块连接成一线，形成一个隆起的高坡，横卧在道路上，车辆通过减速带时，速度再慢也得承受较为强烈的颠簸和震动，会发出噪声，也会使人感到极不舒服，甚至引起恶心、呕吐等；特别是车上装的物品，由于颠簸和振动，甚至会破碎、翻倒，造成不必要的损失，还会对车的性能造成一定的影响。该发明创造让减速块间隙式分布成两排，平行设置，横卧于需要减速的道路上，前后两排减速块间隔一定的距离，前排减速块的间隙与后排减速块的间隙错位设置。车辆

[1] 王健荣．一种双排间隙错位型道路减速带：200820032219[P]. 2008-02-13.

通过时必须有一定的转弯才能让车轮从减速块间隙通过，这样达到减缓车速的同时，能有效减少车轮与减速带撞击产生的颠簸和震动，减速带的寿命也得以延长。[1]

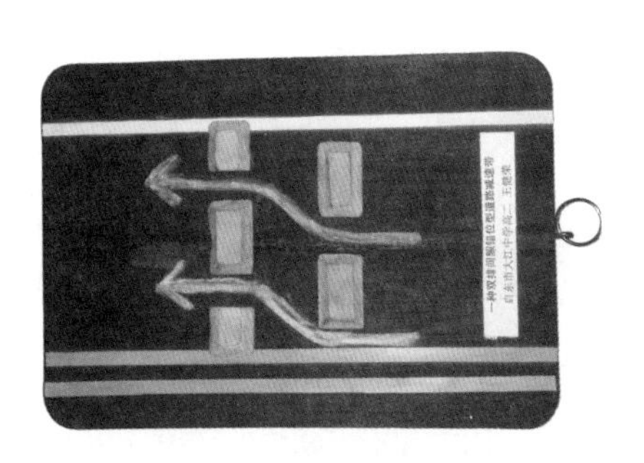

图 1-94　一种双排间隙错位型道路减速带的模型

再如自然灾害预警。范鑫鑫同学为预警山体滑坡的不安全而发明创造了“山体滑坡监测报警仪”[2]（见图 1-95）。他发现，目前山体滑坡预警普遍采用人工巡回检查的方式对山体进行实地排查，需要耗费一定的人力和物力，且对山体滑坡的监测与预警很不精确。而通过卫星定位监测山体滑坡的设备成本极高，而且也不能做到精确预报。该发明创造的目的是提供一种能精确检测和预报山体滑坡的监测报警装置。在易滑坡重点山体上安装数个位移传感器和现场报警器，位移传感器并联接入数据采集仪，并与远程电脑和远程报警器连接，实现精确检测和预报山体滑坡，结构简单，操作方便，成本低廉，获得了国家专利。

在环保节能方面，环境伦理是指人与自然的和谐共生的关系[3]，是人类对于环境和整个自然界应当承担的道德责任[4]。科技发明创造所创造的成果令人类陶醉，部分地破坏了人与环境的平衡，带来了人类物欲的增

---

❶ 默菲 . 发明创造探秘 [M]. 王阳，译 . 北京：中央编译出版社，2009：16.

❷ 范鑫鑫 . 山体滑坡监测报警仪：201120027472[P]. 2011-01-24.

❸ 周小飞 . 论环境伦理观对我国环境保护的意义 [Z]. 赣州：中国法学会环境资源法学研究会 2005 年年会，2005.

❹ 房龙 . 发明简史：听房龙讲发明的故事 [M]. 辛怡，译 . 北京：中国华侨出版社，2017：1.

长、人际关系的疏离和淡漠。甚至某些发明创造正使我们的社会走向单调化、平面化，使人类生态环境的多样性日趋凋零，危害人类物种的安全。因此，我们要有环境正义感、代际平等观和尊重自然的原则，努力通过发明创造等行之有效的方式为环保节能做出自己应有的贡献。

图 1-95　山体滑坡监测报警仪模型

如为了环保和节水，李骏杰同学发明创造了“免冲洗自动集便厕所”，不仅解决了厕所节水问题和现有免冲洗厕所便袋容易破碎、便袋封口不够严密使排泄物容易泄漏的问题，而且便袋可以回收再用。主要包括便器、控制箱、便袋合成和封口装置、储便箱等，在便器的上方设有与控制箱连接的红外感应器，控制便袋合成和封口；便袋由两片四周和中间每间隔一定距离都带有凹凸相互吻合槽口的塑料纸拉合和压合而成。该发明创造结构简单、操作方便、成本低廉、环保节能。

又如，为了防止公共场合打电话对旁人造成干扰，以及电话信息泄密，虞荃同学发明创造了“便携带电话聚声隔音保密装置”[1]（见图 1-96），获得国家专利。该发明创造通过聚集和导向使通话语音与外界隔离，从而达到保密通话内容和不干扰周边环境的目的。即利用声音接收器将声音聚集，并通过传音软管使声音集中于导管内传播至话筒，用耳机塞听音，实现通话语音与外界隔离。

[1] 虞荃 . 便携式电话聚声隔音保密装置：200620070926[P]. 2006-03-24.

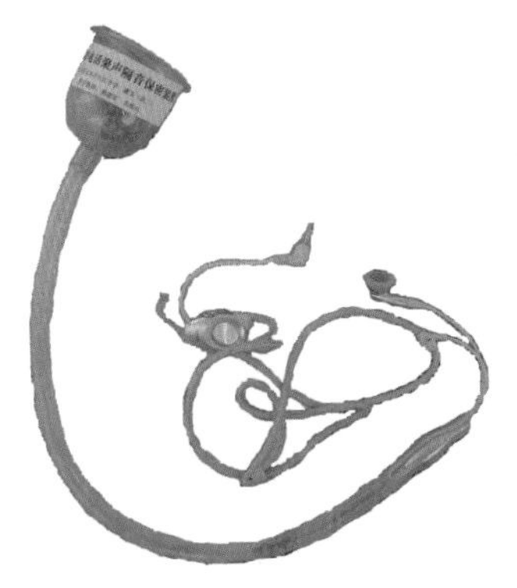

图 1-96　便携带电话聚声隔音保密装置模型

再如，为了减少出租车空跑和能耗，方便打车，陈立同学成功发明创造了“出租车与客流信息动态指示系统”[1]（见图 1-97）。这项发明创造提供了一种能即时提示候车区域车流与客流动态信息的系统，获得第七届国际发明展览会金奖。陈立说：“这项科技创新发明创造的灵感来自于生活，也旨在解决生活中的难题。”[2]

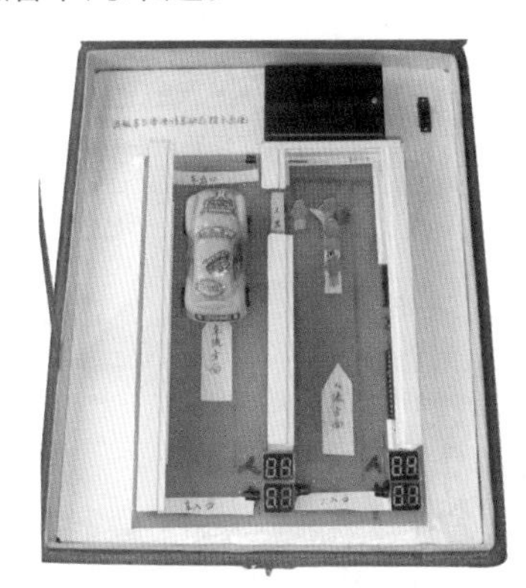

图 1-97　出租车与客流信息动态指示系统模型

减陈去冗

做减法时需大胆，

陈旧观念勿牵盼。

---

❶ 陈立．出租车与客流信息动态指示系统：201120320564[P]. 2011-08-25.

❷ 蔡熠．创新主导世界 [M]. 北京：中国言实出版社，2014：113.

去伪存真见精神，

冗拨云散是开端。

减一减也是一种发明创造常用而有效的技法，减需要有胆气和不恋旧的精神，勇于割舍和放弃才能摆脱陈旧观念和惯性思维的束缚，因此，大胆删减冗余，或不如意、不可靠、不高效、不方便的环节、结构、部件、材料等，往往是创新的开始。

为了高效快速整治环境，王冰冰同学为解决河道杂草垃圾清理困难的问题，发明创造了“遥控清除河道水草垃圾机”[1]（见图 1-98），获得第十八届全国发明展览会铜奖。她发现，目前对河道的清理一般仅限于垃圾，无法清理水草，而水草的清理只能采取人工的方式，既麻烦又浪费人力和时间。该实用新型的目的是提供一种方便地清除水草及垃圾的河道清理装置。在船体前部设有密布支条的滚轮，其下设一旋转刀片，在两侧分别设有一栏网，并设一个收集箱，用来收集水草和垃圾。在船体底部装上动力马达；船体上另装有遥控接收器及天线，实现遥控其运作的目的。同时实现水草、垃圾同步清理，达到省时省力方便的效果。

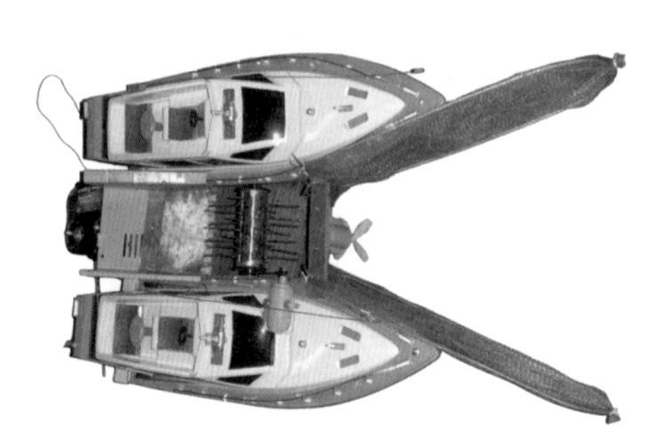

图 1-98　遥控清除河道水草垃圾机模型

当然，科技发展并没有因为种种争议而停步，人类也不可能因噎废食。既然人们无法否认科学的两面性，那么，每一位发明家无疑都将面临着造福与造孽、急功近利与高瞻远瞩的选择，而其中的关键在于是否

[1] 王冰冰 . 遥控清除河道水草及垃圾清理装置：200920038632[P]. 2009-01-01.

善待生命，而对环境的保护就意味着对生命的善待。[1]任何一项以环境破坏为代价的发明创造都应受到道德法庭的审判，否则，科学的“双刃剑”势必将落在人类的头上。我们期待人类科学自由的思维和发明创造都能体现伦理道德的向善性。[2]

十、挑战“权威”切入发明创造[3]

2012 年 11 月，在昆山举行的第七届国际发明展览会上，一件名为“单向车流高峰借道自动控制装置”[4]的发明创造作品获得金奖。发明人吴俊成同学发现，目前道路交通左右两车道之间往往设置隔离栏以保证车辆单向通行、快速通行和安全通行，但经常在上下班出现单向车流高峰，即一个方向车多拥堵而另一方向车少道空。于是他想发明创造一种单向车流高峰时减缓交通拥堵的装置。这一想法刚提出，便招来诸多的“非议”，因为借道车辆势必逆向行驶，这在交通规则上是严重违章，相当危险，所以这一想法几乎不可能实现。但吴俊成并不甘心放弃这一课题，在指导老师的鼓励下，展开了“借道通行”可能性和安全性的设计。其主要方案是在常出现单向堵车路段的两头隔离栏上安装借道门，配备程序控制器控制其动作，设置流量检测控制开关或定时开关，并在借道路段两车道间安装警示灯，在借道口前方设置LED字幕指示牌；[5]借道门开启或关闭前，程序控制器控制 LED 字幕指示牌开始工作，进行倒计时

❶ 佚名 . 百科大讲堂：世界最伟大和最失败的发明 [EB/OL].（2014-12-24）[2022-05-21]. http://baike.baidu.com/view/15651459.html.

❷ 罗宾逊 . 让思维自由：用创造力应对不确定的未来 [M]. 闾佳，译 . 杭州：浙江人民出版社，2015：1.

❸ 文云全 . 挑战“权威”切入发明 [J]. 科学大众 · 江苏创新教育，2012（12）：28.

❹ 吴俊成 . 单向车流高峰借道自动控制装置：201120027485[P]. 2011-01-26.

❺ 成都科创谷科技有限公司 . 用于智能交通的车流高峰借道系统：201610621865[P]. 2016-07-29.

提醒，借道路段两车道间安装警示灯以提醒和警示，确保交通安全，最终获得了成功。

这项发明创造敢于挑战“车辆不能逆向行驶”这一“权威”的交通常规认识，采用“借道”和“提醒”的方法解决单向车流高峰拥堵问题，结构简单，操作方便，安全可靠，提高了交通效率。其实，发明创造创新取得成功最关键最根本的因素也就是这种精神，这种敢于突破传统思维习惯和观念，打破常规，甚至挑战“权威”的精神。[1]

哈鱼火候

哈法直指呼吸境，
鱼浮浊水期命存。
火在破除断依赖，
候得结局惊喜生。

哈鱼是将水不太多的池搅浑，让鱼哈到呼吸困难而浮出水面的一种捕鱼方法。哈鱼的关键是要把握池中水的浑浊程度，太清鱼不出，过浑鱼会死，所以要把握哈鱼的火候。对于创造，哈鱼的启示在于重新定义水鱼关系，破除原有依赖，找出问题的关键所在。所以，在发明创造过程中，我们要让问题与所处环境之间的关系脱离原有看似必然的干系，敢于打破陈旧格局，重新定义问题与需求。

所谓“权威”，指对权力的一种自愿的服从和支持。“权威”在一定程度上能对事情的发展起到指引和统领的作用，有利于问题的解决，但这样的作用会随着时空变换对象不同而发生变化，甚至可能对事物的发展造成阻碍。因为事物是发展变化的，“权威”的思想和做法往往会使人们“不敢越雷池一步”，将所谓的“权威”奉为神灵，甚至迷信其绝对正确，迷信书本，不敢突破传统，不敢打破常规，不敢假设，不思进取，

[1] 张子睿 . 创造性解决问题 [M]. 北京：中国水利水电出版社，2005：21.

被拘泥于条条框框中，如“井底之蛙”，跳不出来，当然也就容易墨守成规，思想僵化，没有质疑，从无拓展，裹足不前，难以创新。以下从打破垄断理论、改变传统结构、颠覆原有方法、更替原有材料等方面举例与大家分享如何挑战“权威”切入发明创造。

（一）打破垄断理论

中国杂交水稻育种专家、杂交水稻之父、中国工程院院士袁隆平为了让人民不再挨饿，敢于挑战权威，发现水稻的雄性不孕性。当时，米丘林、李森科的“无性杂交”学说——“无性杂交可以改良品种，创造新品种”的传统论断垄断着科学界。袁隆平经过许多试验后，怀疑“无性杂交”的正确性，决定改变方向，沿着当时被批判的孟德尔、摩尔根遗传基因和染色体学说进行探索，研究水稻杂交。而在当时，作为自花授粉的水稻被认为根本没有杂交优势。“别人都讲我是‘鬼五十七’（长沙方言，意为不务正业），我也不理。”从此，他义无反顾地选定了杂交水稻这道科研课题。[1] 经过十年艰辛坎坷，袁隆平在世界上首次育成三系杂交水稻。他深有感触地说：“在研究杂交水稻的实践中，我深深地体会到，作为一名科技工作者，要尊重权威但不迷信权威，要多读书但不能迷信书本，也不能害怕冷嘲热讽，害怕标新立异。如果老是迷信这个迷信那个，害怕这个害怕那个，那永远也创不了新，永远只能跟在别人后面。科技创新既需要仁者的胸怀、智者的头脑，更需要勇者的胆识、志者的坚韧。我们就是要敢想敢做敢坚持，相信自己能够依靠科技的力量和自己的本事自主创新，做科技创新的领跑人，这样才会取得成功。”

“夹具大王”邹德骏发明创造的旋风切割高压螺旋机，比使用传统工具切割提高工效 15 倍，打破了苏联专家认为高压螺旋只能低速切割的理论。邹德骏是中国科技大学的一名普通工人，早年父母双亡，家境贫寒，坚强意志使他产生了无穷动力，经过近 30 年拼搏，先后取得 100 多项

[1] 杨进．通过生物学家的故事培养学生的创新能力 [J]. 新一代，2017（515）：104-105.

技术革新成果，出版了《高效工具类》专著，9种CJI型高效工具夹达到世界水平。

（二）改变传统结构

中国科学技术协会常委、国家有突出贡献科学技术专家张开逊敢于向世界科技尖端领域挑战，研制的微型高灵敏度传感器及在工业中应用的高精度测量装置，获得“日内瓦州奖”，打破了西方人独揽国际发明创造奖的历史，为中国人民争了光。他的获奖仪器十分精密，可以测出万分之一度的变化，比现有测温表的灵敏度高出一个数量级。

大家知道，用衣架晾衣服时，衣服会对衣架施加竖直向下的重力，衣架的两臂是用来承重的，所以我们通常认为衣架的双臂需要起向上的支撑作用，不能往下折叠的。然而，沈赫男同学看见母亲在晾套头衣服时，很费力地把衣服领子拉得很大很大，她由此萌发了发明创造一种新型衣架的念头。她大胆将衣架两臂设计成向下折叠的结构，先简单画一张草图，然后根据重力和弹力原理，反复改图，最后制成“活塞式开合衣架”（见图1-99），通过压下活塞后所形成的力，使衣架两臂张开，然后再依靠衣架两臂自身的重力自动合拢。该作品在韩国汉城首届国际学生发明展览会上获铜奖。

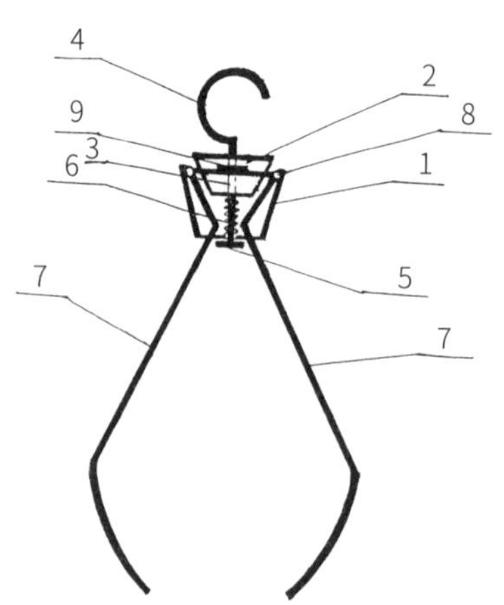

1. 梯形框架；2. 梯形活塞；3. 金属杆；4. 挂钩；
5. 挡片；6. 弹簧；7. 悬臂；8. 动连接；9. 锁定片

图1-99　活塞式开合衣架示意图

（三）颠覆原有方法

临床医学上，手术后的伤口处理一般采用线缝，但存在诸多问题。外科医生史栋大胆尝试，将拉链用于人体胰脏手术后的腹部伤口处理，克服了以前胰脏手术后大量出血、更换腹内纱布难、手术时间长、病人难以忍受和医疗事故不断发生的情况，使原来只有 10% 的患者恢复率，提升到 90%。拉链最初发明创造的目的是用作鞋的固定条，史栋敢于挑战已有方法，将其运用于外科手术，取得颠覆性成功，让人交口称赞。

陆兴华同学发现，如今废旧电缆分离回收的方法大体有以下几种：机械法、冷冻法、溶压法、全溶法等，但是这些方法要么效率低，要么会对环境造成污染，违背可持续发展的原则。于是通过分析废旧电线电缆的成分和各自特性，并进行大量比较实验，提出了“用盐水分离废旧电线电缆的金属和塑料的方法”，彻底克服了原有几种方法的不足。该方法用盐水作为浮选液，主要做法包括粉碎、加水加热和盐水分离三步，即先将废旧电线电缆进行粉碎，再将打碎后的电线电缆加入水中，并加热搅拌，使未能分离的电线表皮与金属分离，最后将加热后电线电缆放入配好的盐水中，利用金属、塑料和盐水密度的不同将它们分开回收。该发明创造获得江苏省第十八届青少年科技创新大赛一等奖和第六届国际发明创造铜牌奖。

（四）更替原有材料

女发明家徐绵航在某化工厂工作时，发现生产过程产生了很多含水和焦油的废液，若不处理必然污染环境。她试过国内一般惯用的加入破乳剂的方法处理废液，效果却不理想。后来她改用通过封口、以耐压铁罐取代玻璃蒸馏瓶，处理效果很好，且不用任何化学药剂，简单、经济，得到广泛推广，获得全国科学大会奖。徐绵航还潜心研究催化剂，克服多重困难，经历多次失败，研制成功新型催化剂，制作简单，装卸方便，价格低，易推广，性能优，获得国家发明创造奖。

张彬彬同学看到沿海地区阴雨天较多，谷物虽然丰收了，但因天气原因久久不干，甚至腐烂变质，就想，要是阴雨天也能让谷物能及时变干就好了。而农村条件限制，没有烘干专用设备。他研究后大胆设计，利用吸热性相当好的材料做成阴雨天也能使谷物干燥的装置，发明创造了“阴雨天谷物干燥装置”（见图 1-100），获得江苏省第十四届青少年科技创新大赛二等奖。

图 1-100　阴雨天谷物干燥装置的模型

“权威”在人们心目中的作用和地位相当突出，所以挑战“权威”切入发明创造往往会特别引人注目。虽然挑战“权威”会受到质疑，甚至有时具有相当大的难度，但这种发明创造一旦成功，其价值不言而喻。

第二章　发明创造的操纵杆（怎样操作）

发明创造除要找准“切入点”外，还要把握“操纵杆”。发明创造的“操纵杆”是发明创造取得成功的杠杆，是发明创造过程所涉及的核心环节，也是发明创造得以成功实施的关键所在。[1]

一、“看”，叩开发明创造新奇之门的杠杆[2]

本节将和大家谈谈发明创造的“操纵杆”——“看”。“看”是叩开发明创造新奇之门的第一杠杆。

现代科学证明，在人所获得的信息中，有 90% 以上是通过视觉进入大脑的。“看”是会意字，“手”与“目”结合，表示在户外日光下“用手遮光远望”。“看”的意义较多，其中与发明创造直接相关的有两点：一是指视线接触人或物，可理解为“观看”；二是指有目的有计划地以视觉感知信息为主的细察、考察或调查事物的现象、动向，可理解为“观察”。无论“观看”还是“观察”，在发明创造过程中都有着重要的作用，其关系十分紧密（见图 2-1）。

---

[1] 江苏省启东市大江中学课题组 . 踏露而来——科技创新教育在启东市大江中学 [M]. 北京：中国经济出版社，2008：68.

[2] 文云全 .“看”，叩开发明新奇之门的杠杆 [J]. 科学大众 · 江苏创新教育，2013（2）：42.

图 2-1 “看”——叩开发明创造新奇之门的杠杆

（一）“看”是感受新奇，建立和提升发明创造兴趣的动力臂

“看”最基本的形式是“观看”。培养兴趣从感受乐趣开始，感受乐趣从观看新奇开始。我们知道，发明创造的“三性”包括新颖性、创造性和实用性，其中实用性是发明创造的必要属性。实用性的一方面是指发明创造能转化为现实且能为人们的生产生活提供方便，带来积极的实际效果，体现为有形的实用性；实用性的另一方面则体现为无形的，能为人们的精神带来愉悦。对于刚接触发明创造或从未接触过发明创造的人来讲，通过主动或被动地观看新奇的适合其年龄特点和知识层次的发明创造案例，不仅能直观形象地理解发明创造的“三性”，而且还能有效地感受到发明创造的乐趣，体味到发明创造的魅力，尤其是幽默风趣的发明创造，更能让人建立和提升对发明创造的兴趣。

幽默创造

发明处处趣本在，

幽默夸张信手来。

留心生活趣之源，

思如泉涌好戏连。

风趣幽默的讲解和演示，甚至通过夸张的手法将发明创造的趣味性充分表现出来，可暂时将发明创造的实用意义放一旁，以触动学习发明创造者的“笑点”为宜，以生活中的平凡事物出新奇为切入口，能有效激发创造潜能，让创意思如泉涌，心情愉悦，好戏连台。

我们在刚接触发明创造时，就可以从一些“搞笑的发明创造”开始学习，观看一些幽默风趣的发明创造图片和说明，特别是把其中感兴趣的“看点”突出显示，甚至夸张放大，增强趣味性。例如：带风扇的筷子、拖地鞋、漏斗式方便滴眼药水器、鞋伞、车用打瞌睡器、头戴卷纸架等，除了具有一般意义的实用性，能为人们的生活带来一定的方便之外，更大程度上体现出幽默风趣和搞笑的精神愉悦价值，看了之后让人忍俊不禁，甚至开怀大笑。

当然，发明创造不能仅仅停留在幽默风趣和搞笑上，而应该在取得一定的乐趣之后，及时分享“发明创造其实很有趣”的感受，将“乐趣”及时升格为“兴趣”，拉近发明创造与我们之间的距离，消除发明创造的神秘和认为发明创造高不可攀的偏见，同时将发明创造的作用及时由“有趣”升格为“有用”，从而准确地理解发明创造的实用性，完整地理解发明创造的“三性”，看清发明创造的“庐山真面目”。

（二）“看”是搜集信息，选择和解决发明创造问题的操纵杆

观鱼习性

观为“又见”非常看，
鱼如创造得不难。
习察来龙明去脉，
性情明晰思路宽。

观察是发明创造灵感来源的重要渠道，也是创造者必备能力。和捕鱼一样，需通过观察明晰鱼的习性，方能采取有效措施。观可拆分为“又”和“见”，即不是普通地看，而应该是有计划、有目的、有思想地明察。因此，只要学会观察和思考，弄清事物的来龙去脉，知晓

明晰其性情，就可以有针对性地实践创造，取得思路宽广的创新灵感。

“看”最重要的形式是“观察”。观察是有计划有目的地用感官来考察事物或现象的活动。法国著名哲学家狄德罗认为，科学研究和创造主要有三种方法：第一是对自然的观察，第二是思考，第三是试验。可见观察对于科学研究、创新创造具有极为重要的作用。在创新实践中，课题的选取和问题的解决都离不开观察。

首先，要注意身边经常看到的事物和发生的事情。观察事物的形状、结构、功能、色彩、包装、动力装置、操作过程、操作方法、放置地点等，尽可能找出事物的不足之处。[1] 启东市大江中学朱健华同学发明创造的“快速充气救生衣”即是典型例子。他在中央电视台新闻联播节目中看到官兵们抗洪抢险，发现他们穿的救生衣厚重不便，于是突发奇想，“能不能发明创造一种救生衣，外形体积和一般的衣服一样，紧急时迅速变成救生用具呢？”他找到这一课题后，仔细观察研究了现有救生衣的结构和化学成分，查阅了大量资料，做了多次试验，最后终于发明创造了成本低廉，操作方便，安全可靠的“快速充气救生衣”，在全国发明展览会上获得了金奖，同时获得江苏省青少年发明创造比赛一等奖。看到解放军官兵穿救生衣进行抗洪救灾场面的人一定不少，而把这作为发明创造研究课题的就不多了。朱健华同学的成功，关键就在于他“看”得入微，明“察”秋毫。

新闻切入

新奇要闻知天下，
闻道析因创客来。
切莫断然给结论，
入世虚怀成大才。

---

[1] 杨丽．面向初中生创新能力发展的校本课程开发与实践 [D]. 南京：南京师范大学，2017.

“家事国事天下事，事事关心”，创造活动需要大量信息素材，而获取的主渠道之一就是新闻。新闻时刻发生，从新闻切入发明创造的关键在于去扰取用，闻道析因，不能断然下结论，而应该留足时间，运用多种思维方式进行思考，让信息加工变得深刻、多样、新颖、创造、实用、有趣。

其次，要留心观察那些偶然发生的现象。观察偶然现象，找出偶然背后的必然，思考其中蕴含的道理，并进行联想、比较、推论，也许能使人豁然开朗，找到创新课题或解决问题的方法和途径。如法国医生勒内克为一位贵族小姐治心脏病，由于听不到她心脏跳动的声音而无法医治，于是想：“要是发明创造一种机械能直接将病人心跳声传到医生耳朵里就好了。”但当时没有好的办法。偶然一天，他看到两小孩玩跷跷板时，一个把耳朵贴在板面上，另一个在另一端用手指敲着跷跷板问：“听到没有？”回答说：“听到了。”于是勒内克回家用木棍作试验，后改用空心管做实验，经过不断改进和完善，终于发明创造了至今广泛使用的“听诊器”。这说明了观察在选择课题和解决问题中的重要性。

再次，观察应当充满热情，要有耐心，坚持不懈。著名昆虫学家法布尔为了解昆虫的生活习性，有时在野外纹丝不动地伏在地上，从太阳出来一直观察到太阳下山。为了捕捉一只昆虫，他经常跟着昆虫跳来跳去。他观察雄性蚕蛾向雌性蚕蛾“求婚”的过程，花了整整 3 年时间。当快要获得研究成果时，雌性不巧被一只螳螂咬死了。法布尔不灰心，从头再来，又花了 3 年时间，终于取得了有关蚕蛾交配的研究成果。这说明观察事物要有热情和耐心，只有这样，才可能观察到别人“看”不到的东西。

捞鱼感想

打捞选址网深沉，

鱼上网下要对正。

感将出水加速举，

想必创造稳准狠。

打捞动作的主要特点在于耐心埋伏，即将网兜深沉于水中目标之下，然后缓慢上捞，直到将出水面见鱼躁动之时，迅速上举让鱼入兜，讲求稳准狠。而这与创造相通之处在于，以目标之下打好基础，逐层上选，至目标清晰时，快速行动，取得成功。也就是说，捞鱼如创造，要讲铺垫和时机。

最后，观察要多感官结合，眼脑并用。要眼睛、耳朵、鼻子、手等感官共同参与。观察要与大脑相结合，观察只有和思考结合起来，才能专心致志，细致入微，才能有所发现和创造。只要勤于观察，善于思考，创新的课题和问题的答案就会自然浮现在脑海，产生所谓的突发奇想——“灵感”。灵感无处不在[1]：望远镜是300年前荷兰一家开眼镜铺的主人利贝斯海发明创造的，他家的三个孩子拿着几块镜片玩耍，发现把房子放大了，由此他琢磨调整老花镜片和近视镜片的距离，并制作了一架简易“望远镜”。1979年，日本索尼公司的盛田沼夫一次在路上看到一群小女孩边跳橡皮筋边拿着笨重的收音机听音乐，由此发明创造了“随身听”。张胜松同学看到有人在抽屉拉手上开饮料瓶，马上想到可以发明一个“固定式开瓶器”[2]，克服了开瓶器容易丢失的缺点。北京铁六中的董建川同学看到小狗上楼梯的动作，设计了可以运重物的“楼梯车”。所有这些发明，都是观察与思考相结合的成果。

总之，“看”在发明创造实践中，不管是激发兴趣的“观看”，还是发现和解决问题的“观察”都是非常重要的。特别是“观察”对发明创造成功有着更加重要的作用。俄国著名的生理学家巴甫洛夫有一句名言：“观察，观察，再观察。”只有学会运用“看”这一“操纵杆”，观看、观

❶ 李嘉曾．创造性思维入门[M]．南京：江苏教育出版社，2002：44.

❷ 杨丽．面向初中生创新能力发展的校本课程开发与实践[D]．南京：南京师范大学，2017.

察，认真思考，才能用我们的智慧去打开发明创造的新奇之门。

二、“想”，遴选发明创造适切之题的杠杆[1]

许多同学通过以“看”为主的感受和体验活动，如听发明创造讲座、上发明创造课、参观科技发明创造展览、剖析发明创造案例等，不仅叩开了发明创造的“新奇之门”，而且揭开了发明创造神秘的“面纱”，甚至在好奇心驱动下萌生出“我也想搞出个发明创造作品”的愿望和热情，于是迫不及待地问自己或问老师：“发明创造什么东西比较好？”这其实已经涉及发明创造的首要而关键的环节——选题。当然，发明创造课题本身没有好坏之分，只是对具体的人或研究团队来讲是否适合。因此，上面的问题最好改为“发明创造什么课题比较合适？”发明创造的主要环节包括：课题的形成与选择，方案的构思与设计，发明创造的物化。“选准合适的课题，发明创造就成功了一半”，这是许多发明创造成功者的体会，可见发明创造选题的重要性。那么，如何才能让发明创造选题适合自己的切身实际呢？这也许是仁者见仁，智者见智的事情。但“想”是贯穿始终的核心要素和精神，因此可以说，“想”是遴选发明创造适切之题的杠杆。

想鱼需求

想当开化作必径，

鱼有自愿畅水行。

需发生存企梦想，

求得好高创立群。

想是人的优势，区别于别的生物，而创造性想象则更是人之独特

---

[1] 文云全．“想”，遴选发明适切之题的杠杆 [J]. 科学大众·江苏创新教育，2013（4）：27.

所在。因而想应当开放性地作为创造的必经路径。正如鱼儿喜欢畅游水中一样，怀揣梦想的创造者可以从人之生存情状与梦想渴望愿景出发，放飞思绪，以求满足，争取更好，更高，创造立群独特的事物。

要选中适切的发明创造课题，必须结合发明创造选题的原则和方向，操纵遴选的杠杆——“想”。其实“想”，不足为奇，因为做任何事情都需要多想，发明创造的选题更是离不开“想”。发明创造选题的“三原则”（需要性原则、创造性原则和可行性原则）以及发明创造选题的“三方向”（身边事物、专门场所和现有产品与信息），都可以通过操纵以“想”为核心的选题杠杆来实现。“想”的种类和形式很多，如构想、随想、设想、联想、幻想、猜想、预想、料想、遐想、试想、畅想、假想、冥想、意想、臆想、回想、空想、狂想、推想、断想、异想天开、想入非非、苦思冥想、胡思乱想、左思右想，等等。根据发明创造选题过程的需要，我们可以把遴选发明创造适切之题的杠杆分为“五想”：即感想、畅想、推想、预想、冥想，它们分别对应选题的五个环节：审悟事实、发掘需求、明确问题、提炼优化、可行论证（见图 2-2）。以下主要结合被评为“江苏省科技创新标兵”的张金赛同学的“便捷式出租车呼应系统”选题过程作具体分析，该作品曾获得江苏省青少年科技创新大赛一等奖和国际发明展览会银奖。

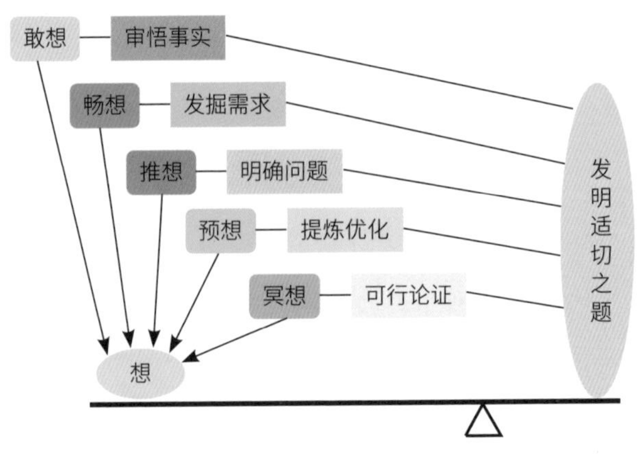

图 2-2 “想”，遴选发明适切之题的杠杆

（一）“敢想”——审悟事实

小鱼好动

少小天性自然发，
鱼人神似利境达。
好趣乐在天真处，
动力创造成大咖。

小鱼好动正如小孩好动，这是天性，应该尊重。对于创造，小鱼好动的启示就容易理解了，即应该提供给小孩合适的活动空间和时间，营造有利于儿童好动天性自然发挥的宽松有利环境，特别是有利于开发儿童创造力的情境，包括有形的硬件和无形的软件；有趣的道具和无害的材料；有限的条件和无限的想象。当然，满足小孩好动也是有条件和限度的，要与其成长的社会和个性的需求相结合。

发明创造作为一种创新，不仅需要积累事实基础，而且需要对事实进行深刻审视和感悟，需要在审视和感悟的过程中大胆思考，敢于想象，即“敢想”。“敢想”是一种勇气，一种胆识，更是一种愿望，一种态度，一种精神，一种体验，一种思考。所谓“多想出智慧，深思能创新”就是这个道理。在创新活动中，空想、妄想、异想天开、想入非非等都不是贬义词，每一种想法都值得尊重。因为，任何一种想法都会对问题的发现和解决产生一定的作用，不管程度的大小。莱特兄弟想让生活在陆地上的人飞上天，当时被人讽为异想天开，结果飞机真发明创造出来了。

张金赛同学在听了发明创造课，参观了学校科技创新陈列馆，看了琳琅满目的发明创造创新作品后，对发明创造产生了浓厚兴趣，下决心一定要做出自己的发明创造作品。可是“发明创造什么呢？”他在选题上一样犯难。一次，他放假回家时，因人多，叫车不方便，等了很长时间才坐上出租车。而到了市区，他却看到许多出租车空跑，既无法提供有效运力，浪费燃油，造成污染，还容易造成交通堵塞。这种现象对许多人来说司空见惯，可他却大胆思考着，并推想现在的出租车叫车系统一定存在不小的问题，于是提出：“能否发明创造一种方便叫车的系统来解决这个棘手的问题呢？”他的这个想法得到指导老师的肯定和鼓励。经过几个月的反复思考和改进，他终于发明了一种“便捷式出租车呼应系统”。该发明采用呼叫站、电话、网页、信息等多种方式，通过无线网络、3S 技术等实现最优叫车。其核心在于：多种方式呼叫，自动优化选择最优出租车，顾客和司机一对一呼应（见图 2-3）。

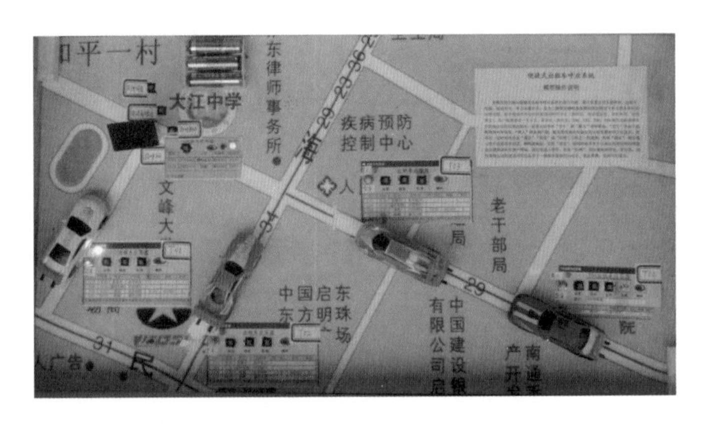

图 2-3　一种便捷式出租车呼应系统的模型

（二）“畅想”——发掘需求

炖鱼不过

炖似简火候替用，
鱼如玉精确力通。
不择时或烂亦腥，
过穷尽灵感思从。

炖鱼是鱼的一种家常做法，但炖鱼一定要注意火候。一般的炖鱼做法是将鱼洗净切块，准备好配料，如姜、蒜、生抽、老抽、葱、花椒、生粉、色拉油、料酒等，油锅煎炒后加汤，猛火炖沸后改中火或小火，最后猛收汁起锅。其中的关键是大火、中火、小火的交替使用，否则影响口感和色质。对于发明创造，炖鱼的启示在于准确发掘需求，把握火候，有线索时应该猛火投入，趁热打铁，无线索时应该放慢节奏，静待时机。

运用发散思维，放开思绪，充分发挥想象力，洞察力，明察秋毫，让思维碰撞，发掘不同对象在不同场合、不同时间的需求，将感兴趣的事物演绎发散，深度分析，广泛探求，让新的需求发光，让新的需求变成思考对象和研究焦点，从而为确定发明选题打下基础。想象是智慧升华的阶梯，是发挥创造潜能有效而必要的手段。如在设想对“鞋”的希望时，一位学生通过畅想，几分钟便列举出了许多希望：牢不可破，高低可调，大小可变，颜色可变，冬暖夏凉，雨天穿着不湿脚，走泥路不打滑，能随意变换花样，穿着能行走如飞，夜间走路照亮路面，很便宜，能治脚病，穿着它不出脚汗，穿着它能在水面上行走，穿着它能一步跨好几米，穿着它能长高……这位学生从希望中发掘出了人们对“鞋”的许多需求。

张金赛同学在分析现有叫车系统存在的问题和新型叫车系统的需求时，也放开思绪，自由畅想，列举了不少需求。如等车时间不要长、车尽量不空跑、后台不用人工转接服务、宾馆会场等地多设置叫车地点、每个叫车点编号、采用呼叫站叫车、用电话（手机）叫车、用短信叫车、用在线网页叫车、用智能预约叫车、不依赖 GPS 定位叫车、用 3S 技术实现最优化叫车、顾客和司机一对一呼应、叫车应答信息自动回复、叫车应答更加快速，等等。

（三）“推想”——明确问题

网鱼经验

网为工具筛为旨，
鱼如选题抓契机。
经由条件择可行，
验准速收创新奇。

网作为一种工具，其目的是筛选。如网鱼一样，创造选题也需要筛选。诸多问题或希冀，未必都能成就创新，还要看看可行条件及新颖性、创造性和实用性等标准。若能确认网的方向和范围，即创造的方向和范围，便可如收网一样，大胆快速确定目标，并认真分析，从而成就创造，取得成功。

“推想”是让发明创造选题合理、适切的关键。要抓住事物特点，运用逻辑思维进行推理，让推理与需求联姻，让问题更加明确，从而通过提炼归纳，聚合思考，合理而科学地列举出因不同需求而产生的矛盾，仔细分析人们的需求与现有实际之间的差距，让问题凸显、明朗，为发明创造课题的遴选助力。

张金赛同学在列举了诸多新型出租车呼应系统的需求后，并没有全部加以实施，而是把自己的想法加以筛选，推测其新颖性、创造性和实用性，然后和指导老师交流，老师鼓励他继续调查研究，反复思考，进一步分析需要，明确问题，找到适合研究的课题。于是他通过调查统计，分析归纳，查找相关专利进行学习比对，终于提炼出问题的焦点和发明创造项目的创新点所在。

（四）“预想”——提炼优化

有了需求与现实之间的差距，找到了诸多的问题，还不能马上就把问题当作发明创造的课题，还需要提炼优化，把眼光放远，归纳总结，分类整理相关问题，比对哪些问题是真问题，是具有研究价值和研究可能的，然后通过查阅相关成果进行对比，即“查新”，这是相当重要的一环。可以通过市场产品调查，专利成果检索等进行有根据的“预想”，从而确认所遴选出的问题是否可以成为发明创造的课题。

张金赛同学确定可能的创新点之后，把它们归结提炼成一个恰当的课题名称：“便捷式出租车呼应系统”[1]。之后，再次通过查专利信息

[1] 张金赛 . 便捷式出租车呼应系统：201120565716[P]. 2011-12-30.

和市场产品，判断其可能的创新点的新颖性。他发现现有最新专利技术201020154669.3“基于物联网的路灯管理及出租车呼叫自动调度系统”提出了一种出租车呼叫自动调度的系统解决方案，在一定程度上解决了出租车空跑和人工呼叫方式效率低的问题，但在技术上需要依赖于出租车信息控制中心及路灯管理系统，实施技术复杂，需要多个系统和部门的协作配合才能实现，运行成本高，操作不够简便。他由此确定了自己发明创造可能的创新点的新颖性。该系统客户通信终端包括设置于被服务城市道路旁的呼叫站、手机客户端、即时软件或网页客户端。出租车内还设置应答器。

（五）“冥想”——可行论证

拦鱼力量

拦栅渔网竖水中，
鱼逃无门似留笼。
力实把持隔坚挺，
量得尺度设限孔。

拦鱼是用网竖于水中，下面压实，上面露出水面，防鱼逃脱的一种隔离方法。拦鱼目的或为圈养，或为隔离防逃，拦鱼网或拦鱼栅一般针对一定大小尺寸以上的鱼，而过小者无法拦。对于发明创造，拦鱼的启示在于网格大小的选择与拦鱼力量的把握，即标尺的把握和拦网的结实程度，考虑所需精度及力度。发明创造的条件运用正如拦鱼的过程。

当然，通过对所选课题进行查新，可以在很大程度上说明这一课题的新颖性，但还不足以说明这个课题就适合做下去，还需要通过进一步与自身实际条件进行比对，冥想，苦思，斟酌，看看实施的可能性到底有多大。如果可行性不大，就要考虑改变方向，或修改研究范围。

张金赛同学基本确立了自己发明创造项目的主题和创新要点具有新

颖性后，心里特别高兴，准备开始动手全面实施自己的发明创造项目，要开始买东西做模型时，却被指导老师叫停了。老师告诉他，画图可以，但模型不着急做，“你思考过你能实现吗？”后来，在老师的指导下，他认真分析了自身条件和实现该发明创造所需要掌握的原理、结构与相关技术知识等，觉得有好多核心技术和知识是自己根本不会的。通过冥思苦想，终于对自己发明创造课题的可行性有了了解，于是重新选择其中的可行之处加以实现，一方面全力学习和请教专家有关程序控制、网络常识、卫星定位、电子电路等方面的知识，另一方面适当修改方案，并考虑到自己亲手编程难度太大，决定自己画流程框图，动手制作模拟演示的模型，而编程则让专业人士帮助解决，最终获得成功。

总之，遴选发明创造适切之题的过程，既是积极发挥想象，努力动脑思考的过程，更是主动对照发明创造“三性”，反复比对，明确和优化问题，选择适合自己切身实际和研究条件的具体问题的历程。鼓励做“白日梦”。[1] 当然，发明创造的课题有大有小，发明创造的领域十分广泛。正如著名教育家、中国创造教育的先行者陶行知所说：“处处是创造之地，天天是创造之时，人人是创造之人。”所以，要找到适切的发明创造课题，需要以“想”为中心，结合各个环节进行遴选，把握选题原则，找准选题方向，操纵选题杠杆，确定适切之题。

三、“记”，捕获发明创造信息之光的杠杆 [2]

记鱼启示

记性好不如笔头，

鱼事多且能随流。

---

❶ 莱勒．想象：创造力的艺术与科学 [M]. 简学，邓雷群，译．杭州：浙江人民出版社，2014：42.

❷ 文云全．“记”，捕获发明信息之光的杠杆 [J]. 科学大众·江苏创新教育，2013（5）：27.

启点思忽闪灵感，

示创意勇攀高楼。

“好记性不如烂笔头”。随时记录，及时记录，这是发明创造成功的秘笈之一。做到一次容易，十次也不难，而贵在坚持，形成习惯，便可推及他事，受用终身。创造如渔，启发也多，但时点不定，需随时记录，灵感易失，切莫随意。记录或为指明灯，或为创意源，或为高楼梯，或为成功道。

信息是发明创造之源，是进行一切思维活动的基础。掌握有用的信息是发明创造创新取得成功的根本。不管是在发明创造创新课题的选取、问题的分析、方案的设计，还是在结构的改进和成果的表达等方面，都离不开与发明创造创新课题相关的知识积累和有用的信息捕获。然而，面对浩如烟海的信息，如何把握其与自己发明创造创新项目的“相关”和“有用”，捕获信息的闪光点，关键在“记”。可以说，“记”是捕获发明创造信息之光的杠杆——在时机上做到“随记”，在方式上做到“活记”，在环节上做到“抓记”，在内容上做到“巧记”（见图 2-4）。

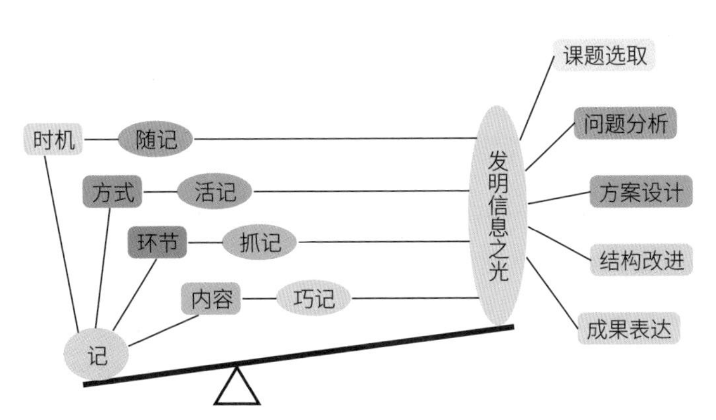

图 2-4 “记”，捕获发明信息之光的杠杆

（一）随带纸笔，及时记录

在“记”的时机上，要做到“随记”，即不分时间地点，身边随时带好纸和笔，随时随地准备记录。俗话说：“最淡的墨水也胜过最强的记忆。”“好记性不如烂笔头。”培根说过：“阅读使人充实，会谈使人敏捷，写作与笔记使人精确。”美国心理学家巴纳特在 1981 年以大学生为研究对象做了一个实验，研究了做笔记与不做笔记对听课学习的影响。实验结果表明：在听课的同时，自己动手写摘要的学生成绩最好；在听课的同时看摘要，但自己不动手的学生成绩次之；单纯听讲而不做笔记，也不看摘要的学生成绩最差[1]。其实，身边时刻准备好纸和笔，随时记录，及时记录，不仅对学习科学文化知识大有裨益，而且对发明创造创新也至关重要。

我们曾提到“小院士”黄泽军发明创造“双层打气筒”的故事，他发现打气筒“体积大携带不方便”和“贮气罐小打气不省力”这两个似乎矛盾的问题时迷茫了，“到底大点好还是小点好呢？”他陷入了许久的沉思，甚至彻夜难眠。一天深夜，他突然打电话给老师，迫不及待地大声说：“老师，我想到了！”老师问：“你想到什么了？”他急切地说：“我的打气筒啊！我睡不着，一直在想如何解决。突然我根据打气筒是圆柱形的，就想到了茶杯，仿佛看到手中拿着茶杯喝水的场景，又想到冬天茶杯需要保温，就用了具有保温功能的‘双层茶杯’。我的打气筒能不能也设计成双层呢？”“行，你赶紧把它记录下来！”老师说。他回答：“我没有纸和笔。”于是，老师一边听，一边开了灯，拿起枕边早已准备好的纸和笔，将黄泽军说的关键内容记录了下来，第二天交给黄泽军，并告诉他以后自己要随身带好纸和笔，包括床头也要放上纸笔，准备随时记录、及时记录。后来，黄泽军根据“双层”灵感画出了结构图，完善了发明创造方案，并通过实验改进，最终成功发明创造了体积小又省力的“双层打气筒”。

黄泽军的发明创造问题解决的灵感来自与打气筒形状类似的茶杯，并通过合理想象、推理和移植，将用于保温的双层茶杯与自己冥思苦想

---

[1] 肖凌之．“拙”与“卓”[N]. 光明日报，2016-04-11（02）．

的发明创造问题结合起来，使创新点“双层”得到了实现。虽然是在指导老师的帮助下完成的，但同样说明了“记”对捕获发明创造信息的灵感之光有着十分重要的作用。

养鱼如教

养教适度成佳效，
鱼习遵从育员劳。
如得张扬个性时，
教出英才技艺高。

养鱼时，给鱼食应该适可而止，过少鱼会饿，而过多鱼则可能撑死或造成鱼食浪费，影响鱼的生存环境卫生，使鱼不能很好地生存。因此，必须控制给食的量和时间，适合的才是最好的。这正如教育，给受教育者合适的教育方式和内容才能让其健康成长，否则培养不出需要的人才。对于发明创造，养鱼的启示还在于给予适当的条件和环境，以有利于发明创造的进行，并且以充分发展其创造力为前提，这就是指导教师的教育艺术。

（二）方式多样，灵活记录

在“记”的方式上，要做到多种多样，灵活记录。[1]“记”有多种含义，主要包括两个方面：一是作为动词，可理解为把印象保持在脑子里或把事物写下来，如记忆、记录等；二是作为名词，可理解为记载的内容或记载事物的书册、文字、符号、标识等，如游记、日记、标记、记号等。“记”的方式很多，包括笔记、心记、标记、摘记、影音等。在发明创造创新实践中，要采取多方捕获，多样记录的方式，确保广泛、及时、生动地记录有用的信息。

---

[1] 廖丽芳 . 教师教学情境创造力策略 [M]. 长春：东北师范大学出版社，2010：1.

当然，记取信息，捕获灵感的途径和方式是因人而异、因地而异、因事而异、因时而异的。常用的记录方式有要点笔记、提纲笔记及图表笔记等。要点笔记是抓取知识要点，不是将每句话都记录下来，如重要的概念、论点、论据、结论、公式、定理、定律等，对所讲的内容要用关键词语加以概括。提纲笔记是以知识体系为基础，首先记下知识板块的大小标题，并用大小写数字按信息内容的顺序分出不同的层次，在每一层次中记下要点和有关细节，条理清晰，使人一目了然。图表笔记是利用一些简单的图形和箭头连线，把信息的主要内容绘成关系图，或者列表加以说明，图表比单纯的文字更加形象和概括。

（三）抓记关键，养成良好习惯

在“记”的环节上，要做到抓住重点和关键，养成良好记录习惯。在发明创造过程中，“记”的主要目的是获取有用的发明创造信息，这就要求我们要抓记关键的、有用的信息，养成良好的、主动的、有选择的记录习惯。发明创造创新本身要求“新”，要有新颖性。只有掌握了足够的相关信息，才能进行有效的发明创造创新，否则就不能保证其新颖性。当然，在进行发明创造时，收集相关信息，不仅可以知道自己的选题是否新颖，还可以借鉴别人已有成果，了解有关研究的进程，确定自己发明创造创新的起点和方向，这是每个发明创造成功者都会有的体会。要搞发明创造创新，就得学习科学文化知识，了解相关领域的过去和现在，掌握有关发明创造创新课题的详细资料。只有这样，才能真正找出问题的所在，提出新颖独特的观点和创意，设计出理想的发明创造创新方案，解决发明创造创新实践中遇到的各种难题，取得发明创造创新的成功。

煲鱼入味

煲仔口感贴需求，
鱼同味异工艺牛。
入门先知实用性，
味自研习比特优。

鱼煲是海南等地一道特色菜，因其鲜嫩入味可口宜人。鱼煲的做法一般包括生鱼块少盐裹粉、热油煎捞、蚝油沸汤、铺菜焖酱和装点起锅等步骤，其中关键是既不过火又得入味。对发明创造，煲鱼的启示在于入味，即创造必须抓住各种需求，有针对性地开发能符合消费者口味的产品，提出真正满足需要的创意和问题解决方案。

当然，“记”也是培养青少年好奇心和良好习惯的重要途径。好奇心对于发明创造创新实践的重要性不言而喻。冀晓萍发表文章《让孩子成为他自己》，呼吁要“留住易逝的好奇心”“好奇心，是求知欲和创造力的发动机。在好奇心的驱使下，人常常产生极强的探究欲望，表现出观察、提问、操作、选择性坚持、积极情绪。在这种情况下，学习变得愉快、有效，而且不依赖于外在的报偿。”[1] 麦克唐纳指出：“几乎没有人会记得他所丝毫不感兴趣的事情。”通过引导青少年个性化的好奇体验与记录，培养青少年善于抓住事物的“新奇点”和“关键点”进行记录的良好品质，有助于保护和培养青少年的好奇心，为发明创造创新课题的选择与问题的解决奠基，同时青少年的良好习惯也得到培养。让创造成为一种习惯。[2] 著名教育家约翰·杜威在《民主主义与教育》中指出：“习惯有两种方式，一是习以为常的形式，就是有机体的活动和环境取得全面的、持久的平衡；另一种形式是主动地调整自己的活动，借以应对新的情况的能力。前一种习惯提供生长的背景；后一种习惯继续不断地生长。主动的习惯包括思维、发明创造和使自己的能力应用于新的目的的首创精神，这种主动的习惯和以阻碍生长为标志的墨守成规相反。”[3]

---

❶ 冀晓萍 . 让孩子成为他自己 [J]. 人民教育，2013（1）：20-23.

❷ 张军瑾 . 让创造成为一种习惯 [M]. 上海：上海教育出版社，2011：4.

❸ 徐磊 . 生态危机与人性危机：杜威人性论的反思 [J]. 重庆三峡学院学报，2019（1）：91-96.

煎鱼保皮

煎煮翻炒形色重，
鱼弱难担爆批供。
保幼护苗渐规范，
皮滑肤全创意红。

煎鱼不掉皮需要做鱼的技巧。常见的方法有：用纸将鱼身擦干再下锅、裹面粉、裹鸡蛋糊、用姜擦锅、热锅凉油下锅、少翻动等。对于创造，煎鱼的启示主要在于急火难成，适度呵护。正如鱼皮遇急火高温易破的道理，发明创造的热情和灵感若一下子遭遇外界强烈的批判或过度的赞扬，可能导致灵感破灭，而适度的鼓励或批评则可为良好品质的养成奠定基础。因此，对于初涉发明创造者来说，应该在适当鼓励与指正引导的基础上逐渐规范和提升。

（四）活学巧记，“记”以致用

在“记”的内容上，要做到活学巧记，“记”以致用。对于在校中小学生来说，“记”的信息内容包括很多，如知识要点、所见所闻、所思所想、有趣事物、突发事件等，其中占比最大的当属知识信息。在发明创造创新的过程中，应该怎样通过“记”来有效获取知识信息的闪光点呢？

首先，要学好课本，掌握科学知识。课本是知识经验的积累，可以让我们直接学到前人的实践经验。学习课本知识还要与实际相结合，有的课本知识可以直接运用到科技创新中来，帮助我们发现问题，分析问题和解决问题。例如，入选《中国当代发明家大辞典》的何健红同学[1]将物理课上学过的力学和热学知识应用于创新实践，发明创造了“保鲜膜切割器”（见图 2-5），可快速地将保鲜膜割断，而且卫生、安全。又如，

[1] 中国发明协会 . 中国当代发明家大辞典 [M]. 北京：北京理工大学出版社，1995：12.

吴程程同学发明创造的“省力搬砖器”是直接应用数学课上学到的平行四边形的知识，根据平行四边形的伸缩性，将搬砖器做成网状结构，达到轻巧省力的目的。再如“自动吸水花盆”（见图 2-6）的发明创造者，运用物理课上学到的毛细原理，在花盆底座装有水箱，通过毛细管让水自动往上吸，可以解决每天要浇花的麻烦。这样的例子还有很多。可见，课本上学习的知识，对发明创造创新的选题和解决过程中的难题，都是很有用的，所以学好课本知识是非常重要的。

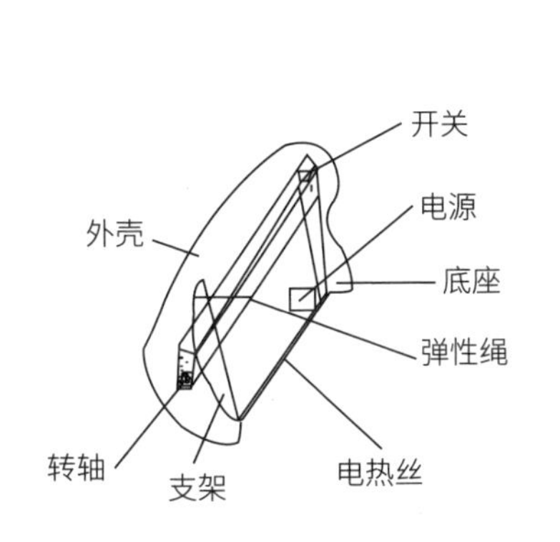

图 2-5　保鲜膜切割器示意图

土
芯
水

图 2-6　自动吸水花盆示意图

其次，要加强自学，查阅相关资料。书本上学到的知识是有限的，有时在解决发明创造创新的具体问题时，会发现知识不够用。这时，我们就得有意识地主动去自学，查阅有关资料，直到搞懂为止。这样不仅解决了问题，也促进了知识面的拓展。启东市大江中学的葛慧萍同学在发明创造“长效卫生点钞香脂”时，就遇到了许多知识的空白点。她坚持自学课堂教学以外的知识，虚心请教有关学科的老师，经过无数次的实验和改进，终于解决了难题。

最后，要虚心请教，获得帮助信息。我们青少年，既有思维活跃不保守的优势，也有因年龄小，知识面窄、社会经验少等不足。有了发明创造创新构想后，一般要请教科技辅导老师或家长看看这个想法是否新颖和可行。请教别人，或进行相关的查阅，一方面可以知道你的构想是否具有新颖性和实用性，如果在现实生活中已经有人用了，或在专利信息网上已经有人申请了国家专利，那你的构想就没有了“新颖性”，你就要考虑是放弃还是改进；另一方面可以知道你的构想是否可行，就是原理上和实际中是否都成立，能不能够实现，怎样实现。当然，还可以吸取人家已有的经验和教训。

尝鱼重鲜

尝试验标达成率，

鱼咸汤淡消费需。

重为质诚先锋号，

鲜作发明大众取。

尝鱼是指在做鱼时为检查其调味是否合适而采取的一种尝试。尝鱼一般在起锅前进行，尝试以汤汁为主，主要品尝其味料是否合适，标准因人而异，重点在于鲜，当然也包括咸、甜等，以便调整。于发明创造，尝鱼的启示在于标度把握，如何让做出的发明创造符合消费者口味，就需要我们把握好消费对象的特点和需求，确保实用、新颖、可行。

总之，在社会信息化程度越来越高的今天，作为发明创造创新的实践者，要用好“记”这一捕获发明创造信息之光的杠杆，不仅可以通过学习书本知识、亲身体验和实践来获取信息[1]，还可以通过各种交往、交流和媒体获得有用的信息，随时把握记录时机，采取多种记录方式，抓住记录关键，巧妙记录并加以应用，使发明创造创新获得成功。

[1] 库伯．体验学习——让体验成为学习和发展的源泉 [M]. 上海：华东师范大学出版社，2008：3.

四、“做”，具象发明创造直观之形的杠杆[1]

每次被邀请为省内外中小学作科技创新专题讲座前，我都会提前了解听众的基本情况，包括学生的年级、教师的学科、听众的人数、他们曾经参加的科技活动，及其他特殊要求。主办方往往会提出让我尽量多带点发明创造实物模型进行现场展示，当然，他们的要求一般我都会尽力满足，有的模型太大我也会拍成照片或录像通过屏幕展示。我也深刻体会到讲座现场有无实物模型或影像展示，其效果差别甚大，特别是对首次接触发明创造的学生来说，关键在于亮出发明创造直观之“形”，能将感觉抽象神秘的发明创造原理和结构等关键之处具体、形象地展现出来。

的确，有了实物模型，发明创造就变得“直观形象”了。其实，发明创造不仅实物模型是有“形”的，其设计方案、结构图纸、电路符号、流程框图、控制原理、操作方法、使用说明等都可以说是有“形”的。从这个意义上说，发明创造并不神秘，也不抽象，甚至可以说发明创造都是有“形”的东西，无论是具有实体外形的结构形态，还是具体可操作的方法或流程都是有“形”的。发明创造之“形”是创造出来的，或者更直白地说是“做”出来的。所以，“做”是具象发明创造之形的杠杆，可以将其形象地画出杠杆示意图（见图 2-7）。发明创造的过程，就是通过“做”具象发明创造之形的过程，主要体现为：发明创造设计“做”方案，科学探究“做”实验，创意物化“做”模型，成果表达“做”文章。只要“做”好了以上这些发明创造之“形”，就能取得发明创造的成功。

[1] 文云全．“做”，具象发明创造之形的杠杆 [J]. 科学大众・江苏创新教育，2013（7）：41.

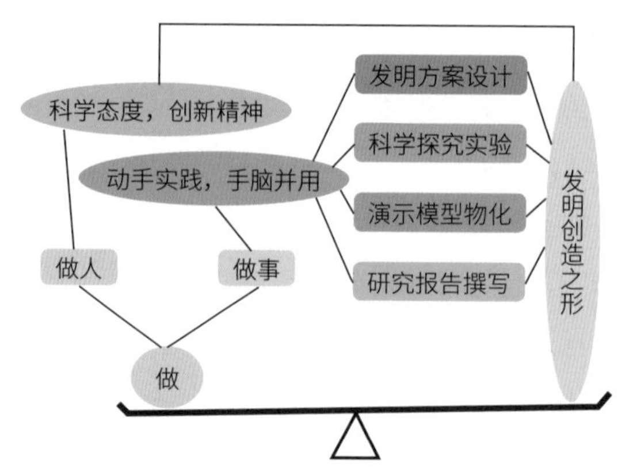

图 2-7 “做”，具象发明创造之形的杠杆

（一）发明创造设计“做”方案

拌鱼加料

拌料口味锦添花，
鱼生鱼熟料配搭。
加减蘸料为出彩，
料需形式与表达。

拌鱼是指对生吃鱼或鱼在下锅前的一种加调料处理方法，旨在让鱼味鲜正，让鱼肉鲜嫩。对于生吃鱼，一般为芥末加相关调料调成蘸水，将生鱼片蘸调料吃；而对于熟吃鱼，可将加工好的生鱼进行加料调配，如料酒、生粉等，旨在让炒、炖、烧出的鱼入味、鲜嫩。对于创造，拌鱼的启示主要在于锦上添花，注重品味。发明创造过程中，好的点子还要用好的形式表达出来，见图文、视频、模型等，直观明了。

发明创造首先是思维构想成果[1]。创造是指将两个以上概念或事物按一定方式联系起来，以达到某种目的行为或想出新的方法，创建新的理

[1] 王灿明 . 儿童创造教育新论 [M]. 上海：上海教育出版社，2015：75.

论，造出新的成绩和东西。发明创造是一种典型的人类自主和能动行为，是有意识地对世界进行探索性劳动的行为，把以前没有的事物创立或者制造出来。发明创造中关键的一步是将思维成果表达出来[1]，将设想转化为具体设计方案，并从理论上加以假设和推论，得出具有可能性和可行性的方案，这就是发明创造设计“做”方案。发明创造设计“做”方案首先是确定研究的主题，将研究对象或需求进行深入分析，找出其中需要解决的问题，以及解决的范围；其次是列出可能的解决方案，抓住核心问题和解决手段，画出结构图纸，列出控制流程，找出方法原理等，并用相关文字加以说明；再次是明确发明创造的创新点，结合研究问题和图纸，准确表达发明创造的创新之处，以及实施的建议。下面提供一名学生的发明创造方案登记表样本（如表 2-1），供参考。

表 2-1　渔趣发明创造方案登记表

渔趣发明创造方案登记表					
学　校	江苏省启东中学	班　级	高一 (7)	姓　名	张森晖
家　长	XXX	单位及职务	XXX		
联系电话	XXX	是否同意参赛	√同意　　□不同意		
作品名称	重工业助力型安全舒适面罩				
选题背景	现在的面罩基本分为助力和非助力，也就是微型气泵与人工呼吸，但是微型气泵依旧沉重，使用具有极大的限制性，尤其在重工业体力活中。于是，市面上缺少一种适合重体力工人使用的舒适性好的高效助力面罩。				
目的、思路	本面罩的灵感在于对电脑排风扇与除尘器的工作原理的研究，试图通过技术移植，将涡轮风扇安置在面罩上，通过适当更改面罩传统外形，使之符合空气动力学，以此达到通氧量的最大值，以此为核心，逐步解决其余细致问题。				
研究过程	通过传统的面罩与实验面罩比较，逐步进行针对性改善，并最终对成品进行检测。				
方法、原理	运用了对比实验、数学统计、程序编写等方法。				

[1] 维果茨基 . 思维与语言 [M]. 李维，译 . 北京：北京大学出版社，2010：11.

渔趣发明创造方案登记表

创新之处	1. 利用高风速，将更多氧气输入面具中，在保障安全的同时，能够减轻劳动者的负担，避免肌肉僵化。 2. 使用安全电压，面罩重量比市场上的大多数都轻，微型涡轮的增压效果比微型气泵好。 3. 面罩集风设计，达到利用风的最大化。 4. 对面罩的结构的改变，更加符合人体面部特点，增加弹性贴合硅胶与中空空气管，大大扩大使用人群与舒适性。
结构图及说明	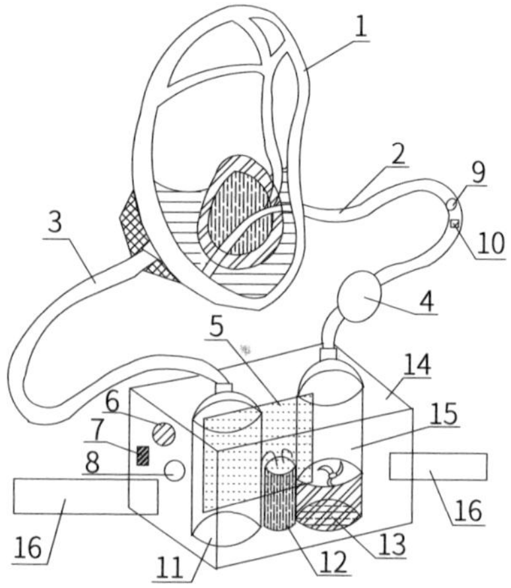 图中：1. 全封闭面罩；2. 助力气管；3. 供氧气管；4. 过滤器；5. 集成电路板；6. 蜂鸣报警器；7. 电源开关；8. 风量旋钮；9. 氧气浓度气敏继电器；10. 有毒气敏继电器；11. 供氧包；12. 直流电源；13. 可调速直流风扇；14. 控制箱；15. 涡轮增压器；16. 帆布腰带
评价建议	

（二）科学探究“做”实验

试鱼喜好

试前深思明旨义，

鱼为目标专研习。

喜乐出于科技中，

好求鱼性创奇迹。

科学试验或科学实验均需要有目的、有计划、有深思、明旨义作为前提，而在得鱼之前同样需要以专题研习专注目标为条件，运用科学技术知识和创造性思维，进行合理化设计，以求得鱼之习性，有针对性地进行“得鱼”实践，即为“渔”之必要条件也。

想，要壮志凌云；干，要脚踏实地。有了发明创造设计方案并不代表发明创造就成功了，还要经过科学探究“做”实验，或寻找相关依据进行模拟实验，推理论证，或将理想方案进行有针对性的实验，甚至反复实验，多次调整，严密操作，以检验发明创造方案的科学性、可行性。科学探究“做”实验可分为两种类型：一是模拟实验，即根据发明创造设计方案的条件和目的，运用相关理论和逻辑进行假设推理，或采取反向推理的手段对所设计的结构和所采用的方法、流程等进行检验；二是真实实验，即按照发明创造方案所涉及的流程和方法、核心结构和主要电路等进行严格把关实验，或按照发明创造设计方案提供的结构，选取相应材料和工具，搭建关键部分的测试模型或实物样本，然后进行实践演示检验，观察效果，测量数据，检验方案的可行性和可靠性，甚至对比不同方案的优缺点，提供可靠的实验数据和效果证明，为修改完善方案服务。

科学探究“做”实验必须严谨、刻苦，体现科学探究精神和思考方法。朱健华同学在发明创造“快速充气救生衣”时，为解决轻质无毒浮体的化学配方问题，跑上海、奔苏州，考察了无数塑料厂、包装厂和化工厂，查阅了《中国化工产品大全》，访问化工专家，最后终于找到了理想配方，使用时只要携带总重不到一千克的两种无毒液体，紧急情况下让两种液体混合反应，很快就可以生成对人体无毒、无副作用的永久性浮体。实验成功了，朱健华激动地说：“要是我没有敢于冒险、不怕失败的精神，就不可能成功！”所以，做也就是动手实践，应该敢于冒险、不怕失败，这是进行创新活动必需的一个要素。

（三）创意物化“做”模型

投鱼所好

验证假设要科学，

鱼之本能试可切。

听为感知音乐起，

力引鱼群来聚集。

学习科学的研究方法是发明创造的重要旨义，从假设到验证是科学发现的核心环节，如打鱼一样，可通过试验掌握听力等感知能力的确切情况，从而投其所好，播放适当的音乐也能引诱鱼群集聚。因此，发明创造中的音乐发明创造法便有了类比之道，即投其所好，充分利用听觉感官的特殊作用。

伟大的思想只有付诸行动才能成为壮举。创意物化“做”模型是将通过实验验证可行的方案和结构进行整体模型制作，演示表达发明创造创新之处。这是动手实践，手脑并用重要的一步[1]，是培养操作技能的需要，更是产生新的创新“灵感”，验证创新设想是否可行的需要。创新实践活动可以从手工制作等简单的动手操作开始，边做边想，不断总结提高动手技能，努力思考“为什么这样做”“有没有更好的办法”“其他地方可不可以用”等问题。养成良好的“边做边想”的习惯以后，创新的火花就会不断地从实践中迸发出来。只有理论的猜想和假设，没有进行具体的实验和对比，就是空谈，违背了科学研究和科技创新的基本规律，自然不会有既新颖又实用的创新成果，也达不到培养人、锻炼人的目的。

我们常说“实践出真知”“实践是检验真理的唯一标准”，这说明了“做”，即动手实践，在科学探索和科技创新活动中不可替代的作用。朱丰慧同学发明创造了“防馊锅”。他的设计从理论上看是很好的，可是一

❶ 袁迪 . 生活教育与创新教育 [M]. 南京：南京师范大学出版社，2005：140.

经试验，却不成功。为解决内锅外锅的密封问题，他反复试验思考，折腾了足足一个月。经数十次失败后，最后找到了用水封的最佳方案。在这个过程中，他多次打起了“退堂鼓”，但辅导老师给了他信心和勇气。总结时他说：“我真不敢相信自己经历了这么多失败，现在我什么都不怕了，我要努力地实现我更多的发明创造梦想。”

（四）成果表达“做”文章

探鱼特征

探究事物研表里，
鱼有个性呈阶梯。
特点浮现锐抓牢，
征服突破问到底。

探究是一种研习方式，是发明创造者最重要的实践精神和方法，要求由表及里、由低到高、由点到面，逐步深入，层层攀升，用“打破砂锅问到底”的精神和毅力，迅速、及时、准确地抓住事物的特点表征，从而有针对性地突破，创造，创新，成就自己的梦想。

好的内容要有好的表达。在发明创造过程中，成果表达“做”文章是十分重要的一环，包括标题、课题由来、方案设计、研究假设、科学实验、模型制作、效果演示等。通过研究报告或说明书的形式进行完整清晰表达，包括文字说明，图表结构，参考附件等。发明创造的研究报告或说明书没有固定模式，需要根据具体内容而定，也可以参见全国青少年科技创新大赛网站和国家知识产权网站相关内容模板。

当然，报告中还应该总结自己的心得体会。比如在实践中肯定会遇到这样那样的困难，我们要不怕失败，敢于冒险。小乌龟把头缩在壳里最保险，但它要前进，就非得把头伸出来不可。创新、创造要求走前人没有走过的路。有时要冒生命危险，有时因社会暂时不能理解和接受而遭到非议，要想前进必须克服困难。如果能够明白正确的背后是无数次错误，成功的背后是无数次失败，就不会因一次或几次的失败而灰心丧气。有的人追求平稳，不敢冒险，结果一事无成。失败固然不如成功那么令人喜悦，但失败和错误也有三点好处：第一，证明此路不通，可让后来的研究少走弯路；第二，磨炼了意志；第三，有时可以从失败和错误中直接引出正确的结论。这些均可在成果表达“做”文章中体现。

需要指出的是，在发明创造过程中，“做”，除了理解为创造以外，还可以从两个方面加以阐释，即“做人”和“做事”。“做人”体现为发明创造者的科学态度，创新精神；“做事”体现为发明创造者的动手实践，手脑并用。克雷洛夫指出：“现实是此岸，理想是彼岸，中间隔着湍急的河流，行动则是架在川上的桥梁。”[1] 发明创造说到底就是使思维成果具象化的行为，要在科学态度和创新精神的指引下动手实践，手脑并用，撬动“做”的杠杆，方能实现发明创造的梦想。

话鱼有诗

话理神奇哲志趣，
鱼意形美道各异。
有心联姻逐梦来，
诗兴创才翔远去。

鱼其实是神奇的生物，除了其生理结构特征的神奇，还有其各异的外形、鲜美的味道，特别是与鱼相关的道理实在太多，其中与发明创造相关之理也不在少数。这不，我的“渔趣发明”正是根据“话鱼有诗”的灵感进行：诗意的技巧、诗意的美味、诗意的哲理、诗意的发明、诗意的创造。在发明创造机理与技法学习中，总能找到与“渔”或“鱼”相关的话语和案例，不断成就我心中的志趣与梦想。

[1] 吴宜虹．军校研究生心理健康与教育干预研究 [D]. 重庆：第三军医大学，2014.

五、“变”，演绎发明创造精彩之道的杠杆[1]

说到“变”，我们可能并不陌生，马上能有许多关于“变”的词语脱口而出，甚至不由自主地会想到《西游记》中孙悟空的七十二变。虽说孙悟空的“变”有些神话色彩，但那种遇事变通，灵活善变的精神，十分值得我们在发明创造创新中借鉴。发明创造要做到三点：一是明确需要解决的发明创造问题；二是确定解决问题的技术方案；三是确保发明确实具备有益效果。其中核心的关键词就是“问题”，发明创造的过程就是问题演变的过程。发现问题需要观察，提出问题需要勇气，分析问题需要思考，解决问题需要智慧。发明创造需要持之以恒、锲而不舍、不怕失败、勇往直前的努力，更需要灵活选择、合理变化、大胆变通的精神。在发明创造过程中，掌握了善“变”的思想和方法，就能以此为杠杆，演绎发明创造的精彩之道（见图 2-8）。

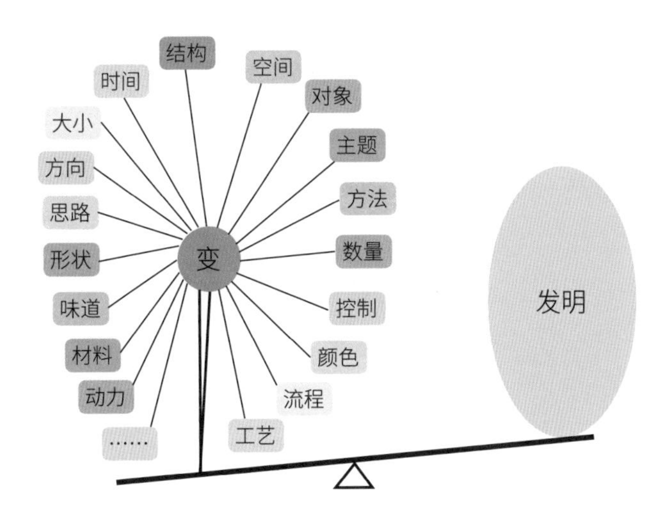

图 2-8 “变”，演绎发明创造精彩之道的杠杆

---

❶ 文云全 .“变”，演绎发明精彩之道的杠杆 [J]. 科学大众·江苏创新教育，2013（9）：27.

炒鱼火猛

炒爆快成火给力，
鱼嫩尤鲜在时机。
火中学问定技艺，
猛厨勇思解难题。

“炒”是鱼的常用做法之一，即将鱼切成片或块放于油锅煎炒至熟的一种加工方法。炒鱼的要领在于火猛、料齐，要特别注意用猛火快炒速成，切忌小火长时间在锅中加热，否则易于变小变老，影响口感。对于发明创造，炒鱼的启示在于全力以赴，一鼓作气，持之以恒，速战速决。发明的主题一旦选定，便应该一鼓作气加以研究思考，并尽快拿出自己的想法和方案，否则夜长梦多，影响效率，甚至将灵感丢失。

我们来再看看第一章中讲到过的陈振宇同学发明“变序输码电子密码锁”的故事，看看他是如何通过结构简单、成本低廉的设计，实现操作方便、保密性强的目的，并获得专利和大奖的呢？

陈振宇同学将自己发明创造成功的关键概括为：善“变”求创新。他说：如果用一个字描述我发明创造成功的关键点，那就是“变”。一是变形状，即将电子锁键盘由方形变为圆形，使键盘无方向性；二是变数字，即键盘数字可以转动，随机停下，改变数字键的位置；三是变颜色，通过指示灯颜色变化，确定数字键的真实位置，即知道“新密码”；四是变位置，将指示灯装在较为隐蔽的地方，做得足够小，可由操作者握于手心，不会被旁人看到，这样就能在一定程度上有效防止密码被盗。

发明创造问题解决理论（TRIZ）[1]的 40 个发明创造原理中，分割、提

---

[1] TRIZ 的俄文拼写为 теории решения изобрет-ательских задач，俄语缩写“ТРИЗ”，翻译为“发明问题解决理论”，用英语标音可读为 Teoriya Resheniya Izobreatatelskikh Zadatch，缩写为 TRIZ。TRIZ 理论是苏联阿奇舒勒及其领导的一批研究人员，自 1946 年开始，花费大量人力物力，在分析研究了世界各国 250 万件专利的基础上，所提出的发明问题解决理论。

取、合并、逆向思维、动态化、一维变多维、变害为利、改变颜色、物理 / 化学状态变化、相变等原理均蕴涵着“变”的思想理念和方法技巧[1]。根据这些原理，我们在发明创造选题及问题解决的过程中可以有多种多样的变化，如变时间，变空间，变对象，变主题，变思路，变方向，变方法，变形状，变结构，变大小，变数量，变材料，变颜色，变味道，变动力，变控制，变工艺，变流程……

综观纷繁绚烂的发明创造世界，其关键在于因“变”而成功的发明创造例子不胜枚举。以下结合实例与大家分享几种常用的与发明创造有关的“变”的思想和方法。

（一）变形状结构

发明创造包括产品发明创造和方法发明创造，而产品发明创造一般都是有形的，有结构的。比如三角形、四边形、五边形、圆形、扇形、矩形、菱形、环形、球形、各种水果型、盾牌形，光滑表面、抛物面、皱褶、螺旋、窄槽、微孔，等等。因此，抓住物品的形状结构做文章，将其形状结构按照需要进行设计和改进，或者单纯考虑改变形状，均有可能成就新发明创造。当然，改变形状结构是发明创造的手段，实现功能解决问题才是发明创造的目的。如为了防止用漏斗往小口容器倒液体时堵住气流影响倾倒速度或液体外溢，有人将漏斗口由圆形变成方形，发明创造了“方口漏斗”。又如，为了让色盲或色弱者能看清红绿灯，有人改变了红绿灯统一形状的设计，发明创造了“不同形状指示交通信号灯”，黄灯为三角形，红灯为圆形，绿灯为方形，便于区分。再如，为了满足人们不同需要，有人发明创造了“多功能变形车”，可骑可推，十分方便。

---

[1] 萨拉马托夫 . 怎样成为发明家——50 小时学创造 [M]. 王子羲，郭越红，高婷，等译 . 北京：北京理工大学出版社，2007：9.

择器兜鱼

择适材制器成兜，

器成腰外凹内凸。

兜巧设易进难出，

鱼贪食寻味而入。

用兜捕鱼的关键在于选择合适的道具，即需要让鱼易进难出，中间放食引诱其寻找入口，此口设计为外凹内凸，便可实现易进难出之势。使用时，只需往兜里面放些鱼饵，然后拉紧兜口，将兜往鱼集聚的水中一抛撒即可，无须守候。等一定时辰后，便可收取兜中鱼，极为简便。对于发明创造，兜鱼的启示在于兜的巧妙设计，外凹内凸，鱼只进不出，具捕鱼者无须在现场等待，省事高效。

（二）变换材料

按大类分，材料可分为金属材料、有机材料、无机非金属材料。有机材料一般也称为高分子材料，绝大多数属于石油化工行业；无机非金属材料包括玻璃、陶瓷、水泥等。变换材料的目的各有不同，如为了轻巧、牢固、耐寒、防震、卫生、环保、节能、降低成本等。例如，为了收藏和携带方便，卜启开发明创造了“充气沙发垫”。又如，为了使头盔具有更好的防护功能，具有降温和保暖作用，周海健同学发明创造了“水头盔”。再如，为了低碳生活，云南两名小学生田亚鑫同学和嬴加同学奇思妙想，让土豆变筷子，能用能吃又环保，发明创造了“土豆生态筷子”，引起了中央电视台的关注。

（三）变换动力

许多设备的正常使用都需要动力，动力往往和能源紧密联系在一起。手动、电动、磁动、气动、热动、光动、风动……根据不同需要，选择不同能源，可以满足人们日益增长的各种需求，得到新的发明创造。如刘星海同学巧妙地利用风力，实现风雨天自动关闭门窗，发明创造了“门窗自锁风扣”（见图 2-9）；蔡书平等同学将洗衣机与健身结合起来发明创造了“脚踏健身洗衣机”，既能洗衣服，又能健身，成本低，不耗电；谷远彪发明的“太阳能手机充电护套”也运用了变换动力的方法。

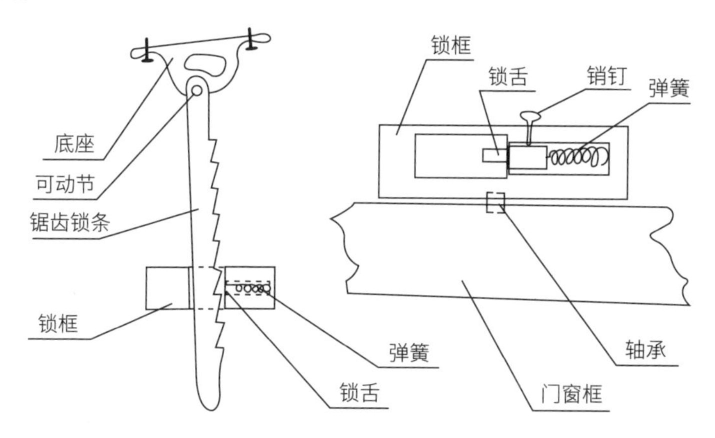

图 2-9　门窗自锁风扣示意图

（四）变换声音

声音是沟通交流传递信息的重要载体之一，被广泛应用于各种活动中。同样，巧妙地利用或变换声音，就有可能产生新的发明创造，造福人类。如为了防止热水壶干烧，陆尧祖发明了“安全型全自动电水壶”，以便在水烧开后及时提醒；为了防止倒车时发生事故，张成况发明了可以通过声光报警提示的“汽车倒车提醒装置”；同样，孔昭莲发明的“婴儿尿床自动报警装置”也为人们带来了方便。

（五）变色彩味道

人和许多动物一样，具有灵敏的视觉、听觉、味觉、嗅觉等感知系统，充分发挥这些感知系统的功能，进行创新设计，新的发明创造便可能随之产生。如为了解决小孩服药难的问题，于海楼巧妙利用味觉中甜和苦的差异，发明创造了方便的“小儿喂药器”；为了防止无色无味有毒或易燃易爆的气体或液体泄漏，张世亚在其中添加有色有味成分，发明了“高压香味燃气制造机”，以便泄漏时能及时发现，如带臭味的燃气；根据蚊蝇对特殊气味和光线的趋向性，鞠连君发明了“多用节能灯蚊蝇诱捕器”。

（六）变控制方式

控制方式是发明创造中经常需要考虑的重点。许多发明创造涉及控制方式的转变，就有了生产技术和工作效率的根本性变革。控制方式的选择要按需要进行，有时自动化程度越高越好，而有时则恰好相反，毕竟功能多了结构往往会繁杂，故障发生概率也会增加。如为了方便安全和快捷，张建耀将自行车撑脚和上锁结合，发明创造了“撑脚式自动上锁器”（见图 2-10）；启东市大江中学王冰冰同学为了方便省力和高效清理河道，发明创造了“遥控清除河道水草垃圾机”；启东市大江中学倪晓波同学为了方便检修和管理路灯，发明创造了“光控路灯开关及故障报警装置”。

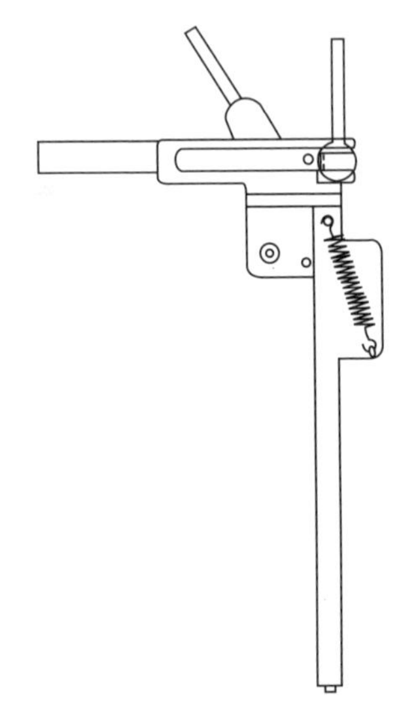

图 2-10　撑脚式自动上锁器示意图

恩格斯说过：“除了无穷的运动和无穷的变化之外，再也没有其他永恒的东西了。”事物是发展变化的，发明创造是永无止境的。发明创造是人类最浪漫的举动之一，改变着世界。发明创造是思维能力与行动能力的结合。正如好的文章往往是改出来的一样，成功的发明创造往往是求变的结果。变是一种思想，一种方法，一种态度，一种行动，一种精神……作为发明创造实践者，要有改变现状的思想意愿和实际行动，要有求变求新的思维习惯和方法能力，才能在实践中演绎发明创造精彩之道，在创新中谱写辉煌人生。

叉鱼原理

叉瞄眼见不为实，
鱼像位异预判值。
原出折射稍低在，
理推用法前瞻思。

人在岸上看水中的鱼，鱼实际的位置应该比看到的偏低些，这是光的折射原理，因此，有经验的渔民，用鱼叉瞄准的不是看到的位置目标，而是稍偏下一些，具体偏移量要看视线角度以及鱼在水中的深度等因素。正如发明创造，思考问题的依据不能只凭肉眼所见，而应有前瞻思维，考虑事态的发展变化。

第三章　发明创造的发展力（如何着力）

发明创造奇妙无穷，不仅因为其涉及领域宽广，具有体现直接价值的实用性、体现进步意义的创造性和体现与众不同的新颖性；还因为其精巧构思和独特创意为人们带来的心灵震撼，以及发明创造诞生过程中所经历“山穷水尽”过后，迎来“柳暗花明”的精神愉悦。而实现这一过程的重要条件是需要找到着力点，使出“发展力”。

一、发明创造的痛快破冰[1]

煮鱼水沸

煮菜多样鱼餐妙，
鱼好热情汤温高。
水火猛烧熬精品，
沸境熔炼志同道。

煮鱼是烹饪中常用的加工方法，一般为先洗净切块，然后放入热油锅煎至皮黄捞出，接着放入沸水猛火烧至汤变乳白。其中，汤务必烧沸后再加鱼，否则难以熬出高品质鱼餐。对于创造，煮鱼的启示主要在于热情的创新环境有利于高品质创造发明的生成。发明创造过程需要高度热情，也需要热烈的环境，如与志同道合者讨论，在积极支持的条件下更容易让想法变得成熟。

---

❶ 文云全 . 发明的痛快破冰 [J]. 科学大众 · 江苏创新教育，2014（7）：41.

发明创造令人向往，也往往让人生畏。对于一般人来说，特别是对于初次了解发明创造的青少年来说，发明创造仿佛披着神秘面纱，古灵精怪，难以捉摸；又似锢着冰冷城墙，高不可攀，牢不可破。因此，青少年要步入发明创造殿堂，体验发明创造之美妙，并通过发明创造创新活动，满足兴趣，发展个性，培养创新精神和实践能力，成就时代所需的创新人才，首要而关键的任务是揭开发明创造的神秘面纱，破除发明创造的冷冰城墙。

“破冰”本指在培训中为消除人与人之间的隔阂而采取的一项专业训练。发明创造的破冰，不仅为了达到团队融合，消除怀疑、猜忌、疏远，而且更重要的是为了消除参与者对发明创造的偏见，揭示发明创造创新的“庐山真面目”，破除神秘，激发参与热情。

发明创造的“破冰”方式很多，具体选用什么方式因人而异。从中小学校开展发明创造教育活动的角度而言，开学第一节发明创造课或第一次发明创造讲座十分重要，需要从认识上“破冰”，揭秘发明创造，痛快入门。同时，科技教师在指导学生开展具体发明创造项目实施时，首要和关键在于“破冰”取舍，痛快选题。

（一）揭秘“破冰”，痛快入门——上好发明创造第一课

对发明创造的认识，决定了对发明创造的态度。从认识上“破冰”，铲除对发明创造的偏见，痛快揭示其“并不神秘”的真面目，是上好开学第一课的首要任务。实践证明，第一节发明创造课通过自画像、谈创新和举实例开展“破冰”行动，能让学生认识自我，了解同伴，融入团队；同时认识创新，破除神秘，建树发明创造兴趣，痛快而有效地揭开发明创造神秘的面纱，破除发明创造冰冷的城墙，为学生打开步入发明创造殿堂之大门。

活动一：自画像

要求：用彩笔在白纸上自行设计，用漫画加简要说明的形式表达出自我特点。真诚交流，留言祝福，互相勉励。

根据全班人数，分成若干组，每组6~8人，基本由学生自由组合，教师只在分组不恰当时作适当提醒。每组推选出一位组长。

第一环节，自画像与祝愿。5分钟，3项任务：一是有个性特点地画自我漫画肖像；二是配合肖像以简要文字说明；三是写出对自己也对大家不多于20字的祝愿。

一开始有一部分同学不知如何下手，便竭力想询问旁边同学，于是相互讨论了起来，似乎小组讨论提前进行了，教师及时提醒“抓紧时间，过会儿讨论”。但时间到时，还有部分同学没有完成。教师要求马上停笔，遵守规则。

第二环节，轮流阅读。2分钟，顺时针将各自所画所写内容轮流阅读一遍，学习别人长处。学生们非常兴奋，不时发出惊讶声。

第三环节，完善作品。2分钟，在看过学习小组其他成员作品后，进一步自我完善。多数学生迅速弥补了自己的不足。

第四环节，认识成员。每人自我介绍不超过20秒，快速相互认识。老师将随机抽查，看看能否叫出被抽到的本组其他成员姓名。

这有相当的难度，于是有几个组出了奇招，用一张纸放中间，每人在对应方位写上各自姓名，然后旋转，大家很快就认识了。

第五环节，分享感受。每组讨论后推选一人上台交流。

大家十分激动，有的在台上讲，有的在台下讲，还不时发出尖叫声，调侃声。教师及时提醒，要“尊重别人”“学会倾听”。

第六环节，教师进行小结与点评。一是相互尊重，融入团队是做好事情的前提，要相互了解，相互理解，相互配合，有效沟通，分工合作；二是遵守规则，创新是在遵守必要规则的前提下进行的；三是张弛有度，做任何事情都要适度，团队融合的目的是高效完成任务，适度的活跃和幽默能增进团队友谊，提高团队合作效能，反之，过犹不及，甚至伤和气。

活动二：谈创新

要求：先自行在白纸上写出“创新是……”，然后小组讨论修改，推荐有代表性的一条贴在黑板上，各由一名代表交流发言。

导语：创新的概念表述至今没有统一，大家对创新的理解确是“仁者见仁，智者见智”，富有个性色彩的。那么，你们对创新的理解是什么呢？

首先进行独立思考，将自己的理解书写出来，尽量简洁，完成“创新是……”；

然后小组交流讨论，修改确定1~2条有代表性的表述写在大纸条上，贴在黑板上，每组推荐一人作适当解读。

大家对“创新是什么”的表述各不相同，体现了各自的理解程度。下面列举几条：

创新是突破常规。

创新是一种突破，在陈旧的规矩中找到新的基点，然后完成质的飞跃。

创新是把固有的思维模式打破，衍生出一种新的力量，推动社会进步。

创新是一条奔流不息的江河，永不干涸。

创新是有新颖性、实用性，能给社会带来好处的想法。

创新是大脑的疯狂，思维的飞越；创新是极限的突破，顶峰的攀登；创新也要尊重规则，尊重人道。

创新是好奇一切，疑问所有，颠覆传统，创造不可能的可能。

创新是在自然范围内，以科学为基础，在先人的知识层面上，加以拓展，创造出对社会，对人类有用的东西。

……

活动三：举实例

在认识创新，痛快揭秘后，教师介绍发明创造是创新的一种重要形式和内容。然后，教师再具体举几个相对较为简单和有代表性的发明创造实例，让学生更加直观、自然地认识发明创造的真面目，破除对发明创造的神秘感，实现“破冰”揭秘，痛快入门。

如“升旗节拍绳”，按国歌节拍在升旗绳子上做好标记，升旗手只要听着节奏每次拉绳移动一格，就能保证国歌音乐停时国旗正好升到旗杆顶端；“小儿喂药杯”，在杯子上口外再加一小嘴用于放药片，杯中放小儿喜欢的饮料，这样就能让小儿吃药不再感觉痛苦；“门钩开关”，将衣帽钩安装于墙壁门灯开关上，方便挂衣帽，同时防止出门忘记关灯，一举两得。

再来看看在第 25 届江苏省青少年科技创新大赛上获得最高奖——培源奖（省长奖）的两件发明创造作品。一件是由泰州兴化市实验小学李恒阳、何羽、陆劭朴同学一起发明创造的“自行车转向自动提醒器”，将自行车车把上的转向信号通过无线电装置控制，自动在头盔上显示转弯方向，以提醒后面车辆行人，使骑行更安全；另一件是由南京民办育英第二外国语学校吴麟鑫同学发明创造的“无线激光传输器”，将光纤通信的光纤去掉，直接通过激光在空中进行点对点的数据传输，适合一些特殊场合使用。

总之，通过自画像、谈创新和举实例三个环节进行发明创造的开学第一课，从认识“破冰”，能痛快揭秘发明创造，破除以前对发明创造的偏见，为学生轻松愉悦地进入发明创造奇妙的殿堂作好充分的心理和思想准备。

（二）选题“破冰”，痛快取舍——把好发明创造选题关

创造力人皆有之。[1] 发明创造虽然人人可为、时时可为、处处可为，但要真正实现发明创造的梦想，规范高效完成发明创造的过程，少走弯路，却是一件系统、有序、富有挑战性之事，需要有方向、有主题、有持续动力进行实施。因此，发明创造的选题就显得格外重要。然而，正

[1] 上官子木 . 创造力危机：中国教育现状反思 [M]. 上海：华东师范大学出版社，2004：232.

是这万事之难的开头——选题，让许多人望而却步。

杀鱼有序

杀鱼有序非固化，
鱼法高效随需搭。
有道即成需之故，
序为创效宏观把。

杀鱼的过程一般为先去鱼鳞，然后破肚清理内脏，再去鱼鳃，最后清洗。之所以这样做，与卫生和效率都有关，故而长此以往都这么干。但是，这不是说只能这么做，也可以根据需要适当变换顺序。如为保鲜可最后去鳞，为更清洁可边杀边洗，为完整可不破肚，将内脏从嘴中取出来等。对于发明创造，杀鱼的启示在于有序而非固定不变，关键在于是否满足新的更高的需求。比如发明创造可能不是先定主题，而是先实验，也可先查新，或先调研，然后再进行讨论和设计。

在实践中，我除了带领青年教师正常指导学生进行选题外，还有意识地安排了科技教师沙龙和学生创新论坛。从参与的教师和学生的表现来看，他们普遍感觉选题是一件先“痛”后“快”之事。

发明创造选题之“痛”，是指在从“门外”进入“门内”的选题过程中，势必要经历的一段相对艰难甚至痛苦的过程。从茫然无措到豁然开朗，这中间也许就是我们感觉创新之神秘所在。因为神秘，所以艰难；因为艰难，所以更加神秘。因此，在这一环节，我们作为指导教师，不管是对青年教师的指导，还是对学生的指导，都必须坚持激励原则。

在初次接触发明创造时，进行“诱惑”激励，如科技特长生在高校招生中的政策优势等；在涉及发明创造的关键和流程问题时，进行“案例”激励，如列举大量发明创造成功的案例，破除发明创造的神秘；在实战发明创造选题时，进行“过程”激励，如引导进行相关思考，明确下一步研究问题等；在最后阶段进行选题确认时，进行“放眼”激励，如引导他们进行新颖性、创造性和实用性的分析，特别是对其发明创造的最终可能成果和影响进行展望，让他们建立更强的信心，鼓足更大的干劲，冲向更高的目标，从而不产生或少产生或忘掉发明创造选题之“痛”。

发明创造选题之“快”，是指在经历前阶段选题过程的艰辛之后，最终或初步确定了相对合适可行的具有一定新颖性、创造性和实用性的研究课题时，产生的一种如释重负、轻松愉悦的快感。这其实是一种初步成功的体验，是一种对前阶段努力的回报，也是后阶段持续努力的动力所在。当然，这里的“快”，我们可以从两个方面加以理解：一方面是指选题终于确定时的“快乐”，是一种实践者所期盼的阶段性目标，也是指导者用以鼓励的底气和依据，是建立持续信任和持续奋斗决心的根源，是后阶段得以继续实施的理由；另一方面是指选题的过程要“快速”，让成功的期盼早日兑现，让“痛苦”的感觉无法光临或尽量短暂地停留，让发明创造实施的周期尽量缩短，提高发明创造创新效率。

作为指导教师，在指导选题的过程中，要重点指导选题“破冰”，痛快取舍，明确选题原则和方向，教会选题的查新方法，引导选题的转向和变通，及时给予中肯的鼓励，对选题项目和对象进行有针对性的指导，让选题成功的“快乐”快速到来。

当然，发明创造到底应该如何“破冰”？根据不同人群对发明创造不同的了解程度，应该是有所变化的。而且，在发明创造的过程中，除了入门前的认识“破冰”、开展发明创造活动的选题“破冰”外，还有过程中技法选择[1]、方案设计、实验制作、技术改进，及创新点总结等多个环节，或许都需要在具体实施中进行不同方式的“破冰”，方能取得发明创造最终成功。

---

[1] 关原成 . 选择创造法 [M]. 杭州：浙江科学技术出版社，2000.

二、发明创造的情境导引[1]

析鱼环境

析为细思见真容，

鱼存时地有理同。

情顾多维察细节，

境在敏锐感悟中。

情境存不同，自适有理中；析其敏细处，见端察真容。这是说，鱼有自己适应的环境，认真分析明察其生存的环境特征，可推及其存在的可能。不同的鱼有不同的生存适应环境，包括不同的深浅，以及水的盐度、温度、pH 等。如有的喜欢在水中，而有的喜欢在泥中或沙中；有的喜欢在清水中，而有的喜欢在浑水或污水中；有的喜欢在静水中，而有的喜欢在流水甚至急流中；等等。

每次发明创造比赛，平行学校或平行班级的发明总会在数量和质量上存在甚大差距，这是为什么？当然，原因可能很多，但我认为关键在于导向，包括对发明创造比赛重要性的认识和对发明操作性的指导，而后者是解决的重点。发明创造一词来源于拉丁语，意为“找到”或“偶遇”，是指从事前人和他人从未进行过的工作或活动，即“创制新的事物，首创新的制作方法”。《中华人民共和国专利法》第二条规定：“发明，是指对产品、方法或者其改进所提出的新的技术方案。实用新型，是指对产品的形状、构造或者其结合所提出的适于实用的新的技术方案。”可见，发明创造离不开场景或事件，发明创造课题从实践中来，产生的发明创造也需要回到实践中去解决实际的问题。因此，发明创造是与相关情境密不可分的，发明创造的过程需要情境导引。[2]

---

[1] 文云全 . 发明创造的情境导引 [J]. 科学大众・江苏创新教育，2014（4）：27.

[2] 文云全 . 儿童创造力发展的情境性特征 [J]. 现代中小学教育，2015（11）：93.

（1）发明创造的情境导引是一种创造性问题的解决手段。情境是指一个人进行某种行动时所处的社会环境，是人们社会行为产生的具体条件，包括机体本身和外界环境有关因素。导引有引导、推导、指引之意。发明创造的情境导引就是通过有针对性的发明创造问题情境创设和优化，引导或指引学生触景生情、启迪思维、激发兴趣、渐入佳境、体验感悟，在矛盾冲突中明确发明创造问题、分析发明创造需求、设计发明创造方案、实现发明创造目标。发明创造需要依托情境，在具体或抽象的环境中，有意或无意抓住“偶然”事件，通过真实或模拟情境，体验感悟，发现问题，分析需求，找到突破。

（2）发明创造的情境导引也是一种心理认知的情境体验。[1]任何学习实践活动都是个体心理认知的一种情境体验。在发明创造中，情境体验通常作为一种教学方法，要求教师有目的地引入或创设具有一定情感色彩的、以直观形象为主体的生动具体的场景，以引起学生一定的情境体验，从而帮助学生提出、理解和解决发明创造问题。[2]这种导引方式不仅体现了情感和认知活动相互作用的原理，而且还体现了认识的直观性原理和思维科学的相似原理。

（3）发明创造的情境导引是一种虚实结合的操作技法。从情境的性质来看，发明创造的情境可分为真实情境和虚拟情境。真实情境是指人们周围真实存在的情况、场景。真实情境能直接地触动感官，产生心灵共鸣，形成改变甚至突破的意愿和诉求。虚拟情境是指在虚拟的信息环境中的情况或场景，虚拟情境能在一定条件下有意识地引导思维，生发预想矛盾，启迪发明创造的冲动和热情。虚拟情境经常用于情境化的教学设计，能有效促进新知识与最近发展区的融汇，激发出有利于潜能开发和问题解决的欲望与动力。[3]

---

❶ 王灿明 . 儿童创造心理发展引论 [M]. 北京：社会科学文献出版社，2005：51.

❷ 天津宝贝家科技有限公司 . 标识贴及儿童认知学习系统：201520023334[P]. 2015-01-13.

❸ 关原成 . 开发潜能创造法 [M]. 杭州：浙江科学技术出版社，2000.

（4）**发明创造的情境导引是一种教育情境的特殊运用。**[1] 在发明创造指导过程中，情境导引所需的教育情境要根据发明创造研究对象实际，以学生喜闻乐见的方式精心创设。教育情境不能简单等同于教育环境，北京师范大学肖川教授在《中小学管理》发表文章《教育情境的特质》指出："'教育环境'更多地指活动主体置身于其间的物质的、外在的、客体的存在对象，而'教育情境'更多地指活动主体所拥有的'文化的、精神的、心理的、内在的、主体的'体验、氛围和人际互动。"[2] 用心呵护和竭力弘扬批判性的思考力是教育情境的灵魂。作为一种教育情境的特殊运用，青少年发明创造的情境创设更加需要注重与生产、生活、学习中具体场景和事件结合，引导青少年在体验性参观、实践性考察、研究性学习等过程中，运用创造性思维方法，发现多样性需求，提出真实性问题，开展创新性设计，并在新颖性、创造性、实用性和可行性等要求指导下开展相关发明创造行动。

思鱼有灵

思理从道天地人，
鱼通性灵自然生。
有问速进链蕴含，
灵真拥爱梦携诚。

鱼是有灵气之物。此灵在于生命的规律，在于自然的法则，在于灵性的相通，还在于生态的链环，在于求生的自由，在于哲理的蕴含。思鱼的启示于发明创造，在于道法自然，万物有灵，人定胜天，创意无限。

---

❶ 王灿明，等．情境教育促进儿童创造力发展：理论探索与实证研究 [M]. 北京：中国社会科学出版社，2019：95.

❷ 肖川．教育情境的特质 [J]. 中小学管理，2000（2）：27.

（5）发明创造的情境导引是一种开发潜能的情境学习。[1] 发明创造是以实际需求为动力，以项目实施为载体，以问题解决为核心，以综合能力展现为特征的情境学习实践活动[2]，主旨在于开发应用创造潜能[3]，培养创新精神和实践能力。著名特级教师、情境教育的创始人李吉林在《教育研究》发表题为“学习科学与儿童情境学习——快乐、高效课堂的教学设计”的文章指出：“学习科学强调‘有意义学习本质上是创造性的’，创造力就是解除传统束缚的思维力。几乎每一个儿童的大脑都隐藏着巨大的潜能，具有无穷的创造力。”[4] 抓住儿童最具想象力的关键时期，通过情境学习“让儿童在美的、宽松的、快乐的情境中，通过发展想象力来培养创造力”。

（6）发明创造的情境引导是一种技巧与原则统一的实施策略。情境案例是情境导引的一种常用方式，这种导引直接有效，将发明创造实践活动安排在真实的生产生活中。当然，这样的安排需要精心策划，合理布局，巧妙引导，有时需要“人为造作”，故意生成有利于导引创新创造的情境。情境导引实践发明创造需要坚持诱发主动性、强化感受性、突出创造性、渗透教育性、贯穿实践性等原则。

那么，在具体的发明创造实践中，我们应该如何自行选择或在老师的指导下实施情境导引呢？以下从情境呈现的形式和内容出发，谈谈发明创造中几种常见情境导引的做法。

（一）真实人物情境导引

发明创造指导中，可以通过实物模型、现场环境、生活再现等真

---

❶ 文云全 . 综合实践活动的情境性特征探究 [J]. 文化创新比较研究，2017（7）：127.

❷ 文云全 . 儿童创造力发展的情境性特征 [J]. 现代中小学教育，2015（11）：93-97.

❸ 王灿明 . 儿童创造教育论 [M]. 上海：上海教育出版社，2005：197.

❹ 李吉林 . 学习科学与儿童情境学习——快乐、高效课堂的教学设计 [J]. 教育研究，2013（11）：81-91.

实人物情境加以导引。在教室，可以利用固有的电灯、门窗、桌椅、书本、黑板等真实物品；在家里，可以利用厨具、卧具等；在户外，可以利用树木、飞虫、路桥、汽车、行人等。当然，也可将生活中已有的物品或发明创造的实物模型带入教室，以实物为中心，略设必要背景，构成一个整体，以演示某一特定情境；或者把学生带入生活，带入大自然，从生活中选取某一典型场景，作为学生观察的客体，教师启发性地加以导引。

缺点列举

世间无存完美物，
缺点消减即进步。
剖析事物列不足，
发明创造主题出。

世上没有十全十美的事物，世间万物均不同程度地存在着缺点，而缺点的消减即为进步。因此，缺点列举法成了发明创造技法中最为常用和有效的方法。在实践中，通过深入剖析，充分列举事物的不足之处，让思路发散，然后归纳聚合，提炼出作为重点和能够解决的问题，形成发明创造的主题。坚信不完美，自有发明创造来解决。

比如一次课上，老师组织学生开展“多多益善”发明创意比赛，要求学生准备好纸和笔，限时 5 分钟，尽可能多地从“对衣架有何希望？”进行思考并写出来，提示学生可以从形状、大小、颜色、材料、功能、使用对象等各个角度思考。学生们的构想不仅多，而且有的新颖独特，得到老师的普遍称扬。包括：衣架装卸衣服方便；衣架能自动吸水；衣架能当玩具；衣架能当装饰品；衣架能当熨斗；衣架能防虫蛀；衣架能晾晒被子；衣架能晾晒袜子；衣架能晾晒裤子；下雨时衣架能自动打开伞；衣架能捕捉老鼠；纳米衣架能很好接收太阳光能；衣架能旋转且将风吹的动能转化为热能使衣服干得更快；衣架能自动调节转向正对太阳充分受光；衣架能防扎手，衣架能防生锈；衣架能喷香气；衣架能自动整理整齐；衣架不使衣服变形；衣架可以染色；衣架可预报天气；衣架可折叠；衣架可伸缩；衣架可升降；衣架能自动烘干；衣架防暴晒使衣服褪色或损坏；便携带衣架；可挂在天花板上的衣架；衣架可晾晒大小不同的衣服；衣架能防潮；衣架能防尘；衣架可变形；衣架可变色；衣架能防脱落；衣架更牢固；可方便晾晒圆领衣服……

又如一次在发明创造课上，老师以自行车为例，把一辆真实的自行车搬上讲台，并配以相关图片，让学生观察讨论发现缺点。学生热情高涨，当场提出了数十个缺点：座位太硬、下坡时不好刹车、小孩骑时脚够不到脚蹬、易掉链子、车座高度调节不方便、脚踏板容易打滑、不够省力、无防摔倒保护装置、没有后视镜、夜间无灯照明、避震不好、太重、逆风行驶非常费力、挡泥板功能不显著、撑脚不稳、轮胎易磨损、不方便清洁、坐垫不易调节、无自动报警装置、钢丝易锈、踏板圆半径太小、撑脚与地面接触面过小、车铃不够响、轮胎易破、易被盗、不能遮风挡雨、骑车时不方便吃东西、高矮难调、小孩坐后面脚易卡入轮子、充气不方便、后备箱易振开、不便载人、变速麻烦、不易携带重物、不够美观、行驶速度慢、体积不够小、轮胎寿命短、不能骑倒车……

（二）语音故事情境导引

发明创造导引的情境也可以通过语音故事加以展示，包括新闻报道、音频播放、采访录音等。教师以语言描绘故事情境，这对学生的认知活动起着一定的导向性作用。[1]语言描绘提高了感知的效应，情境会更加鲜明，并且带着感情色彩作用于学生的感官。学生因感官的兴奋，主观感受得到强化，从而激起情感，促进自己进入特定的情境之中。[2]当然，也可通过音乐渲染情境。音乐的语言是微妙的，也是强烈的，给人以丰

[1] 威尔逊．创造的本源[M]．魏薇，译．杭州：浙江人民出版社，2018：25.

[2] 袁明．情境教学法及其在初中语文课堂中的运用[J]．语文教学与研究，2021（10）：128-129.

富的美感，往往使人心驰神往。这能更好地激起学生的无限想象，让学生愉悦思维，快乐创造。

博闻渔见

渔者广闻大千事，

择其妙处而用之。

锐眼开放有主见，

趣在创想灵感时。

“眼见为实，耳听为虚”，非也。大千世界，信息爆表，创作中人，广闻博纳，精排细选，择其妙处而用之。新闻旧事，凡事有因，激发奇想，必有创见。故而渔者，必为开放有主见，善锐眼，敢奇想，并付诸行动之人。发明创造，与渔同也。

比如，根据新闻报道，食品安全问题的形势越发严峻，地沟油案件频发，桑春华发明了“地沟油快速检测法”，上了中央电视台《我爱发明》节目“地沟油现形记”，人们也总结出了五种识别地沟油的方法，甚至将地沟油开发成生物柴油。

（三）行为动作情境导引

为了更有现场感和加快学生的理解，教师配以行为动作展示情境，往往能收到良好的效果。如动作表演、互动游戏、热身破冰等。当然行为动作不仅包括教师的，还可以是学生的，而且往往有学生参与的活动展示效果会更好。[1] 特别是互动性的游戏活动和热身破冰环节，能让学生迅速集中注意力，进入角色，体验感悟更深，思考问题更实，提问发言更多，交流分享更有效[2]，从而能更好地达成发明创造问题或发明创造方

---

❶ 汪刘生 . 创造教育论 [M]. 北京：人民教育出版社，1999：191.

❷ 文云全 . 儿童创造力发展的情境性特征 [J]. 现代中小学教育，2015（11）：93-97.

法的理解掌握。

比如，一次上课，南京市江宁区麒麟小学的杨传武老师这样导入："同学们，今天老师请你们吃馒头。"同学们一听很高兴，课堂气氛立马活跃了起来。老师接着说："不过，要先把手洗干净，再用碘酒擦擦手、消消毒。"学生们按老师的要求照办。然后老师给每个小组都发了一片馒头。很多学生在抓到馒头时纷纷惊叫了起来："呀，馒头变蓝了！"老师也故作惊讶地说："同学们，是不是你们的手没有洗干净呀？"学生们说："不会的，我们已经按要求擦洗干净了。"老师故作不解地说："老师也想知道这是怎么回事，同学们有没有兴趣和老师共同研究？"学生齐声喊道："有兴趣！"[1] 这样的情境导引就是通过行为动作而实现的。

（四）视频图片情境导引

其实，在不能用真实人物情境展现时，通过视频录像、动画漫画、照片图表等方式，也能十分有效地创设发明创造的导引情境。视频录像可以是现存的，也可以是定制拍摄的。动画可以用相关软件进行制作，也可以利用网络共享资源。图画是展示形象的主要手段，用图画再现不同的发明创造情境，实际上就是把发明创造案例形象化。这种方式展现的图画可以是实物照片、局部放大图像，也可以是结构示意图、流程框图、电路原理图，还可以是发明创造应用或操作展示图。当然，无论是视频还是图画，在选取时都要求必须以导引需要为原则，注重直观形象，抓住关键，突出重点，并加以适当的分析和解说，以期达到高效的目的。

例如，在举沈赫男同学发明创造"活塞式开合衣架"的例子时，老师充分使用视频、结构图、实物图和流程图等直观方式，非常清晰地展现了该发明创造的精妙之处，学生这种立体式的情境导引下深受启发，不仅对发明创造的选题来源有了进一步认识，而且对发明创造方案的设计和发明创造模型的制作，以及发明创造的一般流程等都有了较为明确的了解。

---

[1] 杨传武．情境与探究 [J]. 新课程导学，2013（17）：71.

总之，发明创造的情境导引是通过创设情境、带入情境、运用情境和凭借情境，实现发明创造的探索过程；通过暗示引导、情感驱动、角色转换和心理场整合，实现发明创造从发现问题、提出问题、分析问题到解决问题的完整操作。当然，依托情境导引促进发明创造还需要拓展教育空间，缩短心理差距，利用角色效应，注重实际操作。

三、发明创造的需求洞察[1]

有学生问："老师，我们知道了发明创造的'三性'是指新颖性、创造性和实用性，请问这'三性'有没有轻重？如有，到底谁重谁轻？"

这个问题看似多余，因为在《中华人民共和国专利法》中它们是授予专利权必须同时满足的条件。《中华人民共和国专利法》第二十二条指出，授予专利权的发明和实用新型，应当具备新颖性、创造性和实用性。然而，在实际的发明创造过程中，特别是在青少年发明创造活动中，受到发明创造流程的影响或因个人思维方式不同，发明创造的"三性"不自觉地被排了先后顺序，或实用性在前，或创造性占优，或新颖性为重。

人们常说"需要是发明创造之母"。任何发明创造，如果没有需要，就谈不上实用。我认为，从发明创造一般流程出发，首先要考虑选题，而选题最为重要、最为根本的原则是需要性原则，即首先考虑发明创造的实用性。那么，青少年发明创造中应如何洞察需求，找到突破点和创新之处呢？下面举例与大家分享发明创造的需求洞察。

（一）了解普通人群的生活需求

对于青少年而言，洞察普通人群的生活需求而产生的发明创造相对较多，主要涉及衣、食、住、行、用。有这样一则故事：一位商人来到美国，了解到美国人雨天也极少用伞，只在非得步行时才偶尔使用，出门一般都用汽车，而且美国没有伞厂，所有伞全靠进口，于是有了发明

---

[1] 文云全．发明创造的需求洞察 [J]. 科学大众・江苏创新教育，2014（5）：27.

创造创意设想：专门为美国人设计“用过即扔”低档雨伞，结果很快占领了美国雨伞进口量60%的市场。

第28届全国青少年科技创新大赛获一等奖的28件发明创造（含小学技术类和中学工程学类）作品中，无一不是洞察需求、分析设计而产生的。例如，安徽省合肥市第四十五中学朱涧箐同学的“可翻转太阳能双层窗”，抓住可翻转适应夏冬两季不同模式的太阳能双层窗的需求，利用太阳能电池发电同时利用热辐射现象，提高太阳能利用效率，实现太阳能在建筑窗体上的发电、降温和供暖多功能利用。可翻转太阳能双层窗由薄膜太阳电池玻璃组件、高透玻璃组件和可旋转窗框构成。薄膜太阳电池玻璃组件和高透玻璃组件平行安装，中间保持一定间隙形成空气通风流道，在可旋转窗框的中部有一个旋转轴，可以根据用户需求转动，将薄膜太阳电池玻璃组件与高透玻璃组件的位置进行翻转对调，实现太阳能双层窗的夏季工作模式和冬季工作模式[1]，利用太阳能电池发电同时利用红外辐射产生热量，夏季电池在室外，冬季翻转后电池在室内，将可充分利用太阳能发光发热，具备提供电力输出、降低室内冷热负荷、提高室内舒适性的功能。

又如，同样获得第28届全国青少年科技创新大赛一等奖的湖南省长沙市雅礼中学樊叶心同学的“绿色车库的车辆无人泊取机器人”，是一种无线供电、无人驾驶、无线识别、自动泊车与取车的自动化需求的典范，与一般车库停车的主要区别在于，它是自动泊取的，无须人开车入库、寻找车位、停车与开车出库；它是绿色的，在车辆的整个泊取过程中不会排放废气污染环境；它是无缝停放的，通过对车库进行优化规划，可以消除停车死角，在同样空间内停更多的车辆，最大程度地提高车库的利用效率。

此外山东省济南市历城区董家镇柿子园小学苏夏同学的“电动车一体式爆胎防护后支撑支架”，浙江省武义县壶山小学李罕同学的“农村简

❶ 佚名 . 播创新种子育有用人才 [N]. 安徽日报，2013-09-04（C3）.

易山体滑坡报警器”，山东省滕州市西岗镇柴里小学李颂同学的“‘光影随行’放大器组合”，福建省福安市逸夫小学钟正航同学的“免匙牛奶派送箱系列”，北京市第八十中学白家庄校区杨东麟同学的“路面积水远程报警及自动排水系统”，山东省荣成市第三十五中学王超逸同学的“浮拉双球防臭地漏”，四川省双流县华阳中学林子同学的“远程家用报警系统”，香港特别行政区可道中学韦汉陞同学的“静电除菌机”等，均属于洞察普通人群的生活需求而产生的发明创造，都在全国青少年科技创新大赛中获得一等奖。

（二）思考特殊场合的个性需求

在青少年发明创造过程中，往往涉及一些特殊的场合或特定人群的特殊需求，如残疾人、少年儿童、妇女、老人等特定人群；高空深海、高温高压、太空失重、强辐射、强光照、强腐蚀、强噪声、强振动等特殊工作环境，都会有特殊的个性需求，都值得我们加以关注，调查分析，从而选择提炼出发明创造的课题。

例如，获得全国青少年科技创新大赛一等奖的中国人民大学附属中学荣之昊同学发明创造了“游园导盲小车”。该项目为解决盲人在公园游园的导盲问题，形成了在平坦道路的环境下的游园导盲小车的总体设计方案，完成了控制硬件电路的模块组成设计，制定了导盲小车的控制策略，编写出导盲路径学习记忆、导盲时的最短路径及散步时的最优巡回路径规划、障碍检测与语音提示软件，在劳动人民文化宫进行了实地应用测试，证明所研究制作的游园导盲小车满足盲人游园引导的基本要求。在公园使用时，游园导盲小车首先在公园工作人员的操控下进行游园路径的学习。导盲小车在开机后电子罗盘自动找到北方，以北方为正方向（参考方向）。之后，语音提示“选择工作模式”：在学习路径模式中，GPS 确定当前所在的位置，电子罗盘检测其前进方位，码盘记录其轮转圈数，到达指定地点后，将信息加以存储，在导盲工作模式中，小车会按照学习模式中走过的路径，采用 Floyd 和 Edmond 算法对路径进行规划，并利用超声波进行障碍物探测。

又如，同样获得全国青少年科技创新大赛一等奖的山东省青岛第一中学秦旭坤同学发明创造了“用于海珍品养殖的多功能水下监测与捕捞作业系统”。其发明创造需求是针对目前海珍品养殖业都是雇佣潜水员下潜到海底进行海珍品养殖以及捕捞作业，捕捞成本高，工作效率低；而用于海珍品养殖的检测则多采用水下固定的自动装置对养殖环境中温度、pH、溶解氧等环境因子进行实时监测，不易获取。用于海珍品养殖的多功能水下监测与捕捞作业系统由陆地工作站以及水下作业系统构成，可以代替潜水员下潜连续作业，通过自身携带的 pH 酸碱度计、水样采集器可以高效完成采集水样、检测海水 pH、水下环境监测；通过控制机械臂完成海参、鲍鱼、海胆等海珍品捕捞作业。在水下工作过程中，操作人员只需在岸上通过水下摄像头拍摄的实时监测录像监控水下情况，并结合方位数据，使用遥控手柄简单方便地向该系统发送控制指令，控制四个推进器完成可变速的前进、后退以及上浮、下潜等运动。

还有同样获得全国一等奖的新疆生产建设兵团农六师芳草湖农场子女学校赵喆远同学的“便捷式常压滴灌打孔及三通安装器”，海南省定安县第二小学王源同学的“手推自动投料车”，河北省唐山市龙泉中学王朗同学的“‘生命之光’多功能煤井光纤照明、救援系统”，浙江省湖州市第四中学教育集团沈锐同学的“智能型二维水平尺”，四川省成都市第七中学杨锐涵等同学的“可印刷的电子防伪保密胶带”等，都是通过思考和分析特殊场合的个性需求而来的灵感。

（三）抓住社会发展的可能需求

有的需求是显而易见的，而有的需求则隐藏于人们的希望、愿景、梦想、期待，或社会发展的趋势中，是一种可能的、潜在的需求，一般不被常人所见，或者表面上看是不可能的。因此，调查分析和测试这类需求时，需要胆大心细，大胆想象，前瞻流行趋势，畅想未来生活，周密求证，合理推测，甚至挑战不可能。

在全国青少年科技创新大赛中获得小学技术类和中学工程类一等奖的作品中，近 1/3 是未来前瞻性需求发明创造，如四川省达州市第一中学杨俊杰同学的“新型河流波浪发电装置”，北京市第四中学赵嘉珩同学的“新型短距起降飞行器”，广东省广东实验中学高立尧同学的“基于非线性声学原理的音频定向传播器”，北京市中国人民大学附属中学赵若辰等同学的“智能追光系统”，湖南省宁乡县第一高级中学唐贝茜同学的“矿井日光浴光导装置设计”等，都是基于洞察社会发展的可能需求而产生的发明创造。

其中辽宁省实验中学刘天歌等同学发明创造了“自适应履带车”[1]，能够充分适应灾后的各种地形，同时具有自动适应环境的变形能力，能够越障、爬坡、在松软及湿滑地面移动。履带车采用两组电机分别驱动四杆机构与履带机构，实现根据环境来选择输出方式，可以广泛应用于各种救灾及危险环境。

再看浙江省台州市第一中学郑钧兮同学的“光学影像遥感传感器的研究及在观鸟自动拍摄、天文望远镜自动跟踪等方面的应用”。该装置利用望远镜获取远处的影像，该影像光线投射在接收器的光敏电阻上，当影像发生变化，如飞鸟还巢、天体移动等，光敏电阻的阻值即发生相应的改变，利用四个光敏电阻，可区分物体的上下、左右移动的方向趋势。另外，该装置还设计了记忆比较电路，将当前数据与前一时刻的数据进行比较，用于判断影像的变化。由于望远镜可以获取遥远物体的影像，使该装置具有遥感能力，可探测几公里外的鸟类飞行、甚至几万公里外的天体移动变化。基于上述发明，开发出了无人值守观鸟自动拍摄录像的装置、自动跟踪天体的天文望远镜等产品。

当然，需要和实用是受到时间和空间影响限制的，有时也会因人而异，所以实用性也是相对的。在发明创造过程中，发现了某种需要，就有了思考的目标；洞察到某种需要，就有了选题的方向。充分而巧妙地

[1] 昆山市克洛弗智能科技有限公司．一种腿式双平行四边形履带驱动搜救装置：CN201911027617[P]. 2019-10-12.

利用人们的需求进行选题策划，往往能使自己的发明创造呈现出良好的实用性，得到专家评委的青睐，甚至获得市场的认可，能够申请国家专利，从而取得经济社会效益。

四、发明创造的原型创生[1]

曾有人问："老师，我学了不少发明创造技法，也看了'启东市大江中学发明创造技法图'，很受启发，通过呈辐射状的思维导图能非常直观地了解常用发明创造技法的种类及其操作路径，这对培养我们的发散思维很有好处，但我不太理解，为什么发明创造技法图的中心是'现有发明创造'？"这个问题提得好，说明其观察仔细认真，而且在用心思考涉及发明创造本源的相关问题，这对于发明创造的学习与实践至关重要。

（一）发明创造根植于原型

任何发明创造都有其产生的原因和基础，都与现实的或抽象的事物、事件、现象等有关，无论是直接的、间接的、还是变型的，他们之间都具有相同的或相似的结构、原理或方法等。也就是说，发明创造根植于原型[2]，需要原型的启发才能产生创造。"启东市大江中学发明创造技法图"中心为"现有发明创造"，就是指最普遍的发明创造原型。该技法图的研制目的是让刚学习发明创造的广大青少年能从"零"入手，从身边事物开始，让大家感受到发明创造就在我们身边，破除对发明创造的神秘感，尽快了解发明创造的"真面目"，从而激发出对发明创造的兴趣和热情，迅速找到发明创造的切入口。实践证明，从"现有发明创造"出发是学会发明创造的捷径，能让大家快速步入发明创造的殿堂，体悟发明创造的真谛，感受发明创造的乐趣。

---

❶ 文云全 . 发明的原型创生 [J]. 科学大众 · 江苏创新教育，2014（6）：26.

❷ 关原成 . 原型启发创造法 [M]. 杭州：浙江科学技术出版社，2000.

木鱼思道

木鱼警人常言鸣，
鱼不合目昼夜清。
思勤还深创新路，
道法憧憬砥砺行。

木鱼是一种打击乐器，多用于道教、佛教召集教众，取“鱼日夜不合目”之意，刻成鱼形，打击以诫，昼夜思道。也就是说，木鱼的主要启示在于警醒人们不忘思道。而对于发明创造，所思之道即为发明创造真谛，发明创造的方法，发明创造的原理，发明创造的旨义，发明创造的诀窍，发明创造的过程，发明创造的表达，发明创造的保护，发明创造的误区，等等。发明创造过程中也不妨常敲用于权衡和激励自己的“木鱼”，用美好的憧憬和发明创造的标准鞭策自己前行。

习近平总书记在 2014 年 6 月 2 日召开的国际工程科技大会上发表主旨演讲指出：“工程科技与人类生存息息相关。……工程科技是改变世界的重要力量，它源于生活需要，又归于生活之中。”时隔几天，习近平总书记于同年 6 月 9 日又在中国科学院第十七次院士大会和中国工程院第十二次院士大会上作重要讲话，指出：“我国科技发展的方向就是创新、创新、再创新。要高度重视原始性专业基础理论突破，加强科学基础设施建设，保证基础性、系统性、前沿性技术研究和技术研发持续推进，强化自主创新成果的源头供给。”[1] 可见，工程科技、技术创新和发明创造十分重要，事关人类生存和民族未来，特别是原始发明创造创新，正如习近平总书记所说：“努力实现关键技术重大突破，把关键技术掌握在自己手里。”

然而，真正完全的原始发明创造创新是很难的，也是很少的。可以说目前很难找到从来没有人研究过的领域，绝大多数的发明创造所涉及

[1] 新华社 . 在中国科学院第十七次院士大会、中国工作程院第十二次院士大会上习近平的讲话 [N]. 中国青年报，2014-06-10（03）.

的领域都已有前人的成果，即“现有发明创造”。青少年开展发明创造活动应该从简单易行的项目着手，可以直接将“现有发明创造”作为“原型”进行“创生”。

（二）原型创生的基本要义

发明创造的原型创生是一种思维方法，一种创新思维过程。为了学习和掌握发明创造的原型创生方法，我们首先需要理解原型创生的概念和基本含义。

（1）什么是原型。通常认为，原型（archetype）是指在解决问题时对于新假设的提出有启发作用的那些事物、事情、现象等。运用原型是进行典型化的方法之一，作者必须熟悉原型，对原型进行概括、提炼和加工，才能塑造典型形象。

（2）原型理论的本义。“原型”一词源自瑞士心理学家、分析心理学首创人荣格的“原型理论”。荣格认为，原型是人们对世界进行范畴化的认知参照点，所有概念的建立都是以原型为中心的。也就是说，当人们一看到某种现象或事物时，就马上想到一种共同的特征意义，这种现象或事物就是原型。他说：“人生中有多少典型情境就有多少原型，这些经验由于不断重复而被深深地镂刻在我们的心理结构之中。”原型是神话、宗教、梦境、幻想、文学中不断重复出现的意象，它源自民族记忆和原始经验的集体潜意识，是人类原始经验的集结，它们（荣格往往把原型作为复数）像命运一样伴随着我们每一个人，其影响可以在我们每个人的生活中被感觉到。这种意象可以是描述性的细节、剧情模式，或角色典型，它能唤起观众或读者潜意识中的原始经验，使其产生深刻、强烈、非理性的情绪反应。虽然荣格的“原型理论”遭受了一些学者的批判，但其中“人类原始经验”的影响对解决问题时新假设的提出有着启示作用的思想值得肯定。[1]

---

❶ 格雷，米克卢斯．问题！问题！问题！［M］．上海：上海科学技术出版社，1999：1.

（3）什么是原型创生。“创生”的本意指创造生命体的存在形式，引申为“创造产生，生而成长”。“原型创生”是指利用已有事物对所要解决问题的启发作用，产生新思想，提出新假设，找到新方法，设计新结构，甚至发明创造出新颖、先进、实用的发明创造成果的过程。古今中外，由原型启发催化创生灵感顿悟而发明创造的例子不胜枚举。比如大家熟知的，鲁班从带齿边的茅草将手指划破受到启发，发明创造了“锯子”并沿用至今；瓦特从沸腾的开水壶将壶盖顶起受到启发，发明创造了“蒸汽机”，引起了 18 世纪的工业革命。这些都是原型对问题解决的方法和途径起到启发作用的典型。原型创生是发明创造的一种重要思维方式，也是青少年开展发明创造活动常用的创新思维方法。

（三）原型创生的机理与关键

那么，原型创生的科学依据是什么呢？运用原型创生发明创造的关键又是什么？对此已有专家学者进行了相关研究总结。

（1）原型创生的心理机制。原型创生是在原型启发之下，产生灵感顿悟的一段心路历程。西南大学张庆林教授带领多位研究生从心理学角度开展了发明创造与原型启发的系列研究。其中“创造发明中顿悟的原型启发脑机制”研究能为揭示创造发明中顿悟发生的条件和机制创造条件，为理解人类的创造性思维的本质提供科学依据，为人的创造力的培养和开发提供借鉴和启发；“科学发明创造原型启发中共同文字与突出原理的作用机制”研究发现，原型中的原理信息的突出提示会促进科学问题的解决，问题中含有与原型共同的情境型文字会干扰阻碍科学问题的解决；“科学发明创造问题发现中的原型启发效应”研究发现，面对问题情境时，在提供相关原型知识的前提下，如果能够在情境信息和启发信息之间建立联系，所提问题的质量会显著高于无原型的条件；[1]“科学发明创造问题解决中原型位置效应”研究发现，“问题在先”条件下的原型

[1] 童丹丹，代天恩，崔帅，等．科学发明问题发现中的原型启发效应 [J]. 西南师范大学学报（自然科学版），2012，12（37）：140-145.

位置效应显著高于“原型在先”条件下的原型位置效应，而且原型位置效应受创造性倾向影响，随创造性倾向的提高而显著降低。这些研究成果为我们开展原型启发创生发明创造有着积极的指导意义。

（2）原型创生的关键在启发。发明创造的核心是突破创新，创生的关键是原型启发。在这个意义上说，原型创生也可谓原型启发。中国创造学会常务理事、著名科普演说家、山西省科学技术协会原副主席关原成指出：“在科学实验、工程设计、技术发明创造中，原型是指创造的思想、行为及其产物所依据的现实事物。一种现象、一种规律、一种原理、一种物质、一种技术、一种结构、一种工艺，以及一幅图画、一个零件、一首儿歌，都有可能成为你创造的原型。”孔子“不愤不启，不悱不发”的教学思想表明，启发是指由某事物引起联想而有所领悟，“启发是思想上的飞跃、认识上的提高、观念上的突破。一次战斗、一场火灾、一个现象、一起案件、一辆汽车、一粒药丸、一张发票、一封信件、一篮水果、一片田野、一只飞鸟、一阵奔跑、一杯茶水都可能成为启发。”[1]

（四）原型创生的常见类型

原型在发明创造过程中有着非常重要的作用，能够作为“原型”而“创生”发明创造的事物很多，包括历史经典、知识模型、教材图表、实验现象、生活经验、新闻故事等，都可能成为创新思维的基础，以“他山之石”启发认识新知，解决疑难问题，产生发明创造。根据不同分类角度可以将其分成不同的类型。

（1）按原型的存在和呈现方式分。根据原型的存在和呈现方式，可以分为天然原型创生和人为原型创生。天然原型浑然天成，自然得体，可以是一种很复杂的现象，如四季交替、日月星辰、人体循环系统、青蛙捕食等；也可以是一个简单的物体，如一朵向日葵、一颗象牙、一片草叶等。运用这些天然原型进行发明创造就叫天然原型创生。如姚若松同学根据屎壳郎能拱动土块这一天然原型，发明创造了适合山地特点的

[1] 关原成 . 原型启发创造法 [M]. 杭州：浙江科学技术出版社，2000：10.

屎壳郎耕作机。人为原型由人为加工雕饰，可塑多变，如中国结、不倒翁、各式建筑、电灯、手机、衣服、光盘等。这一类型的发明创造相当普遍。例如，不倒翁是一种古老的玩具，也是一个很好的发明创造原型，在淘宝网或专利之家网站搜索发现，由不倒翁作为原型创生的发明创造不计其数，如“不倒翁牙刷”“不倒翁沙袋”“不倒翁 U 盘”“不倒翁落地灯”、摇摆闹钟等。虽然前人的发明创造终将被后人超越，取而代之，但前人创造的“现有发明创造”将是永恒的原型，其启发作用是无限的。原型以不同的呈现方式存在于人们的现实生活和内心世界之中，均可作为发明创造的基础和起点。

（2）按原型的内容和特点分。根据原型的内容和特点，发明创造的原型创生可分为现象萌生、问题催生、母体衍生、重组再生等类型。现象萌生是指运用事物在发展变化过程中所表现出来的外在的形态和联系萌芽生发出发明创造的思想和课题。如有人根据虹吸现象发明创造了“自动浇水花盆”。问题催生是指以问题为依托，像医生为孕妇实施一些措施帮助催生一样，采取适当措施，控制相关变量因素，促使发明创造的产生。如黄泽军同学根据打气筒体积大携带不方便，以及贮气罐小打气不够省力，这一对看似矛盾的问题，发明创造了“双层打气筒”。母体衍生是指以现有原型为母体，从母体物质、原理或特性得到启示而衍生出新物品，产生发明创造的过程。如“子母电话机”“多功能拐杖”等。重组再生是指根据某一事物或某些事物的特性，按照需求原则进行重新组建、改造、修正、替换或再生，或对原有结构重新修复和替代，甚至对某些废品进行加工，使其恢复原有性能，或生成新的结构、形状、功能、程序、方法，从而产生发明创造。如再生纸，再生橡胶，再生金属等。值得注意的是，移植与再生有联系也有区别。移植是将已有原理和方法迁移后加以直接应用[1]，而原型再生则是在已有原理方法和事物的启发下进行直接或间接的应用，因此，原型再生包括移植，移植是原型再

[1] 李孝忠．中小学学生创造力培养与开发 [M]. 北京：人民教育出版社，2013：143.

生的一种方法。

当然，运用原型创生进行发明创造，不是为了再造原型，也不能重复原型，而是根据发明创造的目标与方向，从原型中得到启发，产生新的发明创造，可以与原型具有相同或相似的原理、结构、方法，但却是与原型不同的事物。与此同时还要注意，除了解原型创生的常见类型外，还应该遵循一定的认识规律，按照科学探究的基本环节分步实施，无论是根据发明创造的需要进行原型筛选，还是由原型的特征启发选择确定发明创造问题，或者按照灵感顿悟产生的条件有效控制相关变量因素，都需要从原型中跳出来，不要受到原型过多的束缚。

五、发明创造的感官协作力 [1]

五味具身

视听嗅尝触觉灵，
常用巧思能出新；
五味具身体验重，
新颖独特成发明。

人的感官具有各不相同的功能，从人的感官需求出发可以得到新的发明创造灵感。如味精、五香调料、眼镜、香水、润肤露、防晒霜等，都是根据五感体验需求而产生的发明创造。

感官是感受外界事物刺激的器官。说到感官，我们自然会想到眼（视觉），耳（听觉），鼻（嗅觉），舌（味觉）和皮肤（触觉、压觉、冷热觉、痛觉）等感觉器官。[2]这些感官是人们收集信息和识别信息的重要工具。各种感官的功能有所不同，各自发挥不同的作用，当然也能相互协作，形成合力，甚至产生意想不到的效能。这种多种感官协同活动，

❶ 文云全 . 发明的感官协作力 [J]. 科学大众・江苏创新教育，2013（10）：27.
❷ 梁国兴 . 可怕的科学 [M]. 汕头：汕头大学出版社，2015：54.

提高感知效果的作用被心理学界称作“协同定律”。

捉鱼手法

捉为手足协同进，

鱼惊快游显全勤。

手合时值碰壁处，

法则柳暗花明心。

捉鱼是要手足协同进行的。一般鱼在受惊吓之后会全速游动以逃命，而我们应用双手将其合围至边壁角落。看准时机迅速将其捉住，其间自然就有配合，要做到合时合速合力合心。当然，有时也可能白手徒劳。其实，创造也如此，经常努力后却是白干，但要抓住时机，持之以恒，多次试验，总有柳暗花明之时。

那么，在学习发明创造的过程中，能否通过合理利用感官，发挥多种感官的“协同效应”，产生有益的甚至意想不到的效果呢？答案是肯定的。

首先，发明创造的基础是信息，信息需要感官与大脑协作获取。

发明创造信息的获取过程就是充分发挥感官作用进行学习的过程，包括记忆、思维和训练等。国务院参事、中国人民大学附属中学第九任校长刘彭芝指出：问题意识是创新人才培养的“金钥匙”。创新人才，首先是善于发现问题的人才，而且是善于在众多问题中发现核心问题的人才。发现问题就是要通过感官与大脑的协作，进行收集和整理信息，然后提出独到的见解。

心理学研究表明，多种感官一齐上阵参与记忆，要比一种感官孤军作战单独记忆的效果好。宋代的大学者朱熹曾提出一种“三到”读书法，即心到、眼到、口到。这个方法备受后代文人推崇。研究发现，参与收集信息的感官越多，获得的信息就越丰富，所学的知识也就越扎实，所进行的发明创造课题思考就越深刻。也就是说，在学习知识和发明创

造的时候，如果同时使用触觉、视觉、味觉等多种感官，效率就会大大提高。❶

同样，实现多感官结合参与，或者满足多感官需求，都可以有发明创造的空间。例如，为了不断满足人们看电影时有更加逼真的感受，先后出现了 3D 立体电影、4D 动感电影、5D 多感电影等。其中 4D 电影是在 3D 立体电影的基础上加环境仿真特效模拟器而组成的新型影视产品，观众在看立体电影时，随着影视内容的变化，可实时感受到风暴、雷电、下雨、撞击、喷洒水雾、拍腿等与立体影像对应的事件。而 5D 电影是 4D 动感电影的升级版，从听觉、视觉、嗅觉、触觉及动感五个方面让观众达到身临其境的效果。

人鱼传说

人仿生物自古有，
鱼游四海好噱头。
传神特质美佳话，
说唱践行挺探究。

有关于人鱼的传说广为人知，还有人将其拍摄成电影，写成小说，制作成动漫，开发成游戏等。而对于创造，人鱼传说的启示在于将鱼的特点与人的特性结合，塑造一种部分符合鱼的生理特性的主人公形象。简言之，这叫仿生法，创造技法中常用的手法。当然，人鱼传说只是一种案例，而更多的仿生发明创造还需要我们更深入地研究大自然。

又如，微软正在研发一种 3D 触觉反馈触摸屏，该屏幕使用触觉反馈技术，通过阻力和振动给用户提供反馈，使用户能够清楚地感觉到屏

❶ 文云全 . 发展平台：课程基地建设的关键——例谈普通高中课程基地建设的发展平台架构 [J]. 江苏教育研究，2015（2）：64-67.

幕中物件的形状和重量。[1] 换句话说，用户按压屏幕中的不同物件时，会感觉到它们的重量。

再如，模拟感官最具有代表性的发明创造——雷达。美国科研人员开发出一种基于微波雷达的便携式探测系统，可探测废墟下 9 米深处被埋人员的心跳。[2]

其次，发明创造的关键是选题，选题需要感官与思维协作判别。

发明创造选题的过程就是充分发挥感官与思维的作用寻找“切入口”的过程。我们在探讨发明创造的“切入口”时，都分别在不同程度上涉及感官与思维的运用，包括：从“不如意”切入发明创造；从知识与技术的应用切入发明创造；在实践考察中切入发明创造；从剖析“事”“物”切入发明创造；在“追问”中切入发明创造；在休闲活动中切入发明创造；抓住“意外”切入发明创造；由“爱心”切入发明创造；在伦理道德思辨中切入发明创造；挑战“权威”切入发明创造等。

感官的功能是有限的，有时根据实际需要进行适当补充，就可能产生发明创造。例如，针对用口传音不够洪亮，不够遥远，而且转瞬即逝的缺点，人们发明创造了喇叭、麦克风、电话和录音机等以补偿口的功能；针对肉眼视野的局限，人们发明创造了望远镜、潜望镜、放大镜、显微镜、雷达等观看目力不能及之处；针对部分人的生理缺陷（聋、哑、肢残等），人们发明创造了聋人电话、哑语、轮椅等。即使是健全人，有特殊需要时，也希望能有替代器官帮忙省事，如为解决两手提着重物没法用手打伞，人们发明创造了“肩背式雨伞”。

不同感官有不同功能，不同感官之间的相互转换和印证，可以让事物变得更加清楚明了，这同样可以成为发明创造的灵感。例如，启东市大江中学学生顾飞燕发明创造了一种“声音振动演示仪”，能让全班学生都清晰地看到声音振动，结构简单，制作方便，操作容易，效果明显，值得推广。该装置由激光灯、圆柱筒、弹性薄膜、弧形反光薄镜片

---

❶ 佚名 . 数学模型替代肾脏活检 [J]. 中国信息界（e 医疗），2014（10）：17.

❷ 佚名 . 信息动态 [J]. 发明与创新，2013（11）：2-3，42-43，60-61.

和支架组成，激光灯的光射到弧形反光薄镜片上，再反射到黑板或墙上形成光斑，利用光的放大原理把很微小的薄膜振动放大为可见度很高的光斑移动。

同样，也可以利用触觉弥补或替代视觉等其他感官的不足，成就发明创造。例如，一种新型触摸屏拥有真实触觉，可以令你的手指产生错觉，使其拥有一种好像真实的物理反馈。昆山市石浦中学张海浩同学发明创造的“盲人磁性插座”，其原理是在插座绝缘面板内，插孔两侧各放置强力磁铁，插头内下两铜片两侧，各置对应强力磁铁，插头靠近插座时，异名磁极互相吸引，使插头、插座位置对准，铜片插入插孔内，克服了盲人插电不方便的缺点。

当然，还可以让视觉弥补听觉的不足。例如，湖南省华容县第一中学汪泽浩、董航、周杨三位同学的“聋哑人音乐视‘听’施教装置”获全国奖。他们依据人体生理学、乐理学、物理学等相关科学原理，研制了一种由“色位谱”“色位谱认读显示器”“律动器”构成的“音乐视‘听’施教装置”。利用图形语言信息和律动信息对人体相关感受器进行同步刺激，能让聋哑人在“于无声处‘似’有声”的氛围中，通过视觉和触压觉的同步感受，认知音乐常识，感悟乐音的音高、音值、节律、旋律等音乐信息，从而获得享受音乐艺术的权利。

最后，发明创造的核心是杠杆，杠杆需要感官与肢体协作操控。

发明创造杠杆的把握是发明创造能否取得成功以及能否少走弯路进行操控的核心。我们在探讨发明创造的“操纵杆”时，也非常紧密地联系着人的感官功能以及思维方式，包括：“看”，叩开发明创造新奇之门的杠杆；“想”，遴选发明创造适切之题的杠杆；“记”，捕获发明创造信息之光的杠杆；“做”，具象发明创造之形的杠杆；“变”，演绎发明创造精彩之道的杠杆等，这些都需要感官与肢体相互协调配合完成。

例如，据报道有一种体积只有前代产品百分之一大小的新型 MEMS 真空泵，可以使移动设备拥有“嗅觉”。在传感器和其他组件的辅助下，手机拥有了“触觉”“听觉”和“视觉”等，但是“嗅觉”目前还是空缺的。

这种手机可以检测有毒物质、空气指标。到时候，不管人走到哪个地方，都会有相应的环境数据，甚至在地图上动态监测某些气体的移动状况。

又如，复旦大学附属中学李妍同学的“基于视觉与协同的上海世博会引导系统”获 2009 年全国青少年科技创新大赛工程学一等奖。该发明采用 MC9S12XDP512 芯片采集和处理视频信号，实现自动驾驶；通过 MC33886 芯片进行电机驱动，实现小车自动加减速控制；通过 MC9S08GT60 和 MC13193 芯片组实现 ZigBee 无线通信，多辆小车之间实时交换数据，通过 S12X 主控芯片实现多车之间的智能协作管理；采用光电编码器里程计结合视频信号特征标记识别，实现小车定位。[1]

再如，福特公司推出了可在紧急情况下接管汽车的安全系统。福特公司声称，障碍回避系统首先会对驾驶员进行危险警告，如果他们没有做出回应，这个系统就会接管车辆。[2] 这个系统使用了 3 部雷达、多个超声波传感器和一台摄像机扫描前方 200 米的范围，一个额外安装的显示屏用来显示警告信号并且发出警报声。如果有必要，它就会制动并扫描前方道路上的空隙，并且控制车辆避免碰撞。[3]

纵观发明创造世界，与感官作用发挥息息相关的发明创造成功的案例比比皆是。这种感官协作思考和处理问题的方法不仅可以适用于发明创造，而且对创新人才的培养均有着重要启示作用。教育家朱清时教授 2013 年 1 月 6 日在杭州二中发表题为《如何培养创新型人才》的自主招生宣讲时指出：创新型人才是中国未来发展的希望，它有 5 个基本要素：批判思维（能打破常规，突破思维定式），想象力（用自己的大脑，根据过去的经验，去构造出没有的新东西），洞察力（在复杂的情况下找出问题的关键，找出规律，看到未来），注意力（集中精力在一件事情上的能力），记忆力（记性好坏）。这其实就是要求我们多感官协作，手脑并用，

❶ 王冰，杨明，彭新荣 . 自动导向车（AGV）智能控制系统的设计 [J]. 世界电子元器件，2009（1）：87-93.

❷ 佚名 . 信息动态 [J]. 电子产品可靠性与环境试验，2013（12）.

❸ 过客 . 汽车障碍回避系统问世 [N]. 广东科技报，2013-10-12（03）.

开发潜能，探究创新，成就创新人才。[1]

六、发明创造的师生开源力[2]

在学校科技创新陈列馆络绎不绝的参观者中，不时会有人在看了琳琅满目的展品和听完介绍后，指着自己感兴趣的发明创造作品，好奇地问一个让人哭笑不得而又似乎在情理之中的问题："这发明创造真巧妙，是学生想到的还是老师想到的？"如果你是一名科技辅导教师，你觉得应该怎样回答这一问题呢？

乍一听，心里很不是滋味，也很难回答这个十分具有调侃意味的两难问题。如若简单回答是学生想到的，似乎只能说明学生聪明有天赋，而不能体现教师的辛勤劳动，于心不甘；若回答是教师提出来的，那显得学生的发明创造有些不真实，难以符合自主选题、自主设计和自主研究的"三自"原则，甚至有作弊的嫌疑，感觉好比"搬起石头砸自己的脚"。

其实，这涉及典型的师生关系问题。通常认为，师生关系是教师和学生在教育、教学过程中结成的相互关系，包括彼此所处的地位、作用和相互的态度等。[3] 要破解这一"刁难"的提问，得从发明创造活动中教师与学生的不同角色及其各自发挥的作用出发。讨论师生关系问题，实质上关系到如何更好地贯彻落实教育功能的问题。良好的师生关系是提高学校教育质量的保证，也是社会精神文明的重要方面。现代教育理念认为，新型师生关系应该是教师和学生在人格上是平等的、在交互活动中是民主的、在相处的氛围上是和谐的。[4,5] 具体体现为学生是主体，

---

❶ 佚名 . 如何培养创新型人才 [EB/OL].（2013-03-10）[2021-09-30].http://blog.sina.com.cn/s/blog_a3f553ba01015nd9.html.

❷ 文云全 . 发明的师生开源力 [J]. 科学大众·江苏创新教育，2013（11）：28.

❸ 何桂芳 ."和谐"视野下的体育教学 [J]. 淮海工学院学报，2011，9（7）：3.

❹ 方明 . 陶行知教育名篇 [M]. 北京：教育科学出版社，2009：333.

❺ 张芝 . 中学生感恩教师心理品质研究 [D]. 重庆：重庆师范大学，2012.

教师起主导作用；学生是教育实践活动的核心，教师是平等师生关系中的首席；师生之间应该互相尊重，互相信任，有效沟通，共同成长。因此，我们可以机智而理直气壮地回答：“是学生在老师的引导和启发下想到的。”

值得注意的是，这种由师生互动而产生的发展动力可以叫作师生开源力，在发明创造实践中具有不可低估的作用。发明创造的师生开源力，就是在发明创造实践过程中，教师与学生平等、民主地进行交互式的对话沟通，彼此激励，相互启发，形成动力，产生共鸣，从而拓宽视野，碰撞思维，开源创新的动力。

那么，在发明创造过程中，我们应该如何处理好师生关系，充分发挥师生开源力，促进发明创造实践活动的有效开展呢？

（一）张扬个性——学生对教师尊重而不盲从

师生之间尊重而不盲从的对话[1]，有利于发挥师生开源力，促进发明创造创意的不断涌现。对话是人类信息交流的重要活动，而尊重是对话主体之间的态度要求，尊敬师长，尊重权威，尊重经验，尊重事实，尊重创造，尊重别人的劳动，但尊重并不等于盲目遵从，更不等于绝对服从。学生在教师的指导下进行发明创造实践活动，一方面需要听取并执行教师的指导意见，遵从基本的、必要的发明创造流程和规律；另一方面需要张扬个性，积极思考，根据自己的理解及时交流，反馈信息，提出问题，大胆质疑，甚至反驳“权威”观点，这就可能产生“青出于蓝而胜于蓝”的效果。学生在发明创造研讨的过程中，允许有不同的观点，因为这可能正说明问题的复杂性，说明有对话的必要性与可能性。

[1] 李吉林．田野上的花朵——对话：情境教学的萌芽 [M]. 北京：教育科学出版社，2014：5.

牵鱼好处

牵为遛后近岸举，
鱼乏体力提空鳍。
好牵出窝防惊散，
处处绷线收莫急。

牵鱼是钓鱼时遛鱼后把大鱼牵到岸边的方式。当遛牵鱼到其乏力后，要及时将鱼提出水面，让其主要推进器“尾鳍”和负责前进的双桨“胸鳍”失去作用。而牵鱼的好处还在于将鱼牵出鱼窝，以免长时间遛鱼惊散鱼群。当然，牵鱼过程必须全程拉紧绷线，切莫急于收钓，牵至鱼乏力时，再提收比较合适。于发明创造的启示主要在于耐心和对流程进度的把控。

在一堂科技课上，老师举例说明环保节能是发明创造选题的一个重要方向。提及抽水马桶时，说传统的抽水马桶需要大量水来冲，浪费十分严重，于是有人发明创造了打包式的无水马桶，但只能用于飞机等高档场合。一学生听了之后，马上就有了不同意见。出于礼貌和尊重，他没在课堂上打断教师的讲解，以免影响教学进度。一下课，他便找到老师，和老师探讨他正在思考的关于农村厕所改造的话题。他认为：一是无水马桶不一定只能用于飞机等高档场所，农村也应该可以用；二是无水马桶不是绝对不能用水，适当加水配制消毒液也应该是可以的。

现行的农村厕所改造工程旨在将农村厕所也统一改为抽水马桶，用自来水冲洗，设置两坑或三坑的化粪池，这虽然比以前不用水冲的散开式厕所方便卫生了一些，但仍然存在诸多问题，如使用自来水价格昂贵；粪水容易满，处理不方便或流入河道造成污染，而这种粪便也不便再作为农家肥料。[1] 于是他设计了“无水手动高压消毒液冲洗厕所”。[2] 该发

---

❶ 范佳龙．无水手动高压消毒液冲洗厕所：201210020578[P]. 2012-01-27.

❷ 尤德尔，特纳．向内创新：如何释放你的创造性潜能 [M]. 任尚德，郭风华，译．北京：机械工业出版社，2017：20.

明主要由底板、便器和高压喷消毒液装置组成，其特征在于：底板上方固定有便器和高压喷消毒液装置，便器壳体内为漏斗型的贴有不粘层的滑槽，滑槽上沿装有一定数量的喷头，便器壳体后上方通过可转动装置连接便器盖，滑槽下方为直排口，直排口处装有密封盖板，密封盖板上端通过转轴与便器壳体连接，密封盖板下端通过压缩弹簧与便器壳体连接，密封盖板下端同时通过拉线连接到便器盖内侧；喷头连接控制开关的阀门，喷头通过软管与高压喷消毒液装置的容器连接，容器外侧通过杠杆、连杆与圆筒相连，连杆下端固定密封橡胶片；圆筒下端为单进阀门，圆筒中间装有单出进阀门，单出进阀门连接压力容器，压力容器上另有管道接口；容器上方开口处装有容器盖，通过此开口可向容器内加入消毒液。他还根据图纸制作了模型。该发明创造的有益效果是结构简单，成本低廉，无须用电、自来水，手动用高压消毒液来冲洗的厕所，环保节能高效，操作方便，特别适合在农村推广使用。

（二）学会倾听——教师对学生引导而不禁锢

教师对学生发明创造活动的指导，应该关注学生的实情、感悟和变化，把握科学性、启发性、激励性原则，注重对学生发散思维和创新精神的培养。做学生的引路人，教师须先自强其身。教师不仅要热爱教育事业，注重师德培养，要有成熟的思想情感和较高的理论修养，要解放思想，掌握现代教育技术和方法，积累丰富业务知识，提升素质教育质量，而且要善于处理师生关系，要学会倾听学生的声音，学会正面、正确引导学生，通过与学生反馈式对话，找出反馈的话语，再采取直接、间接对话方式，更好地了解学生的需求，但不能将自己观点强加给学生，不能用书本知识禁锢学生的思维和视野。

在辅导学生朱健华发明创造“快速充气救生衣”的过程中，我对学会倾听学生观点这一点体会深刻。一天，朱健华告诉我，他在海边玩耍时偶然地发现渔民所穿的救生衣存在体积大劳作不便的问题，于是提出：能否有一种穿在身上方便渔民和抗洪救灾官兵劳作的救生衣？我首先肯定了他积极发现问题并及时大胆提出问题的做法，并鼓励他搜集学习已有的相关知识和技术，建议他查阅专利文献和相关网站，提醒他可以利用多学科知识构想多种解决方案，启发他通过对比和实验择优解决发明创造问题，思路要打开，过程要严谨，方法要科学。后来在与他交流过程中，听说他想要通过化学方法进行设计时，我主动为其借了一套《中国化工产品大全》，让他去学习思考，找发泡的药剂配方。为解决轻质无毒浮体的配方问题，他又在老师和家长的鼓励下，跑上海，奔苏州，考察了有关塑料厂、包装厂和化工厂，访问了化工专家。终于，他找到五种发泡剂，但其中含有氟利昂。我对他说："发明创造的东西，不仅考虑其使用价值，还要考虑社会效益，氟利昂对大气有污染，不太理想，是否可用别的替代。"于是他又寻找氟利昂的替代物，并根据药剂的化学性质，将其合并为两组。之后他又做了几十次的试验，终于找到了最佳替代物。在辅导前面多次提及的学生朱健华发明"快速充气救生衣"的过程中，我体会深刻。朱健华总结说："要是没有老师的鼓励与指导，我是不会成功的。"中央电视台对他的发明创造事迹进行了报道。

教师在指导学生开展发明创造实践活动时，一方面需要让学生认识发明创造，走进发明创造，破除神秘，学习技法，学会选题，学会探究，学会创造；另一方面需要根据学生实际表现，及时捕获反馈信息，针对学生所提出的问题广泛查阅，反复思考，更新观念，多次备课，甚至向学生学习，生成新的指导方案，调整指导策略，这就可能产生"同学生一起成长"的效果。

等鱼莫急

鱼未上钩收莫快，
等需耐性来考验。
莫凭任性草率起，
急果未思行不开。

等待既是一种耐心考验，又是一种火候把握，尤其是在捕鱼过程中，如钓鱼等待鱼上钩，上钩后等待鱼把钩吃牢，拉杆遛鱼时不急于快收，或者用网捕时没有到岸或鱼没明显上网时不急于收网。对于发明创造，等鱼的启示在于选题和问题解决时的耐心思考与反复权衡，直至选题具有科学性、可行性，方案具有创新性和实效性。

（三）对话实践——师生间平等沟通而无权威

态度决定一切。平等是对话的良好态度，对话不是训话，而是对话主体之间平等的交流。教师是以一种成熟者的个性化解读，以“我认为”表述，与学生共建共享合作成果。学生是一种未成熟者的开放性解读，有新意甚至打破常规的创见。这可以相互启发、补充、完善，创造新意，实现发明创造目的。[1]

师生之间平等、民主、和谐、基于实践的对话，其目标应该指向创新，通过对话发现新意。师生之间通过对话进行信息交流，各抒己见，相互碰撞，总会撞出火花，达到创新的境界。因此，对话要求内容实而方法活，实而不活则死，活而不实则空。活是学生个性解读，实是教师将话题引到发明创造目的上来。发明创造中，师生之间的对话应主要基于发明创造项目的真实问题和现实情况，必须具有较强的针对性和实践性。为了让发明创造问题的研究客观深入，师生之间应该建立平等无权威的沟通渠道，以实践对话为手段，以科学事实为依据。这种要求是由师生与发明创造项目共同生成的。共同生成的研究内容既不完全是课本的内容，也不完全是师生已有知识经验，而是两者的有机结合，呈现丰富性和个性化。

追鱼速度

追观动静迹清晰，

鱼现撒网时应及。

---

❶ 饶鼎新．阅读教学中师生与教科书编者的对话 [J]. 教师博览，2013（10）：2.

速在趁热如打铁，

度随真情解问题。

追鱼是在捕鱼过程中用适度的方式将鱼惊动，辨明鱼的去向和位置而将其捕获的一种方式。即要把握好力度与速度，让其移动，同时辨明其逃窜路线，及时将其捕获。追鱼于创造的启示在于趁热打铁，适时适度。因此，在发明创造过程中，我们可以适度研究背景，让真实问题浮出水面，从而有针对性地加以分析解决。

需要指出的是，发明创造是一项系统工程，除了发挥师生开源力外，学生之间，教师之间，都会在实践与交流中产生有利于发明创造进展的思想火花。学生之间相互交流，相互启发，作为学友关系，既有竞争，又有互助；教师之间共同探讨，协作共进，作为同事关系，既有独立，又有合作。如果师生之间立体式全方位地进行态度平等、关系民主、氛围和谐的对话交流，教授引导，争辩探索，定能互相促进，合力开源，成就发明创造，共同发展。

七、发明创造的家庭影响力[1]

无论青少年还是成人，开展发明创造活动时，学校、家庭、社会的影响均不可小视。[2]家庭支持程度不同，其发明创造的结果也不同。有的家人全力支持，甚至直接参与，发明创造取得了成功；有的家人反对，让发明创造进程举步维艰，导致失败。

对于青少年，说到发明创造的家庭影响力，我们更容易理解，正如大家熟知家庭对孩子成长的重要性一样，甚至马上会想到“父母是孩子的第一任教师”。家庭若对孩子搞发明创造表示反对，就很有可能对孩子

❶ 文云全 . 发明的家庭影响力 [J]. 科学大众·江苏创新教育，2013（12）：28.

❷ 吴克扬 . 创造教育——将使人类获得新生 [M]. 重庆：西南师范大学出版社，2001：269.

的个性发展和素质提升产生极为不利的影响，甚至泯灭一位发明家；相反，家长若能为孩子奇思妙想营造宽松的环境氛围，鼓励孩子动手动脑，甚至和孩子一起交流探讨，给予不同程度的帮助，就能对孩子创造潜能的开发产生不同程度的推动作用，以至产生发明创造，成就创新人才。[1]

因此，在发明创造活动中，对于家庭的影响，需要以合理的方式赢得家庭支持，凝聚家庭爱心之力、家长配合之力和孩子执着之力的正能量。

（一）家庭爱心之力催生发明创造

家庭是孩子的第一所学校。有一位教育家说得好："一个好父亲胜过一百个校长。"[2] 孩子是在家庭之爱中接受教育而成长起来的。专家指出，孩子从一出生离开母体就应该是一个独立的个体，父母要尊重他们的平等地位，随着他们的成长就要把相应的责任逐步移交他们，一旦羽毛丰满就要鼓励他们展翅高飞，去开辟自己的天地。家庭成员之间的相互关爱，包括晚辈对长辈的孝敬，均可以凝聚成发明创造的强大动力。

例如，林土淦发明创造机器是为了帮父母种田。他出生于广西梧州市苍梧县沙头镇，从小就酷爱钻研电子产品，看到父母种田艰辛，就有了为父母减轻农活的决心。"我打小就想设计一套全智能的农活设备，让父母不用去田里，只需操作机器就能有好收成。"他设计的"农业智能化系统模型"，顶部有一个风车，风车的尾巴可以测出风力和风向，会告诉当天是否适合施肥。他把遥控系统装到犁田机，把机器连接到电脑上，像玩游戏那样按照自己的指令操作机器，发出指令向左或向右，就能松土或填土。他的发明创造还申请了两项专利，《中国教育报》对其进行了报道。

---

[1] 李俊，文云全．普通高中创新人才培养校本化探索——以江苏省启东・中学为例 [J]．创新人才教育，2016（3）：51.

[2] 吴芳芳．对社会转型期教育各成员职责的思考 [J]．素质教育论坛，2007（10）：4-5.

又如，2013 年 11 月 9 日《信息日报》报道，河南省洛阳市监狱一级警督、2009 年“当代中华最感人的十大慈孝人物”、2012 年中国“十大孝贤”之一王春来为照顾瘫痪父母发明创造 30 余用具，用自身经历鼓励高校学子修炼孝心。因为经常背父母上下楼，王春来的腰部重度拉伤，不能背父母下楼了。“可是爸妈需要下楼去晒太阳。”王春来回忆说，后来他绞尽脑汁，发明创造了四个木轨桥，让母亲坐在轮椅上，随着搭在楼梯上的木轨桥推下去。为了照顾好父母，王春来想尽办法，有人夸他聪明，但他却说：“我不聪明，都是一点一点慢慢学的。”

（二）家长配合之力孕育发明创造

科学研究表明，孩子与生俱来都有强烈的探索欲，对孩子创造潜能的开发越早越好。家庭对孩子，仅强调物质营养这一方面是不够的，再丰富的物质营养只能培养一个“生物脑”，只有在孩子接受大量信息刺激和丰富的感性体验的条件下，才能形成一个“智力脑”。[1] 由于智力中心主义和传统教育的惯性，孩子越小，越手把手教，不仅教文化知识、生活技能，甚至怎么做游戏都列入教的范围，结果值得推敲。

事实上，我们稍加留意就不难发现，大多数青少年在发明创造作品的介绍中，都会提及与家人一起参加活动，发现什么东西存在问题，然后与家人进行交流，又在家人的帮助下查阅相关资料，做相关实验，设计发明创造方案，制作发明创造模型，等等。

2013 年 5 月 9 日的《扬州晚报》刊登了一则消息称，获得扬州“青少年科技创新市长奖”的学生，家人腾出屋子给他搞发明创造，每晚 8 点钟以后是其搞小发明创造的时间，即将面临升学考试也不例外。可见，其发明创造的成功离不开家长的支持配合。然而，报道同时指出，该市小学各类“科技社团”的八成学生得不到家长支持，家长更愿意让孩子把时间花在做功课上。

[1] 布莱克斯利．右脑与创造 [M]. 傅世侠，夏佩玉，译．北京：北京大学出版社，2001：43.

类似的例子还有很多。上海《新闻晚报》报道第 13 届全国“星火杯”创造发明竞赛颁奖会时称“孩子搞发明创造被父母指责，创新班不敌补习班”。记者采访发现，仍有不少家长认为搞发明创造的孩子“不务正业”，对孩子搞发明创造横加阻挠。获奖学生感言：“从五年级起就参加了区少年宫的创新发明创造班，一开始班里有几十个学生，但上着上着，同学越来越少，就剩我一个了。不是其他同学们不愿学，而是他们的爸爸妈妈不让他们搞发明创造，觉得这和学习无关，他们宁愿让孩子上补课班。还好我爸妈一直很支持我搞发明创造，我很高兴。”

《齐鲁晚报》报道，22 岁女大学生陈栎坛拥有 20 余项专利，称父母均是“发明家”。陈栎坛说：“我爸妈都是喜欢思考的人，从小他们也是这样培养我的。”陈栎坛的父母一直鼓励她仔细观察生活，勤于思考问题，这为陈栎坛的发明创造专利打下了良好基础。“每次我有新的想法，第一个就是告诉爸爸，他会仔细听我的想法，并提出意见。”陈栎坛多项发明创造专利里面，有好几项都是跟爸爸联名的。

（三）孩子执着之力成就发明创造

在发明创造实践过程中，最关键的主体还是孩子。孩子的执着，可以改变父母的看法和做法，甚至感化他们，不仅能让发明创造得到家庭的支持，而且可以让父母参与其中。因此，在没有其他危害的情况下，要鼓励孩子不怕阻挠的执着精神，主动沟通，积极提问，大胆质疑，充分想象，勇于实践。

教育专家指出，现在家长，该把孩子当孩子的时候却不把他们当孩子，不该把他们当孩子时又把他们当孩子。一方面，在童年，孩子有天真好玩的特点，应当过幸福的童年生活，应该把孩子当孩子，可许多家长却按照自己的意愿，借口“不让孩子输在起跑线上”，强迫孩子上补习班，还一个劲儿地拿别家孩子的长处与其比，希望自家孩子成为“全才”，满足父母的虚荣心；另一方面，孩子长大了，应该把他们当成一个独立的人时，可许多家长除了学习外，百般呵护，始终把他们当成不懂事的孩子，永远把自己当成他们的拐杖、保姆，甚至“专职”陪读。为了孩子健康地成长，为了孩子创造力的培养和发挥，家长该放手时就放手，而且要创造条件尽量早放手。培养他们冒险的胆量、观察的敏锐程度、想象力的浪漫程度等品质。

赶鱼方法

赶水力求一致前，

鱼知便会回水来。

方圆掌握尺与速，

法进趣中创意开。

赶鱼是要讲尺度和速度的，太慢溜边，太快回踩；太宽不及，太窄易散。也就是说，赶鱼要恰到好处，才能让鱼沿着正确方向聚集，便于收网。创造如赶鱼，欲速则不达，虽讲求方式方法，让孩子兴趣得到发挥，但又不过火，把握适度尺寸和推进速度，在兴趣中取其乐意，在目标中激其进步，取得创造成功。

高一学生张平的发明创造是得到父母和姨父的启示与鼓励而成功的。他在创新故事中说：“我的姨父是木匠，那年6月份，他到我家装修。中午聊天时，对我说起一个木工因粗心而将一根手指断送在刨板机上的事。当时我没太在意，但这一问题始终在我的脑海回旋。后来我仔细思考后，发现这一问题其实十分严重，暴露出了现有的刨板机存在着的很大的缺点。当我表示想要深入研究这一问题时，我父母和姨父均十分支持我，并鼓励我大胆思考。”如何解决呢？后来，他仔细观察了木工使用刨板机刨板的全过程，并察看了现有刨板机的结构，设计并经过多次改进，终于发明创造了“安全自动刨板机”。他的发明创造是用保护罩将锯口包围，利用红外感应器检测锯口周围信号并通过继电器控制电锯通断电，阻止手与锯口接触，免伤木工的手。它的基本结构有刨板机、红外感应开关、锯口罩、继电器等。当手一进入接近锯口的危险区时，红外感应器检测到信号后立即使继电器电路工作，在拉杆和弹簧的作用下，保护罩迅速转下，将锯口包围，从而阻止手的前进。结构简单，操作方便，安全可靠。

美国 15 岁女孩麦迪逊·罗宾森发挥巧思，设计出用水生生物装饰、附 LED 灯、走动时会发光的儿童人字拖鞋。在父亲协助和亲友资助下，她把设计图变成产品样本，在商展向零售商推销。这种色彩鲜艳的拖鞋一上市就供不应求。她靠拖鞋赚的钱已够她上大学。[1]

说到这里，许多人可能会问：应该如何发挥家庭影响力来辅导自己的孩子呢？还是拿我自己来说吧。

其实，对于自己的孩子，我还真没有刻意让他去搞发明创造，只是平日适当注意多给他些观察、思考和动手的机会，尊重他自己的选择，并给予适当的鼓励。当然，我也会自己做好勤于观察、思考和动手实践的表率，多和孩子一起玩耍、互动，甚至“竞赛”。让我没有想到的是，他的发明创造点子从小学就开始有了，初中和高中时期均有发明创造作品。

小学时，他发明创造了“一种双喷水龙头”[2]（见图 3-1）。他在发明创造故事中说：“那个星期天，爸爸带我去洗澡，当爸爸在冲热水时，我感到很冷，连忙去抢冲热水，我又问在旁边的爸爸冷不冷，他说有点冷，于是我就发明创造了双喷水龙头。这是一种新型的水龙头。一般的淋浴水龙头只有一个喷头，在大人带小孩洗澡时，不能两个人同时使用，总有一个人不能淋浴，很不方

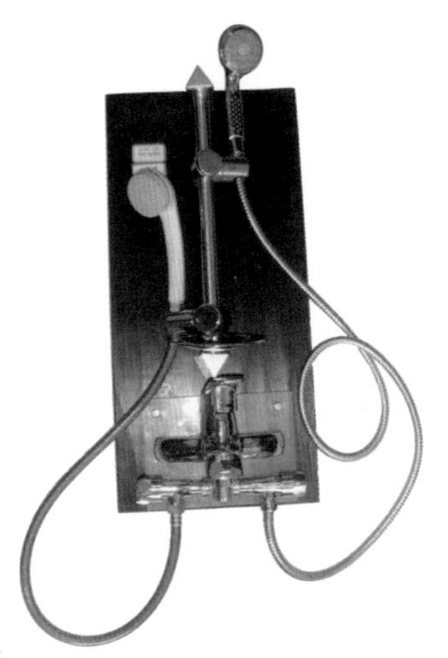

图 3-1　一种双喷水龙头模型

---

[1] 佚名 . 发明发光拖鞋 15 岁女孩成富翁 [N]. 重庆日报，2013-06-06（008）.

[2] 文流渊 . 一种双喷水龙头：201020022985[P]. 2010-01-04.

便。双喷水龙头能够让两人同时使用。双喷水龙头由支架、总阀门、支阀门、大喷头、小喷头、调节滑槽、柔性管等组成。支架上部装有大喷头和调节滑槽，中部通过柔性管装有小喷头，下部装有控制总水管的总阀门和控制小喷头的支阀门。使用时，先打开总阀门，调节好水温和水龙头的方向，然后根据需要打开支阀门，调节好小喷头的方向后即可使用。这种水龙头结构简单，成本低廉，操作方便，安全可靠。我相信，这种双喷水龙头在不久的将来会在全国畅销。当然，再好的发明创造也有缺点。本发明创造也还有值得进一步改进的地方。如水温的冷热只有一个调节开关，如果大人和小孩用水温不一致时，就带来了不便，有待改进。其实，生活中处处都藏着因不便而可以改进的地方，只要能认真去观察，就会发现。”

初中时，他发明创造了“一种拔钥匙提醒装置”。他妈妈好几次开门后忘记拔钥匙，于是他研究发现，由于没有提醒忘拔的装置，所以开门或锁门后很容易忘记把钥匙拔出来，这样很容易丢失钥匙，让别人有机可乘。而现有的钥匙忘拔提醒装置结构复杂，操作烦琐，成本很高，难以推广。他的拔钥匙提醒装置由钥匙环、钥匙夹、重力开关、音乐集成块、蜂鸣器、指示灯、电源等组成，在钥匙夹上设置由重力开关控制的音乐集成电路，钥匙夹倒置时电路接通，蜂鸣器和指示灯报警，提醒人们拔下钥匙，以防丢失，结构简单，成本低廉，操作方便，安全可靠。

高中时，他发明创造了“一种自适应风速变化的风力发电机”[1]，荣获第九届国际发明展览会金奖、第 27 届江苏省青少年科技创新大赛一等奖和“中复连众”科技创新奖，还申请获得“可变轴向型风力发电机”国家专利。该发明创造包括风力发电机主体和蜗轮蜗杆传动机构，风力发电机主体包括机舱、导流罩和尾翼，机舱内安装有发电机、齿轮箱和风轮轴，导流罩安装于风轮轴前端，导流罩上的叶片带动风轮轴旋转；

[1] 文流渊 . 可变轴向型风力发电机：201620048331[P]. 2016-01-17.

蜗轮蜗杆传动机构包括偏航电机、减速器、蜗杆和蜗轮，偏航电机通过减速器带动蜗杆旋转，蜗杆与蜗轮啮合，涡轮套设于风力发电机回转轴上，风力发电机回转轴顶部与风力发电机主体连接，蜗杆的底座固定于传动箱内，传动箱固定于塔架上。该风力发电机可以根据风速大小和风向自动改变有效迎风面积，大大拓宽发电机适应风速风向的范围，从而提高风能利用率，同时还可在一定程度上减少因风力过大而造成风力发电机的损坏。

后来，他通过自主招生顺利进入天津大学学习，本科毕业后又被保送中国科技大学读研，他在创新感悟中说："参加了科技创新活动，我获益良多。一方面，我体验到了科学研究过程中酸甜苦辣。从发现问题到分析问题，再到寻找答案，最终解决问题，我的各方面能力得到了提高，并体会到了成就感，这比解决问题本身更有价值。另一方面，我与伙伴们的互帮互助，与老师们的商议讨论，使我收获了同学的友谊和老师的青睐，我变得更加开朗乐观了。我认为，参与科技创新的意义不只是拿到一张证书参加自主招生那么简单。这是一种视野的开拓，潜力的开发，能力的提升，价值的实现，这将会在我今后的成长道路上发挥重要作用。"

许多家长往往把"玩"与"学习"和"事业"对立，简单地处理它们之间的关系是不合理的。简·马佐罗和珍妮斯·劳埃德在《通过玩而学》中指出："玩就是学，甚至更进一步，玩是最有影响力的学习方式。"当然，玩的内容很广，有健康的玩法，有不健康的玩法，甚至"玩物丧志"，需要正确引导。

总之，发明创造的家庭影响力有正面与反面之分，正面影响又有大小之分，如何处理和利用这种影响，不仅对发明创造至关重要，而且对家庭和睦、教育孩子成长成才等方面均有明显作用。让我们积极行动，营造良好家庭环境，发挥家庭正面影响力，为发明创造和家庭教育搭建理想平台。

八、发明创造的校企合作力[1]

说到发明创造的校企合作，我们很容易想到大学或职业院校与企业合作开展发明创造创新，而一般很少把普通中小学纳入考虑之中。以为中小学与企业合作开展发明创造创新没有多大意义和可能，这其实是偏见。实践证明，基于青少年科技创新教育和企业发明创造创新项目研究的需要，普通中小学与企业合作开展发明创造创新活动，发挥发明创造的校企合作力，能达到促进中小学科技教育和企业发展双赢的目的。[2]下面结合实例进行讨论。

启东市大江中学师生在参观某企业时，与员工交流分析后了解到，轴向柱塞泵是当今在液压机械中应用相当广泛的一种高压油泵，但现有的轴向柱塞泵存在以下不足之处：一是由于进油流道狭窄，使得油泵的进油不够通畅，造成柱塞在抽油时阻力过大；二是由于回程盘的结构限制，使得滑靴在带动回程盘转动时，很容易损坏；三是由于回程盘在工作中的姿态始终是一个斜面，经常造成油泵泄油腔的压力过高或不稳定，影响回程盘的工作平稳性，而使用冲液阀或大型油缸，因油箱进出油量的差距，一旦超出油箱空气补偿量，回油管中的压力必然会受影响，也会影响回程盘的正常运转，使泄油腔内压力升高；四是工作噪声大；五是能耗大；六是由于回油管的存在，安装和操作不方便，且多耗材料和人工。通过探讨，同学们决定对现有轴向柱塞泵进行结构改良，发明创造一种“无回油轴向柱塞泵”。[3]其泵体配油面及泵壳对应开设引流槽，泵壳及泵体对应开设引流孔，使进油腔与泄油腔通过引流槽和引流孔连通，其配油盘的进油孔设置大于出油孔，省去从泵壳到油箱的回油管，回油口用堵头堵住。泵体配油面引流槽为径向开设于中心至泄油腔之间，

❶ 文云全 . 发明的校企合作力 [J]. 科学大众・江苏创新教育，2014（1）：41.
❷ 秦骏伦 . 创造学与创造性经营 [M]. 北京：中国人事出版社，1995：175.
❸ 褚锡生 . 无回油轴向柱塞泵：201320224784[P]. 2013-04-28.

泵壳引流槽为轴向开设。泵壳及泵体对应开设引流孔为轴向开设于进油腔与泄油腔之间。其优越性在于：将进油腔与泄油腔连通，配油盘的进油孔设置大于出油孔，减小油路阻力和泄油腔的压力，提高回程盘运转效率和稳定性，省去回油管，降温降噪，节约能源和原材料。无回油轴向柱塞泵现已获得国家专利，并投放市场，产生了很好效益。

启东市大江中学是一所地处农村的普通中学，长期坚持以发明创造为重点和突破口开展科技创新教育[1]，获评全国青少年科技教育基地、江苏省科学教育特色学校、江苏省普通高中科技创新课程基地，与周边十余家大型企业建立协作关系，联手拓展科技创新教育的内容和形式，建立参观考察和实践基地，让学生感受现代科技气息，体验科技创新魅力，开阔科技创新眼界，同时为企业“挑刺”，提出自己的感受和建议，甚至创新的设想设计方案，包括环保、节能、安全、特殊需求等方面，为企业发展献计献策，产生了不少发明创造，收到了良好效果。学生在企业参观或实践得到灵感而产生的发明创造例子还有很多。[2]

如学生看到工厂电路短路起火造成灾害，分析后发现在电线接头的地方往往容易因接触不良而短路着火造成火灾，他想，要是能让电路接头短路时提醒工人及时维修就好了，于是发明创造了“温控变色胶带”，电线接头短路发热，使外层胶带变色，达到提醒目的，在一定程度上减少了火灾发生。

又如，高一学生朱海雷考察研究水泥厂烟囱结构和除烟尘效果后，发现用自来水直冲除烟尘效果很不理想，而且十分浪费水资源，于是发明创造了“水雾除烟尘装置”，既大大提高了烟尘净化率，又节约了水资源，获得第十四届江苏省青少年科技创新大赛一等奖。

再如，高二学生吴哲文在超市开展实践活动时，了解到顾客经常因

---

❶ 佟学，吴春华．国家教师科研基金“十一五”重大成果集·启东市大江中学 [M]. 北京：线装书局，2009：2.

❷ 文云全．科技创新教育组织优化变革的实践与启示 [J]. 教书育人，2011（12）：13.

排长队等候结账而抱怨，于是通过仔细考察发现超市结账速度慢最根本的原因是使用条形码，当即下决心要发明创造一种快速结账的方式。后来通过多方学习和努力实践，将电子标签射频技术移植到超市物品上替代条形码，发明创造了“射频管理超市物流系统”[1]，由电子标签、操作台、电子标签检测仪、定向窄波束天线、密码输入器、刷卡装置、中控装置、电脑系统、电源、电缆、屏蔽装置、显示装置、报警提醒装置组成，其特征在于：在商品上贴电子标签作为认证码，在超市和仓库中安装电子标签检测仪、定向窄波束天线、中控装置、密码输入器、刷卡装置、显示装置和报警提醒装置，且均与电脑系统连接，并通过屏蔽装置设置专门的自主结账区域和电子标签销毁区域，能实现超市的高效安全的物流管理，结构简单，操作方便，节省人力，安全可靠，获得国家专利。

原理移植

原来科学为基础，
理为技术可借用。
移作发明解难题，
植入时机自由控。

移植法是发明创造技法中运用比较广泛的一种，即将科学的原理或知识的模型灵活移用于发明创造，解决发明创造问题，甚至难题，产生发明创造成果的技法。在中小学，所学知识原理移植产生发明创造的例子不胜枚举。如杠杆原理、虹吸原理、光的折射原理、化学反应原理等。

其实，从企业和学校的性质及其发明创造创新的理念分析，我们不难找到两者之间合作开展发明创造创新活动的动力。

---

[1] 吴哲文．射频管理超市物流系统：201120027456[P]. 2011-01-26.

《辞海》中对“企业”的解释为：“从事生产、流通或服务活动的独立核算经济单位”。而学校作为“事业单位”，则“受国家机关领导，不实行经济核算的单位”。网络上有对企业概念的另一种类似的更为详细的表述：企业一般是指以盈利为目的，运用各种生产要素（土地、劳动力、资本、技术和企业家才能等），向市场提供商品或服务，实行自主经营、自负盈亏、独立核算的具有法人资格的社会经济组织。[1]

从这概念我们可以直观地看出，与事业单位相比，企业有明显的特性：一是经济性，企业本身是一种社会经济组织，一般以盈利为目的；二是独立性，企业的运作不像事业单位那样严格受国家机关领导，要求自主经营、自负盈亏、独立核算；三是创新性，与事业单位相比，企业更加注重所占市场份额，需要提供市场所需要的产品或服务，让消费者能够选择和接受，因此需要将各种生产要素整合，不断创新，以满足生存和发展要求。

结合企业的性质，我们可以归纳出企业发明创造创新的理念。

一是利益驱使成为企业发明创造创新的动力。企业作为社会经济组织，势必以经济效益为根本出发点和最终归宿，这无可厚非，天经地义。因此，将利益作为权衡的杠杆和标尺，使企业的发展直接受到激发或制约。企业要生存，社会要发展，都离不开驱动力，而科技创新正是经济发展和社会进步的源泉。做一个项目，开发一件产品，首先需要资金、人力、物力和精力，所以不得不考虑这一投入的产出和回报。一般而言，企业认定没产出没利益的就不投入，小利益就小投入或者不投入，大利益才投入或大投入。其实，一般人都有功利思想，而企业的发展都是由人来决策的，所以根据利益驱使效应而进行创新，就显得既正常又重要。

二是自主研发成为企业发明创造创新的核心。企业的独立性注定了发展过程中的自主性，自主决策，自主研发，自主创新。随着世界经济

[1] 张喜亮．国企要树立现代企业价值观 [N]. 中国企业报，2015-09-08（21）.

格局的发展变化，特别是经济全球化的到来，市场高度开放，竞争残酷，造就了企业坚毅的生存本能。高额的知识产权成本和垄断的专利技术成果，形成了物竞天择、适者生存的类似人类进化的发展规律。谁有自主研发成果，谁就有市场发言权，谁有核心知识产权，谁就有行业领军资格。

三是市场需求成为企业发明创造创新的源泉。市场需求是创新课题的来源，也是创新可行性与实用性的裁判。因此，企业创新作为市场需求的引领和满足，不能没有市场的声音。无论市场需求是显性的还是隐性的，都需要有善于发现的眼光，有敏于捕获的利器，这才能将机会转化为源泉，转化为创新的方向和目标。

由此可见，企业发明创造创新的理念非常实在，利益、自主和市场是核心的关键词。因此，企业发明创造创新与青少年发明创造创新的异同可列表如下（见表 3-1）。

表 3-1　企业与中小学发明创造创新的异同

<table>
<tr><th>项目</th><th>异同</th><th>企业发明创造创新</th><th>青少年发明创造创新</th></tr>
<tr><td rowspan="2">目的</td><td>相同</td><td colspan="2">开发创造潜能和资源，满足人的需要；学习创新思维方法，提升创新能力</td></tr>
<tr><td>不同</td><td>促进生产发展，创造财富效益</td><td>培养创新精神，激发创新兴趣</td></tr>
<tr><td rowspan="2">内容</td><td>相同</td><td colspan="2">以生产、生活、工作、学习等为素材，从问题开始，从需要出发</td></tr>
<tr><td>不同</td><td>生产、工作为主</td><td>生活、学习为主</td></tr>
<tr><td rowspan="2">形式</td><td>相同</td><td colspan="2">理论联系实际，运用技能方法，团队与个人结合</td></tr>
<tr><td>不同</td><td>自下而上，重实践，从实践到理论；形象直观思维</td><td>自上而下，重想象，从理论到实践；抽象逻辑思维</td></tr>
<tr><td rowspan="2">评价</td><td>相同</td><td colspan="2">体现激励功能，关注过程与结果</td></tr>
<tr><td>不同</td><td>更重结果；突出实用性，以市场前景为指标；奖金、升职</td><td>更重过程；突出创造性，以创新水平为指标；奖状、升学</td></tr>
</table>

从表 3-1 中可以看出，企业与青少年发明创造创新在目的、内容、形式和评价等方面均存在明显的相同与不同之处，同时也不难看出，两

者之间存在着诸多合作的可能性。从企业发明创造创新与青少年科技创新教育各自的目的分析，彼此存在可以相互利用的资源。一方面，企业研发与生产厂区可为青少年参观考察提供方便，专业人员可为青少年发明创造创新项目研究提供指导；另一方面，青少年的发明创造创新成果和建议可能为企业发展起到一定促进作用。

当然，我们也必须正视学生发明创造难以转化的现实，并积极采取措施，充分发挥发明创造的校企合作力。青少年专利难以转化，除了专利本身的原因之外，更涉及企业、市场、资金等诸多复杂原因。一位企业负责人说："青少年申请的专利多数来源于书本和生活，市场认可度有限，相对来说技术含量低，在具体技术规范上有差距，走向市场还有很长一段路。企业要将发明创造者手中的专利转化为经济效益，还需要各种技术组装配套、研发相关工艺等一系列过程。"[1]但是，凝聚着学生发明创造者心血的专利被长久闲置，确实是一种很大的浪费。山西省科学技术协会原副主席关原成说："不可否认，小选手们的作品虽然简单，但是他们的创意和创新思维能为企业家和研究机构的商业开发提供一个基础和契机，这就需要有专业的政府机构牵线搭桥，通过改进孩子们的创意来满足企业的需求，从而让专利真正实现转化。"浙江省中职学校与企业合作的做法值得参考，"企业出题、学校接题、教师析题、学生破题"，从指导思想上强调与专业学习的紧密结合、与企业生产的紧密结合，解决企业生产、管理中的难题。

九、发明创造的外援选择[2]

"老师，个人项目与集体项目有何区别？我的发明创造作品是在 XX（单位或个人）的外部援助（或合作）之下完成的，应该选择个人项目还

---

❶ 佚名 . 创意作品：何时不再冬眠"象牙塔"？ [N]. 黑龙江日报，2011-12-07（01）.

❷ 文云全 . 发明创造的外援选择 [J]. 科学大众・江苏创新教育，2014（3）：27.

是集体项目？”每年在组织参加青少年科技创新大赛时，总有人会问这样的问题。根据全国青少年科技创新大赛规程，青少年科技创新成果竞赛分为个人项目和集体项目两类。乍一听，这个问题似乎很容易回答，只要根据完成项目的主体人数确定就行，1 人者为个人项目，2 人及以上者为集体项目。但是，完成项目的主体人数又该如何确定呢？值得探讨。

其实，个人项目与集体项目的区别，不仅在于人数的差异，而且涉及个人努力与外援力量在项目完成过程中的主次与分工，还涉及青少年在科技创新过程中应该如何合理选择外援的导向性问题。下面重点谈谈发明创造中外援选择的原则和策略。

（一）发明创造中外援选择的原则

对第 18 至第 28 届全国青少年科技创新大赛获奖情况进行统计发现，青少年科技创新成果比赛中集体项目占比平均为 22.33%，其中发明创造（按中学组的工程学项目和小学组的技术发明创造项目统计）获奖作品中集体项目占比 19.60%。因此，为了明确区分个人项目与集体项目，让发明创造项目得以顺利完成，最大限度地发挥主体成员的核心作用，在选择外援力量时，需要坚持一定的原则。

（1）项目需要原则。不同的发明创造项目，其难度和工作量不同。因此，发明创造中选择外援力量需要坚持项目需要原则。选择外援不能主观臆断，随心所欲，想要多少人就多少人，而应该根据发明创造项目调研、设计、研究、撰写和制作等的实际需要来确定。选择外援的前提和目标是确保项目各环节得以顺利完成。所以，在发明创造项目主体和外援力量确定之前，首先要进行需求分析，需要做哪些事，然后考虑谁能做和谁来做。

笼鱼工具

笼之设计真是巧，
鱼只进来不可逃。

工为创意灵感出，

具则工程实践好。

笼，原为竹器制作，现多用尼龙网支于金属架上，侧向开有向内渐小之口，笼中放诱饵，鱼从侧口进入，很难再出，定时收笼取之。其中的巧妙之处在于抓住鱼的习性，设计易进难出的结构。亦可用于捕虾、蟹等各种水生物。这给我们发明创造的启示在于，设计的理念和方法，即需求分析与习性巧用；具体实践是一项工程，需选好材，施好工，按设定结构方案加以制作改进。

（2）优势互补原则。在分析发明创造项目需求之后，确定谁来做之前，面对需要 2 人以上主体团队完成的集体项目，团队成员要按照优势互补原则，充分发挥各自优势特长，为发明创造项目的顺利完成服务。如将擅长交际、动手、分析总结、写作表达、组织协调等成员进行组合，用其所长，组成主体团队，各自有各自的任务，同时团结一心，协调一致，答辩时也要求体现各自所做工作；寻找有辅导经验的组织机构、有相关职业的家庭人员、有专业技术的工厂企业、有同类课题的研究同伴等，充分挖掘有用资源，选择外援支持力量。

渔趣资源

渔事真存感怀中，

趣起多样志兴从。

资丰广纳喜乐料，

源出理趣创新红。

渔趣资源是指能用于渔趣教育的相关资源，包括硬件的和软件的，课内的和课外的，真实的和虚拟的，天然的和人工的，现成的和开发的，自身的和外界的，等等。首先是与“渔”有关的资源，设备、经验、案例以及人脉等，也可带领受教育者亲自体验与“渔”相关的活动，然后从中感悟真谛，特别是与创造性学习、创新人才培养相关的启示。其次是与“趣”有关的资源，动画、图片、视频、文本、事件、物品等，也可以是搞笑段子、幽默笑话或新闻趣事、艺术杂谈等，用于激发兴趣，增加乐趣，树建志趣，成才成人，广纳资源。

(3) 个人优先原则。发明创造的主体成员与外援力量选择，还应该坚持个人优先原则。集体项目不能转为个人项目，新成员不能在研究及参赛半途中加入到一个集体项目中，不能有“搭便车”的申报者。每名成员都须全面参与项目，熟悉项目各方面的工作，最终研究成果应该反映出所有成员的共同努力。每个集体项目应确定一名第一作者，其他为署名作者。[1]个人优先有利于提高效能，最大化节约成本，最大化发挥个人智慧和才能。能自己做的，就尽量自己做。能作为个人项目的，就尽量作为个人项目。这样不仅有利于提升个人能力，而且可以减少决策环节，增强项目实施的快速高效性，答辩时也能省掉阐述多位成员的分工和合作情况。

（二）发明创造中外援选择的策略

(1) 结成“志同道合”者发明创造联盟。根据青少年科技创新大赛规则，集体项目要求申报者不得超过 3 人，并且必须是同一地区（指同一城市或县域），同一学历段（小学、初中或高中）的学生合作项目。因此，青少年在发明创造的过程中，如若需要较为直接的外援，首当其冲的是选择同学、教师和家长，其中同学之间交流和讨论较为方便，往往会有几位甚至更多的同学对同一个发明创造主题感兴趣，属于“志同道合”者，这就可以让他们结成发明创造联盟，组成兴趣小组，研究团队，甚至成为发明创造项目最终的主体成员。

例如，辽宁省实验中学的孙韵、聂华萱和金池三位同学在高一时，由于爱好发明创造和制作，并对汶川地震、海地地震等造成的灾难悲痛

[1] 吴建忠 . 中学生物科技活动研究 [D]. 长沙：湖南师范大学，2006.

深有同感，可谓“志同道合”，于是结成发明创造联盟，组建了工程学研究小组，选定了“快速抢险救灾”的主题，通过深入研究，终于发明创造了“全地形搜救车”，获得第 26 届全国青少年科技创新大赛工程学一等奖（见图 3-2）。

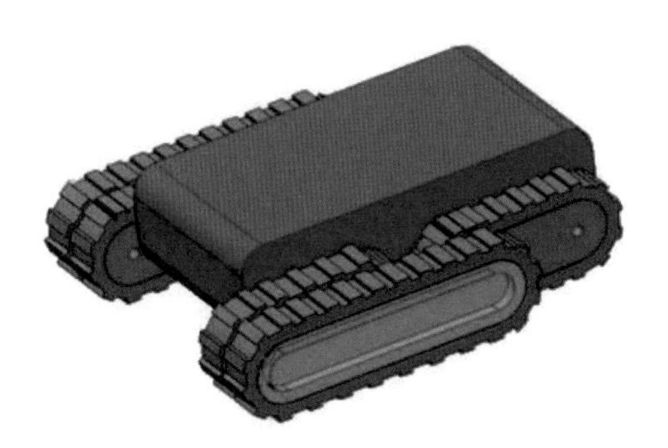

图 3-2　全地形搜救车示意图

诱鱼有方

诱则投其所好物，

鱼习声光味方出。

有喜指向法对路，

方得创造于世补。

诱鱼是用鱼所喜欢的食物、光线、气味、声音或动作，将其引诱并捕获的一种捕鱼方法。不同鱼类有不同生活习性和喜好，需要采取不同的引诱方法。对于发明创造，诱鱼的启示在于投其所好。因此，在发明创造过程中，应该根据不同人群的爱好和兴趣，掌握其所需，然后有针对性地加以利用和引导，让不同的思想在各自的需求和兴致指引下闪现发明创造的光芒。

按照个人优先原则，即使是“志同道合”者，对于个人项目争取外援也需要适度。个人项目的实施有利于学生独立性的培养，可以让学生的个性得到张扬，自主能力和创新思维得以发挥，培养独立观察发现问题，独立分析问题，独立设计方案和独立解决问题的能力。其实发明创造的所有环节均可争取外援，包括个人或团队的支持，只要保证核心部分是主体成员所完成，满足“三自”原则，即自己选题，自己设计和研究，自己撰写和制作即可。

（2）寻求研究机构和专家指导。全国青少年科技创新大赛规程中指出，原则上，青少年应该自己提出将要研究的科学技术问题，并在查阅资料的基础上提出研究假设，要尽可能自主地提出实验设计。为了避免少走弯路，使发明创造尽量满足“三性”，即新颖性、创造性和实用性，同时让研究设想和实验设计更为合理可行，青少年发明创造项目是可以寻求研究机构和专家指导的，包括高校或科研院所和教授等。特别是在实验过程及数据分析处理中，研究机构和专家的指导，能对实验过程中遇到的具体技术问题提供解决方案，客观准确地将实验结果和数据的分析讨论写进论文中，确保方法运用合理、观点提炼恰当。

试想，如果没有研究机构或专家支持，中小学生怎么可能开展基因测序、航天试验、微生物培养、纳米工程等项目？据《南方日报》报道，广东科学中心实验室向中学生团体免费开放，采用实验教育形式，引导青少年边学习原理边动手操作，启发其对科学的探索和创造发明创造能力。据《搜狐教育》新闻报道，上海市纳米科技与产业发展促进中心的核心技术实验室向中学生开放，让学生们目睹了神奇的“微观世界”，操作使用原子力显微镜，让荷叶组织被放大了上万倍。

当然，在寻求研究机构、专家帮助之前，要有充分的准备，先整理出需要帮助解决的问题，同时查阅资料，了解相关问题的背景知识，避免过分依赖。需要指出的是，涉及知识产权的项目，尤其需要申请国家专利时，申请人、发明人必须明确，必须谨慎，否则不仅影响评委评审，而且涉及专利权属等法律问题。

（3）巧借社团组织搭建平台。没有完美的个人，只有完善的团队。青少年发明创造无论是个人项目还是集体项目，在选题论证、方案可行性分析、效果检验与改进等环节，不仅可以采取“发明创造联盟”的集体协作，争取研究机构和专家的指导，还可以搭建交流讨论、联络指导、实验实践、信息共享的组织平台，尤其是社团组织平台，如少先队、团委、科协等。启东市大江中学的实践表明，巧借学校科协社团组织，是促进青少年发明创造外援选择的有效之举，能使青少年发明创造活动得到规范管理，从而使学生发明创造选择外援的做法组织化、制度化、正常化。

启东市大江中学于 2004 年 12 月 9 日正式批准成立科学技术协会（以下简称科协），会长、副会长及活动部、发明创造部、科普部、宣传部、组织部和实践部的正副部长均由学生担任。这为广大有兴趣开展发明创造活动的学生搭建了组织管理平台、“志同道合”的会员讨论平台、项目检索查询和分析研究平台、研究机构和专家教师指导平台、发明创造实物模型制作平台、发明创造成果发布和修改平台、发明创造经验交流辐射平台，让学生在“自己的旗帜下成长”。一些同学加入科协以后，对发明创造的认识大为改观，创新意识大为增强，创新热情高涨。如龚心怡同学起初对发明创造一无所知，她抱着试试看的态度加入了学校科协，后来由于她在科协活动中表现突出，其科技创新成果“太阳能闪光示宽可移动后视镜”获得第十七届全国发明展览会铜奖并成功申请中国专利，她也被推选为第二届启东市大江中学科协会长。由于工作出色，她被共青团江苏省委和江苏省学生联合会评为“江苏省优秀学生社团干部”。启东市大江中学科协成立以来，学生发明创造设想设计作品每年同比增长 30% 以上，申请国家专利每年同比增长 20% 以上，参赛获奖数量和档次也稳步提升。[1]

总之，青少年发明创造过程中按照一定的原则和策略选择合适的外援力量，有助于发明创造的选题、设计、实验、分析、制作、改进和发表等各个环节顺利开展，少走弯路，提升档次，设计更加科学合理，操作更加有效可行，能充分将个性特长与外援力量结合，使发明创造更加容易取得成功。

---

[1] 文云全．科技创新教育组织优化变革的实践与启示 [J]. 教书育人（校长参考），2011（35）：13-14.

十、发明创造的开放指导 [1]

接下来谈谈关于发明创造创新指导的话题，近段时间我开始反思自己指导学生开展发明创造创新的经历。在看到高一学生韦桦写的题为《“一波三折”的发明创造故事》时，虽已时隔多年，但作为一名科技教师，我仍然感觉既辛酸，又欣慰，再次引发了我对发明创造创新活动的指导行为策略的深入思考。其故事这样写道：

“刚进中学，我在学校的动员下参加了发明创造创新活动，开始了人生旅途的第一段属于自己的时光。可是，在选题活动中，老师对我说得最多的是‘太理想化，改，换。’‘哦，天呐！’那时，感觉自己整天活在迷宫里，晕头转向。绞尽脑汁，只为想出一个富有新意的创意，既要贴近生活，又要有可实施性。整体感觉就是：忘记了溪水的走向，日月的交替，时光的飞逝。连续两个发明创造选题被老师‘封杀’，让我很是沮丧。没办法，只好开始第三个课题的思考。唉，郁闷之极！在这段时光里，几度想要放弃，但真的要放弃的时候，却又万分不舍，心情极其复杂，可谓‘纠结’。后来，老师的‘政策’放宽了，放手让我们选题了。于是我选择继续坚持，理由很简单，只是不想让自己后悔。终于，我选到了适合自己的发明创造课题，并且取得了发明创造成功。看着自己付出无数时间和脑细胞凝成的结晶，感觉完成了一项类似盘古开天辟地一般神圣而宏伟的壮举。其实，发明创造本没有故事，只有细节与过程，这些积累多了，便成了一个人最宝贵且独一无二的人生小插曲，不是吗？世界并没有因我而改变了什么，冷风依旧呼啸，枯叶也终将落地；改变的只有我与我自己的人生经历。我的世界在这寒冷的冬季，增添了一抹永不褪色的彩虹。”

看了这则故事，我辛酸的是作为辅导教师对学生发明创造创新活动

[1] 文云全．发明的开放指导 [J]. 科学大众・江苏创新教育，2014（9）：26.

的指导要么过死过严，要么过少过松，很难做到恰到好处；欣慰的是我从那次开始就对学生的指导要求有所改观，不断思考和追求更加有效的指导策略，并取得了可喜的成效。我认为，学生发明创造创新不仅需要良好的环境氛围，还需要适度的开放指导。

所谓开放指导是指学校在组织管理、课程设置、内容选择、指导方式、评价策略等方面实行开放政策，充分发挥学生的自主性、积极性和能动性；教师在一定程度上解放思想，放开手脚，相信学生，大胆让学生自己去看，去问，去想，去查，去访，去画，去写，去做，去讲（见图 3-3）。当然，开放指导并不是放任自流，无视原则，让学生我行我素，自生自灭，完全自由发展，而是给予学生必要的引领要求和点拨指导，把握一定的开放尺度。

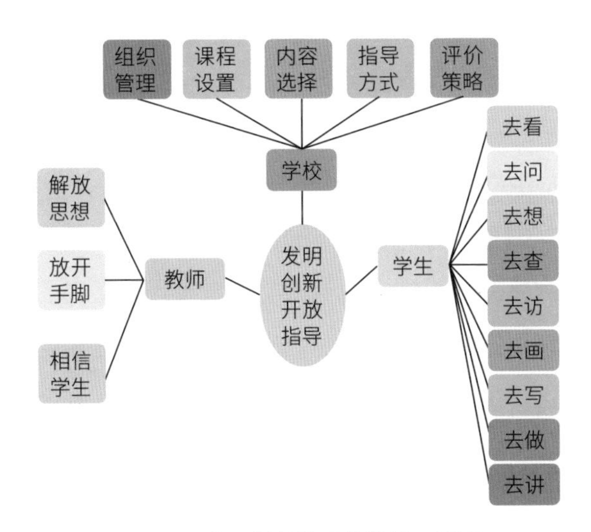

图 3-3 发明创新的开放指导示意图

那么，怎样才能为学生发明创造创新活动提供适度的开放指导呢？本人认为，在组织上，可成立科协组织，让学生自愿参加，自主管理，自觉行动；在对象上，成立发明创造创新先锋队，建立自主创新制作室并自由开放；在内容上，要广泛涉及生产、生活、工作、学习等各领域；在形式上，要注重发明创造创新活动设计、集体和个别辅导的开放性（见图 3-4）。下面重点谈谈指导形式的开放性。

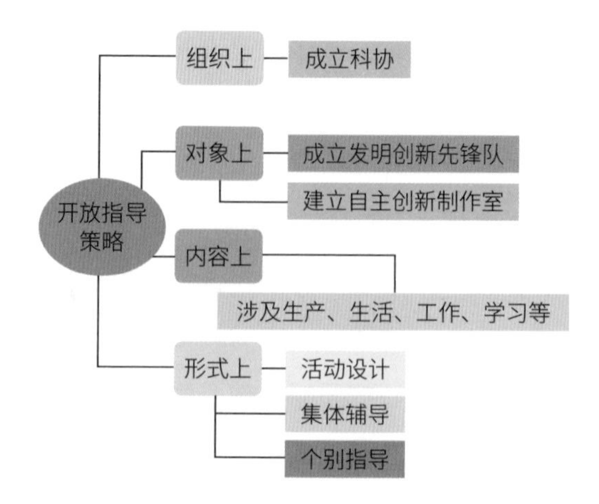

图 3-4　发明创新的开放指导策略示意图

（一）发明创造创新活动设计的开放性

（1）开放性活动设计的特点。

①课题来源广泛。课题的选择是发明创造创新活动的重点和前提。课题来源可以从生产、生活、工作、学习等领域中来，也可以围绕热点、难点话题展开，或是直接对现有专利技术进行改进。因此，要求学生在进行发明创造创新的过程中，要深入学校、市场、工厂、企业等地方考察调研，充分利用好各种人脉资源，广泛地搜集整理有用信息，分析问题，找到希望点，提出发明创造创新研究的真问题，确定研究的可行课题。要做到选题的针对性，选题务必“小”“巧”“新”，防止随意化和大而空。

希望盘点

人的欲望无穷尽，
适切盘点需求明。
希冀转为创造意，
发现发明发展新。

人的欲望是无止境的，在欲望下的需求盘点列举，选择其中相对可行的希望点加以梳理和整合，即可把希冀转化为发明创造的旨趣和意蕴，从而突出创新点，实现创造，成就发明创造，满足需求，产生意想不到的效果。希望是发明创造的动力源泉。

②构思新颖独特。发明创造创新的关键在于“新”，即构思新颖独特。“创”的过程，就是要不断选择与别人不一样的想法和解决问题的方法，竭力另辟蹊径，与众不同。构思的新颖程度取决于发现问题视角和解决问题的方式。因此，在发明创造创新实践中，要大力提倡创新思维训练，充分相信自己，打破常规思维方式，敢于冒险实践，鼓励异想天开。

③突出创意表达。发明创造创新作品的表达要突出创意的关键。无论采取何种表现形式，包括方案设计的结构图、原理图、文字描述，创意制作的外观造型与机能动作等，都需要体现创意要点。必要时，还可以用突出强调的方式进行，放大夸张的手法表现，让人耳目一新，一目了然。

（2）开放性活动设计的原则。

①低“门槛”原则。在发明创造创新辅导的过程中，尤其是针对初次学习发明创造创新的学生，务必要把握关键，降低“门槛”，破除神秘。具体应该做到以下几点：相信发明创造创新人人可为；打破常规思维束缚；深入调查研究问题；确定问题核心本质；设计多种方案比较。这也可以算作发明创造创新的前提和关键所在。

②求“七会”原则。发明创造，实质上是各学科知识与能力的综合运用，是书本中、课堂上、生活中的知识与实践的有机结合。注意培养学生“七会”：会看——科学观察，会找——敏锐发现，会想——大胆构想，会画——方案设计，会做——动手操作，会写——研究报告，会讲——交流分享。[1] 所以，在绘图表现发明时，要求规范清晰、线条明

---

[1] 李俊，文云全．普通高中创新人才培养校本化探索——以江苏省启东中学为例 [J]. 创新人才教育，2016（3）：5.

朗、精细适中；制作时注意选材环保、工艺精美、立意新颖、力求美观适用。此外，发明的表现形式多样，尽量图文并茂，取个中肯而有新意的标题，加上必要的说明附件。[1]

③重“实效”原则。发明创造创新要注重创造性和新颖性，创意制作要注重想象力和制作水平。开展发明创造创新教育，不但可以活跃学生的思维，激发学生学习的兴趣，培养学生的动手能力，而且能锻炼学生的毅力和意志，养成自尊自强自信的人格，从而成为素质教育中一条独辟蹊径的教育途径，成为提高学校教育教学质量的一条新路。在“自制机械自动化投篮”比赛中获金奖的高一学生陈铭洲认为：“在人生中，挫折与我们共舞，荆棘与我们相伴。于是，在我们的生活中就有了欢乐与悲伤；在社会中，科技与发展相互依存，发明创造与进步共同存在。我怀着一丝好奇与兴奋踏出了第一步，成为大江科协的会员。人是需要成长的，而成长的同时便是你实践的同时，就是你创新的同时，就是你进步的同时。在短短的几个月里，我成长了，成功地走出了我的第一步，我坚信我能成功地迈出接下来的一步又一步。”

（二）发明创造创新集体辅导的开放性

吃鱼节奏

吃鱼常伴骨与刺，
进食初缓探虚实；
节由羁绊慢深思，
奏响新曲不宜迟。

吃鱼还要讲节奏？是不是有点不可思议。其实，有经验的人都知道，吃鱼时鱼骨头的处理是比较麻烦的，稍有不注意，可能会卡喉，造成痛苦。而如何才能保证吃鱼不让鱼刺卡喉呢？我认为把握节奏是关键。不知是否有鱼刺时应该慢些，探明真相后可适当果断些，尽量

[1] 文云全．中小学创新人才培养校本化探索——以创造力开发“3333 工程”为例 [J]. 教学与管理（中学版），2015（5）：13-15.

让进食“一往无前”，不要回咬，以防漏刺反扎。于发明创造，吃鱼的启示就在于节奏把握，防止反刺。发明创造选题时要放慢节奏，尽量充分思考课题的各方面，讨论其可行性，而确定选题后则应该大步勇进。

集体辅导是发明创造创新活动早期用得较多的指导方式，对后面发明创造创新活动的开展起着定调和铺垫作用，因此，集体辅导需要尽量拓展开放，充分打开学生发明创造创新的思路。

（1）从学生需要出发，选取合适的辅导内容。在首次集体辅导让学生听取发明创造创新报告时，最需要的是提高对发明创造创新本真的认识，破除对发明创造创新的神秘，建立对发明创造创新的自信和兴趣。据此，选取的内容务必具有代表性，浅显而典型，精彩而深刻，能震撼学生，让其豁然开朗，有“原来如此”的感觉。

（2）从学生心理出发，选取合适的表达方式。初高中学生在知识储备上已比较丰富，但心理上还不够成熟，比较茫然，自信心参差不齐，多数学生对科技创新都未曾体验过成功的喜悦。因此，在选取表达方式时，一定要注意诙谐幽默，有吸引力、感染力和震撼力，如将故事、图片、实物模型等结合呈现。在“自身无动力小车逆风行驶”比赛中获得金奖的张辉说：“我是一名高一的新生，很荣幸能被选中参加这次科技节发明创造创新比赛。一开始，我对于这次比赛的项目投入了许多的时间，但事与愿违，一次次发明都失败了，使我差点失去了信心。可是，我同班的搭档拍拍我的肩说：‘不要气馁，发明创造创新不是一天两天的事，一次两次的事，更何况我们只是初出茅庐的孩子。’是啊，阳光总在风雨后，不经历风雨，又怎能见彩虹。”

（3）从学生实际出发，选取合适的过程顺序。在选取合适的内容和表达方式的同时，还得考虑过程顺序。从知识角度讲，先易后难；从接受角度讲，先例子后理论；从时间角度讲，灵活调度。如先举出大量的发明创造创新有趣的例子，让学生感受新奇，体味乐趣，然后进一步举例剖析，破除神秘，建立兴趣；再举例说明，追寻本源，享受“渔趣”，即学会自己动手实践发明创造创新的本领，最后总结学会发明创造创新的“秘笈”，层层递进，步步为营，不断让学生走近发明创造创新世界，看清“庐山真面目”，并能前后连贯，形成整体认识，在轻松自然的氛围中亲历一次有趣的创新之旅。

（三）发明创造创新个别指导的开放性

在初步确定发明创造创新选题后，需要进行个别指导，主要针对学生在前一阶段的上课、参观考察和比赛选题等活动中的表现，指出其是否有热情、有兴趣、有思想、有进步，目标是否明确具体，行动是否主动积极，见识是否宽广深入，选题是否新颖独特等。个别指导的开放性主要有四点注意事项。

（1）要树立发明创造创新实施的目标。目标是方向，目标是动力。实施发明创造创新应该有较为高远的目标要求。目标可以设定学会发明创造创新成就创新人才等宏大的总体要求，更要有关短期具体的奋斗要点。例如，可以将参加比赛作为一个阶段的目标等。当然，不能只就参赛获奖作为目标，否则太功利化，对自己长远发展不利。在设定了目标之后，还要注重努力过程，在发明创造创新实践的过程中学会创新，体验创新，促进成长，为实现更大的长远的成才目标奠定基础。同时，还得注意，目标可能在实施的过程中，还需要根据实际情况进行适当的修订。

（2）要善于利用零散的时间。中小学生在校的主要任务是学习，用于发明创造创新等活动上的整块上课和参观实践时间是非常有限的。因此，不能依赖于教师组织活动，只有在时才开始学习和思考是不够的，而应该有自己的主动积极性，平时有意识地将发明创造创新课上或讲座中教师所教授的思维方法和创新秘笈等付诸行动，善于利用零散的时间，养成良好习惯，积极思考，主动请教，加强沟通交流，促进思想碰撞，抓住灵感火花，“随时记录，及时记录”，并利用机会进行查新修改。[1]

（3）要有意关注最新的信息。

拖鱼耐心

拖拽探测先行路，

鱼随声呐信息谱。

耐久细察持久待，

心沿线索百应呼。

拖鱼是一种用声呐为探测工具，利用信息收集反馈装置探测鱼群位置，下网捕鱼的方法，通过拖鱼探测水下动向和情形，便于有针对性地进行锁定目标，捕获成果。而此过程需要动作规范，持之以恒，时刻注意信息图谱和报警装置，或图像系统，把握关键时机。这对于发明创造来说，就是考察调研，搜集信息的过程，虽然比较枯燥单调，但十分重要和必要。

信息是发明创新的重要来源。发明创造创新需要理论与方法，更需要智慧。发明创造创新的理论与方法学习固然重要，但关键在应用。而发明创造创新智慧需要不断收集相关信息，特别是最新信息，在对大量信息进行处理的过程中，发明创造创新的点子自然就会形成。所以，平时应该多关注大事、新奇事、特别物，并反复追问，主动思考，发现问题，科学求证，实践检验。“也许是一股冲动，也许是一份激情，抑或是我的好奇心所致吧，我参加了发明创造创新比赛，从开始到作品的完成，其间我学到了很多，也感悟了很多，敢于挑战才是真正的人生”，发明创造“遥控清除河道水草垃圾机”的高二学生王冰冰如此说。

（4）要协调好功课学习与发明创造创新活动间的关系。开发发明创造创新潜能，提升综合素质，对学生终身发展无疑是很有用的。但中小

[1] 隋国庆 . 青少年科学发明指南 [M]. 北京：中国工人出版社，1990：18.

学生在校的重要任务是功课学习，毕竟还得面对考试。从时间上说，发明创造创新与文化学习是一对矛盾，所以处理好学习与发明创造创新活动之间的关系，关键是处理好时间安排问题。这里要提醒大家的是，其实功课学习与创新之间本应该是相辅相成的，是可以相互促进的，这一点在以前很多同学的实践经验中可以得到普遍证明。因为，发明创造创新的思维和方法可以应用于功课学习方法等方面的指导和改进，而功课上学习的知识又是发明创造创新实践的必备条件和基础。

其实，校长和教师对于教育的重要性，想必大家都能明白，有两句话可以概括其作用："一个好校长就是一所好学校""教师是教育之本"。的确，在一定意义上讲，教育的意义与价值是通过校长和教师来实现的。而中小学校开展发明创造等素质教育活动，打造特色教育品牌，起关键作用的就更是校长和教师了。因此，学校必须注重发明创造创新指导的适度开放性和有效性，让学生参加发明创造创新活动不是为了名气，而是要抓住机遇，在努力学习功课的同时，积极主动参与发明创造创新实践活动，开发自己的创新潜能，全力提升自己的综合素质，为成就时代所需的创新人才而奋斗！

第四章　发明创造的秘笈盒（实施技巧）

学会发明虽然没有固定的模式和方法，但也是有规律可循、有秘笈可言的。掌握了发明创造的思想要领、精神要素、过程要点、选题方向、创造技法、构思方法、方案设计、资料查新、制作改进等方面的秘笈，可以让发明创造过程事半功倍。

一、“趣”，发明创造激情迸发之秘笈[1]

成物成人

感受乐趣新奇特，

体认意趣破神秘。

探究妙趣长技能，

成物志趣又成己。

乐趣、意趣、妙趣、志趣这四重境界到达成就创新梦想和创新人格的发展，体现渔趣发明的阶梯性、递进性和教育性。既有渔趣发明指导的现实起点，又有现代教育理念的渗透和追求“成物”与“成己”结合的完美目标。不仅基于人的本性，而且上至民族情怀和自我实现，具有较强的实践操作性和指导性。

---

[1] 文云全 . 试论“渔趣创新”的意蕴表征及层次架构 [J]. 创新创业理论研究与实践，2020（13）：1.

毫无疑问，干事创业需要热情、激情和豪情，发明创造的学习实践更是如此。如何才能有效地激发师生参与发明创造的热情呢？根据我多年的研究与实践经验，关键秘笈就在一个字——“趣”。在前面各章的介绍中，已多次提到“趣”的类型和作用，包括乐趣、意趣、妙趣和志趣。事实上，发明创造相对于科学发现而言更有难度，更容易失败，“趣”的作用的确不可小觑，有时甚至成为我们在面对发明创造困难时得以坚持下去的唯一希望和理由，抑或是在经历无数次失败，感到“山重水复疑无路”时，仍然坚定“柳暗花明又一村”的必胜信心、积极乐观心态和勇毅前行动力的源泉。当然，“趣”需要尽早激发培植和用心呵护，否则不仅激发不了新的发明创造热情，还有可能让已有发明创造兴趣得以磨灭。下面与大家分享我自身参与和指导学生开展发明创造等科技创新活动的经历，以期能让大家体会其中涉及以趣激情的过程和策略。

实践表明，青少年发明创造过程之“趣”具有一定的层次性，不同层次之“趣”可以不同程度地促进他们对发明创造认知和实践的“自知”“自信”“自主”和“自觉”。以“学会发明”课程开发的实践为例，青少年发明创造可从“乐趣”“意趣”“妙趣”和“志趣”四个既相互关联，又各有侧重的维度，构建“渔趣发明”的层次架构（见图 4-1）。

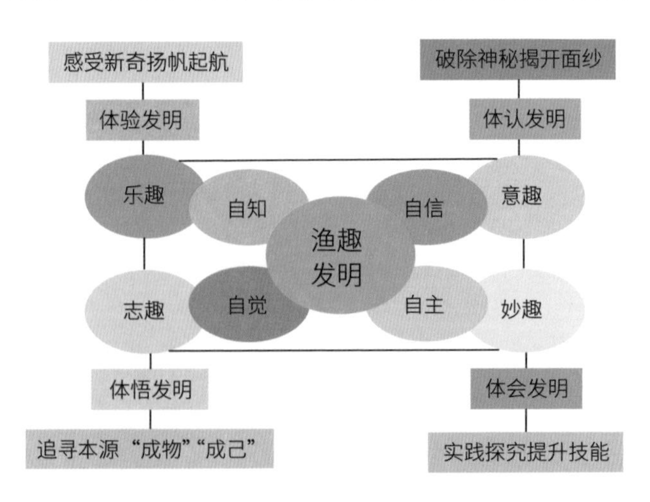

图 4-1 “渔趣发明”的层次架构示意图

（一）感受新奇，体验发明创造的乐趣

感受新奇

发明意蕴两层面，
实用有趣皆存在。
感受新奇例精当，
怦然一笑趣自来。

感受新奇是初涉发明创造者必须经历的启发程序。抓住发明创造其实具有趣味性和实用性双重功效的特点，精选利于激发兴趣的案例，用生动形象的方式展现，让学生耳目一新，体验奇特无比，从而爆发出愉悦的笑声，激发出潜在的能量和对发明创造的真正热情，达到引人入胜的效果。

好奇心是青少年普遍具有的特点。“渔趣发明”抓住发明创造其实具有趣味性和实用性双重功效的特点，精选有利于“激趣”的案例，如“无孔插座”“电子鞭炮”“可以吃的餐具”等，用生动形象的方式展现，让人耳目一新。正如北方冬季捕鱼方法多样而新奇，搅鱼、震鱼、钩鱼、“起坑”等，让人感觉诸般有趣。感受新奇对初涉发明创造者尤为重要。

一起创造

开场创新主题曲，
营造热烈情境生。
一起创造气势弘，
立志愿为发明人。

《一起创造》为国家知识产权局的创新主题曲，这首由秦俑乐队

演唱的气势宏大的创新之歌，有着经典的歌词，如“让我们用智慧的鲜花装点国家的壮丽”“让我们用创新的双手拥抱知识的时代”“中华民族一定会崛起”等，振奋人心，不仅能营造热烈的情境氛围，而且能激起学生“愿以发明创造事，报得国之恩”的民族情怀。

通过教唱发明创造主题曲《一起创造》的新奇形式，不仅能营造热烈的情境氛围，激发发明创造兴趣，而且能激起学生“发明报国”的民族情怀。当然，青少年科创教育还可通过趣闻播报、情境再现、互动游戏等多样形式，让学生感受新奇，体认发明创造，增强对发明创造“自知”，激发发明创造兴趣，扬起发明创造风帆。

（二）破除神秘，体认发明创造的意趣

破除神秘

发明之趣新奇特，
欣喜之余神秘来。
庖丁解牛亮真相，
破除神秘义自开。

虽然通过新奇实例能激起发明创造兴趣，但传统的思想总会认为发明创造很神秘，乃专业人士所能为。面对这一“拦路虎”，应抓住时机解开“神锁”，揭开“面纱”，亮出真相，让学生感觉发明创造“原来如此”“不过如此”“没什么了解不起”，从而破除神秘，增强自信，继续前行，成就发明创造意想，成为发明创造之人。

学生发明创造了由气压控制的“盲人自动饮水器”，利用杠杆原理发明创造了“自主开关主火的燃气灶”。只要敢于尝试，就有意趣。因此，青少年科创教育应通过案例剖析，破除神秘，增强自信，体会发明创造

意趣，揭开神秘面纱。[1]

（三）实践探究，体会发明创造的妙趣

体会妙趣

发明妙趣乐无边，
看想记做全体现。
玩味创造发明趣，
妙在心头难遮掩。

发明创造的妙趣贯穿于始终，其乐无穷。从“看、想、记、做”四大要领和过程中，均能体味其妙，值得把玩和尝试。教师在指导的过程中，除了让学生掌握必要的方法和技能外，别忘了其中的“妙”，要让妙伴随发明创造全程，让学生体验多彩的发明创造生活。

“渔趣发明”的妙趣贯穿始终，能让学生体验到科创过程中的无穷妙趣。《渔歌子》中，渔翁之意不在鱼，在渔之妙也。渔父不为世俗尘务所累，随心所欲，目之所见，耳之所闻，心之所向皆为渔。这种“渔趣”的动力是使学生获得发明创造成功并可持续发展的关键。如从小喜欢玩枪的袁懿同学，针对木工用气针枪的问题，通过反复试验，克服多重困难，发明创造了“装潢用安全气针枪”。常言道，钓鱼要“三得”：等得，饿得，累得。“渔趣发明”要让青少年体验到其中的妙趣，才能让发明像钓鱼一样不怕苦。同时，通过体会妙趣，还能更好地发挥学生的自主性和积极性。“学会发明创造”课程总结出“看、想、记、做”四大要领，均能体会其妙，值得把玩和尝试。因此，青少年科创的过程，除依托项目实践、选题适切主题、强化问题主线、手脑并用、提升技能，还应找到“妙”，体验发明创造妙趣，从而学会自主学习，主动探究，提升发明创造能力，为发明创造发展和可持续发展打下基础。

[1] 大江中学课题组 . 学会发明 [M]. 呼和浩特：远方出版社，2001：3.

（四）追寻本源，体悟发明创造的志趣

钓鱼门道

钓垂线牵杆间候，
鱼游诱食上了钩。
门在技巧心若定，
道同学创趣则留。

垂钓之乐在于鱼上钩，而钓鱼的门道主要在于技巧与耐心，看似平静心潮涌，鱼来莫急收杆，须待其“吃稳”开逃之际，拉紧杆线不放松，并随其挣扎溜一溜，待其疲惫渐收线，靠岸速用网兜将其捞出。与创造同理，要做好充分准备，有了问题不懈坚持思考，略有所思不急于定案，待思考较为成熟时紧抓不放，即成也。

“发明育人有境界，内驱发展自觉源；志在天成创造梦，献身发明展风采。”“渔趣发明”的最高境界是让青少年在学习发明创造的方法、过程和行动中，体悟发明创造真谛，涵育科学素养，养成“自觉”发明创造的良好习惯，建立献身发明创造的志趣。不仅追求“成物”，取得发明创造的物化可见成果，获得兴味，感到愉快，而且追求“成己”，立志发明创造，锻铸创造性人格[1]，为成就具有优良综合素质的发明人才努力。如中学时发明创造“快速充气救生衣”获全国金奖的朱健华同学，不仅自己喜欢发明创造，投身发明创造事业，其父亲在他影响下也有了自己的专利。爱好垂钓的人，总是早出晚归，不辞辛劳，这便是志趣所在，有时甚至有“钓获即放”的“渔趣”。因此，青少年科创教育实施“渔趣发明”，不仅基于人的本性，满足学生对发明创造设想的“物化”需求，体现科创教育的层次性、实践性和操作性，还考量人的境界，满足学生对发明创造价值的“境界”追求，体现科创教育的教育性、激励性和发

[1] 郭有遹．创造心理学 [M]. 3 版．北京：教育科学出版社，2008：113.

展性。通过喜闻乐见的活动和形式，让学生在科创实践中体悟发明创造，追寻发明创造本源，涵育综合素养，养成“自觉”习惯，建树发明创造志趣，实现“成物”“成已”。

总之，“渔趣发明”作为一种教育理念，一种探索实践过程，能在一定程度上让青少年科创教育有效而有趣地开展，让大批学生学会发明创造，快乐发明创造。当然，面对新时代青少年多样化的特点，以及媒体融合发展和信息互联互通的纷繁形势，“渔趣发明”的具体内涵和表现还会有所变化，在不同学段应根据这些变化开展针对性的教育培养。同时，还应把握具体的校情、教情和学情，有针对性地采取有效有趣的策略，特别是要注重创设激励性、生活化情境，开展基于真实问题解决和符合青少年特点的发明创造实践活动，搭建多样的展示交流平台，更好地培养学生的问题意识、创造性思维、创新精神和实践能力，为早期创新人才培养奠定基础。

二、“勤”，发明创造灵感光顾之秘笈[1]

发明创造的关键是“创新点”，即在发现问题、分析问题基础上为解决问题而产生的创意“灵感”。“灵感”的光顾必须建立在解决真实问题的基础上，真实问题的来源需要有较为丰富的素材和相关的信息，然后在分析思考的基础上明确生产生活等方面的切实需求。虽然灵感的光顾似乎偶然，具有很强的不确定性，但是灵感的产生是有条件的。勤于搜集发明创造素材、勤于思考创新问题和善于把握灵感机遇同样重要，只有三者结合起来才能让灵感的火花在外界信息的刺激下转化为思维的亮点。

“勤”，本意是指做事尽力，不偷懒。所谓“天道酬勤”，是指上天会偏爱勤奋的人们，多一分耕耘，多一分收获，多付出努力一定会有更多

❶ 文云全．“勤”，发明灵感光顾之秘笈 [J]. 科学大众・江苏创新教育，2014（10）：27.

的回报，也就是多劳多得。这说明了机遇和灵感往往垂青于孜孜以求的勤勉者。发明创造“灵感”的背后是发明创造者辛勤的努力，发明创造的成功需要“勤”字为先。❶

发明创造创新在课题选取、素材搜集、问题分析、方案设计、实验制作、测试改进和成果表达等环节均需要“勤”的支持。那么，在具体的发明创造行动中，应该如何充分发挥“勤”的优势，让发明创造灵感光顾，有序推进，实现发明创造梦想呢？实践表明，发明创造成功需要做到勤于观察记录、勤于发现对比、勤于提问请教、勤于思考调整和勤于实践改进等（见图 4-2）。

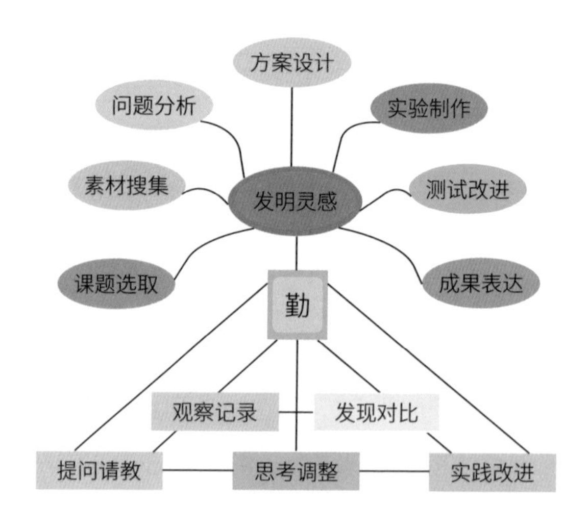

图 4-2 “勤”，发明创造灵感光顾之秘笈

体验创造

发明之花惹人爱，

选题设计与实践。

激趣过程有门道，

感悟意蕴最关键。

体验作为一种方式，与发明创造相结合的体验活动需要以激趣为

❶ 大江中学课题组 . 学会发明 [M]. 呼和浩特：远方出版社，2002：11.

手段，并贯穿于全过程。在创造的选题、设计和实践各环节，均以真实体验和感悟为基础加以引导，尤其是创造的意蕴感悟是创造力发展的内在驱动力和关键素养。

以下结合本人多年的发明创造指导体验，谈谈科技教师在学生以“勤”为基础的发明创造行动中的行为策略，特别是如何做好“下水”发明创造创新，亲历发明创造创新实践，给予参与学生相应的指导，让发明创造灵感易于光顾，取得发明创造成功，提供一些参考建议。

（一）勤于观察记录[1]

观察记录是灵感光顾的前提条件。参与发明创造活动的教师和学生应该明白观察记录是进行创新研究的前提条件，而且是一种常用的必要的研究手段，要有目的、有计划、持之以恒地进行训练，并客观及时作好必要记录，有时甚至需要用视频、照片、录音等方式记录。

下面分享一则我训练十岁的儿子文流渊通过观察开展生抽和老抽酱油的区别研究的故事。偶然的一天，我们谈及明天要买生抽酱油了，儿子在一旁“插嘴”问道：“什么是生抽？”妻子回答说：“生抽是一种酱油，还有一种酱油叫老抽。”儿子继续问道：“生抽和老抽酱油有什么不同？”妻子想要开口回答，被我打断了。“慢！你不是想玩电脑吗？现在让你对比一下，看看到底生抽和老抽酱油有什么区别，至少写出 10 点不同。如果被我们认定确有 10 点以上，每超一点，奖励 20 分钟玩电脑时间。”儿子一听，乐得不行了，摩拳擦掌，立即投入“研究”的准备工作中去了。他迅速把一瓶生抽酱油和一瓶老抽酱油都拿了过来放在桌上，然后找来纸和笔准备记录。不多一会，他就写出了五六点不同。中间有点犯难了，在那里抓耳挠腮，比较着急。于是我提醒他说：“观察除了用眼睛，还可以用其他感官。”他受到启发后，先后用嘴尝，用鼻闻，用手

[1] 查尔默斯．科学究竟是什么？[M]．鲁旭东，译．北京：商务印书馆，2016：33.

摸等，还用两只碗分别各倒一点又往里面加清水，观察发生的现象。儿子用了不到 20 分钟，在纸上工工整整地写出了对比后的 13 点不同。后经我们集体讨论认定，其中 12 点有效，于是，他得到了 40 分钟的玩电脑奖励时间。那天晚上，他玩得非常开心。

（二）勤于发现对比

发现对比是发明创造灵感光顾的基本方式。俗话说："不怕不识货，就怕货比货。"同样，在发明创造创新实践中，通过勤发现，多对比，认真寻找值得关注的线索，并结合自身实际和人们的需求进行思考，就不难找到适切的发明创造课题和恰当的解决方案。如沈阳《今报》报道一名普通交警贾长明勤于发明创造的故事。

他在工作过程中，经常发现路面的井箅子丢失，给路人出行造成很大的安全隐患。于是他冒出一个想法，发明创造了一个可以防盗的井箅子。这种"防盗井箅子"分有上下两层，中间有特殊材料钢链连接，使犯罪分子在短时间内无法偷窃。另外，他除发明创造"防盗井箅子"外，还研究"出租车绳网""汽车防盗锁""反扒车筐"等发明创造创新作品。贾长明说："目前这些研究项目正在试验当中，一旦得到社会认可，即申请专利。我搞发明创造不为名利，只想为社会做些贡献。"

在发明创造指导过程中，教师要低定位，让学生明白做发明创造创新项目是为了得到别人认可。科技创新的意义我们以前讲了很多，创新型国家建设需要、创新人才的培养、终身发展的需要等，有一定效果，但师生理解不够深刻彻底。低定位，做项目是为得到别人认可，这一直白的、切合人的功利思想的说法可能更有效。从学生角度说，做发明创造等科技创新项目能证明自己，能得到别人的认可，增强自信，增加热情，激发动力，发挥潜能，快乐成长，成就梦想。特别是文化课成绩不特别冒尖，考取重点大学没有把握的学生，通过做项目，参赛获奖，作为特长生参加高校特殊招生，这是最好的认可。对教师而言，也同样如此。就评职称和岗位竞聘而言，有了科技创新辅导经历，不仅能算辅导工作量，而且辅导学生获奖能得到更好的认可，也体现教师专业特长。

渔趣成长

渔事童真乐其中，

趣多助长个性融。

成就梦圆发展好，

长育全人天地红。

在渔趣中成长是自然之事，坦然之事，喜乐之事，高效之事，有意义之事。以“渔”为目的和手段，以“趣”为动力和内容，兼顾个性发展需求，有针对性地将成长融入喜闻乐见的体验活动之中，达到育人目的，成长目的和筑梦目的，多全齐美。儿时的成长多为有趣之事，而以“渔”之乐为载体的趣事能促进儿童全面而有个性地发展。因此，在渔趣中促进儿童成长要注意基于童真童趣，依托渔趣乐事，抓住成人成才目标，重点发展创造力。

（三）勤于提问请教

提问请教是发明创造灵感光顾的有效捷径。课题来自问题，问题必须真实、真切。真问题决定着发明创造课题研究的价值取向和目标意义。换言之，问题的真实性和突出性决定了发明创造的实用性。如我的“基于数据采集的超重失重演示测量装置”（见图 4-3）正是抓住了物理实验中暴露出的不直观这一真实问题而展开的研究。因此，这一发明实用性相当突出，研究意义十分明显。这一发明演示通过实实在在的数据采集和图像显示，直观形象地演示和测量了物体从一个高度到另一高度过程中加速度的方向和大小，得到评委肯定。

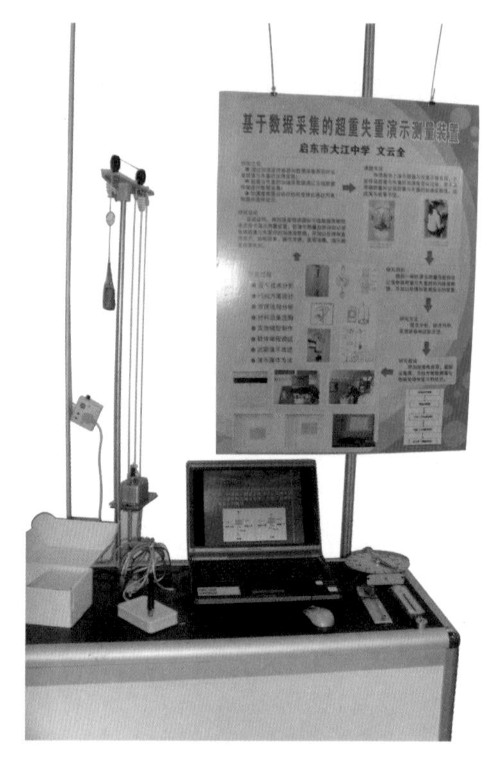

图 4-3 基于数据采集的超重失重演示测量装置的模型

发明创造的最终效果体现为解决实际的问题，解决问题的可见性环节与成果以其回归本真问题的解决程度为参照和标杆，这也是一般人最善于和最经常拿来评判发明创造水平高低的手段。科技教师要多参加各种类型的兴趣和交流活动，需要广泛的见识和思想的沟通，才能不断更新信息，碰撞思维，产生疑问，形成想法，完善思想，不断进步。当今时代，信息传播渠道快速多样，许多学生思维活跃，想象丰富，问题古怪，甚至刁钻，科技教师首先要尽量多而快地掌握相关信息，才能更好地指导学生开展科技创新活动。因此，科技教师要尽量多参加各种兴趣和交流活动，以增长见识，活跃思维，保持良好的自信和学习的状态。

（四）勤于思考调整

思考和调整是发明创造灵感光顾的关键。思考是发明创造之根，调整是发明创造之策。其实，一般的发明创造创新往往只需要改变一点点。发明创造本来就是人类智慧的结晶，而且好的发明创造往往是改出来的，一般都需要经过实践检验不断打磨才能达到相对完善的境界。为此，发明创造创新选题务必要切合学生实际，务必把握“三自”“三性”原则，务必坚持让学生自己选题、自己设计与研究、自己制作与撰写，务必全程把握科学性、先进性、实用性。当前，青少年科技创新大赛已发展到非常高水平的状态，选题层次、参赛规格、科技含量等显现出“高深”的发展趋势，有的甚至深到无法让常人看懂。为此，当今青少年发明选题更应该注意思考和调整，把握好学生自主与成人指导的关系。一方面，我们坚持学生自主原则，另一方面，我们鼓励有条件的家庭和学校充分发挥相关资源优势，为青少年发明创造助力，不能太注重功利性，家长、专业院所等应适当介入、适度指导学生自主选题，防止违背“三自”“三性”原则。否则，可能造成弄虚作假、拔苗助长，这样比赛就变了味，误入“功利”陷阱不能自拔。因此，青少年发明选题需要在科技教师等成人指导下，把握选题要求，尽力适合学生实际，这是起点，也是根本。

当然，教师可以通过引导孩子逐步认识，逐步深入理解，自行消化吸收，然后产生兴趣，从而自己选题，切忌直接指派。这是学生研究动力和规范的根本，是主动与被动最显著的差别。学生及家长认识到做发明创造等科技创新项目的重要性，并分析思考了相关的可行条件，以及可能遇到的困难，在实施的过程中才能持之以恒，一如既往，百折不回，真正发挥创新潜能，攻克创新难题，取得创新胜利。同时，教师可通过讲座或上课等辅导形式，让学生学会有效思考和调整。如可以基于友好交流和教师层面对话的方式来设计讲座形式，拉近了与讲座对象之间的距离，快速切入；基于个人及学校实践的案例选择和感悟交心，让听讲者长时间被案例吸引且有效吸收内容；基于教师成长与学校发展的观念定位与愿景展望，让讲者激情涌动，听者心潮澎湃；基于学生“趣”之激发的深入分析与“秘笈”分享的心境让理念升华和感悟深刻；基于说课形式的交流与过程呈现形式的表述节约了时间，让精华浓缩于有限期域，提高了效能；基于实践感悟的问题个谈，让指导具有极强的针对性和实效性。

（五）勤于实践改进

实践改进是发明创造灵感光顾的神来之笔。发明创造是一个探究的过程，思考的过程，改进的过程。发明创造过程资料的收集与体现能证明研究的精神和成效，也是创新精神的体现。同时，也反映提出问题、分析问题和解决问题的实际能力，这是发明创造最本真的目的。我在“基于数据采集的超重失重演示测量装置”的研究过程中，尽量把思考、研究如何解决直观显示这一关键问题的过程记录下来，并通过相关材料体现出来，让研究过程清晰可见，让创新精神和实践能力凸显。

此外还应该注意，细节决定发明创造成败，特别是参赛发明。除了坚持“三自”“三性”原则外，参赛前的准备也十分重要，尤其是一些细节，稍不注意可能就会影响整体成效。如项目介绍要准备至少两个版本，一个 2 分钟，一个 5 分钟，要根据评委的表情进行适时调整，不能背稿子，让专家有机会提问；要与评委进行交流，包括眼神交流；对专家观点不苟同，要足够自信，敢于谦虚而大胆地辩驳，给专家留下深刻印象；可以借助多媒体课件或视频等，但不要太花哨；遇到不会回答的问题要静下心来，笑一笑，歇口气，不慌张；重新认识自己的选题，掌握完整的研究过程，掌握科学方法和认识规律，让你的研究成果得到认可；尽量多提供原始记录材料；评委提问时用纸和笔认真记录，不清楚时不要猜，要询问确认问题；用“我所获得的证据支持了我的假设”“我不确定”“据我所知”“是可能的”，不用“证明了”，体现科学态度；展板条理清晰，简单明了，重点突出，吸引眼球，尽量用箭头标注，路线清楚，同时也提醒自己。要区分两类专家：一类是学科型专家，重在提问结论和方法，另一类是科学型专家，重在提问思维方式、流程、逻辑性。还要注意穿着得体，热情（注视、微笑），大方，谦虚，有礼等细节。这些都值得不断实践不断改进。

大鱼喜静

大器晚成亦创造，

鱼好坚守迫成招。

喜沉最后严密达，

静待花开创奇效。

越大的鱼越喜欢安静，不轻易游动，这可能与其注意安全怕暴露目标有关。对于创造，大鱼喜静的启示在于不轻易张扬，能沉下心来，持续坚守等待时机。在发明创造起初，可以多交流，将小的创意和想法充分积极及时表达，听取别人意见建议；而对于大的项目，或关键技术，则应该静下心，沉住气，做好“暂时保密”工作，等待研究到位，方案较为成熟时，或专利申请批准后再公开不迟。

总之，发明创造灵感的光顾是需要“勤”作为基础的。发明创造作品能否得到别人的认可，打动评委，除了选题的新颖独特，研究的深入具体，过程的坚实感人，方法的出其不意，结果的完满服人外，在具体的项目研究中，需要以“勤”为前提和动力，根据实际，抓住关键，亮出精彩，突出体现真问题、全过程、实效果，方能让发明创造出奇制胜。

三、“活”，发明创造技法掌握之秘笈[1]

学习技法

发明之趣千万道，

技法学习其一条。

择己喜者一二种，

运用得当成妙招。

[1] 文云全．“活”，发明技法掌握之秘笈 [J]. 科学大众·江苏创新教育，2014（11）：25.

发明创造技法是学习发明创造的重要内容。发明技法有300多种，不可能一一学完，择其一二自己喜欢、感觉好用的加以学习即可，发明创造技法的关键在于运用，要求熟练、灵活。常见常用的技法有：缺点法、希望法、组合法、改进法、移植法、信息交合法、专利法、文献法等。学习发明创造技法时，建议结合相应典型案例进行深入彻底地剖析、品味和领悟。

发明创造技法是发明创造的技巧和方法的简称，“发明创造有法，但无定法”。当前，许多开展发明创造活动者对于发明创造技法的态度走到了两个极端：一种属于“鲁莽型”，只信直觉[1]，不信技法，在实践中瞎碰乱撞，天马行空，反复试错，久久不能出新见奇；另一种属于“迷信型”，只信技法，不信直觉，过分依赖“权威”，始终跟随书本，学习了许多技法，却只能照搬模仿，受限于别人的思路，几乎不会灵活运用。

摸鱼有法

摸捕浑水靠手捉，
鱼晕乱撞力逃脱。
有则靠边防突围，
法在双手适时合。

浑水摸鱼本为贬义，但在捕鱼技巧中却较为常用有效。摸鱼讲究双手合围的技巧，尽可能适时适度随时合围，一般以靠边角为宜。于发明创造，摸鱼的启示在于乱中取胜，适时合围。对于一时群聊热议，说法各一的问题，若能凭借超前判断与娴熟手法将关键问题合围抓住，便可能会有意想不到的惊喜和收获。当然，因为盲摸，需判断力和勇气支撑。

---

❶ 李健军．创造发明学导引 [M]. 北京：中国人民大学出版社，2010：68.

如何正确使用发明创造技法是影响发明创造成功至关重要的因素。为此，本节专门对发明创造技法进行了较为系统的梳理，简要与大家谈谈发明创造技法的概念、特点、作用，着重谈谈发明创造技法的发展、分类和常用技法，同时与大家分享发明创造技法使用之“秘笈”，以期能对广大中小学开展科技创新活动有所帮助。

弹鱼操控

弹箭速出拉弓释，
鱼翔浅底招猎得。
操力把度适时击，
控需发明知技合。

弹鱼是用弹弓将箭射出，命中游于浅水的目标鱼的一种猎鱼方法。中央电视台《我爱发明创造》播出射鱼与弹鱼的对决，显示出各自的优点与不足。弹鱼的关键是把控角度与力度，其中角度要考虑飞行的抛物线轨迹和水中的折射原理，而力度则要根据橡皮筋和拉杆支架的承受范围，以及箭头的重心和重量，确是一门技术活。

（一）发明创造技法的概念

捕鱼技巧

捕获方式因人异，
鱼为标的意向齐。
技法新颖需实用，
巧思敢做有惊喜。

总体而言，捕鱼的方式方法有很多，具体方法使用因人而异，因地制宜，但其目的均为把鱼捕获。“八仙过海，各显神通。”捕鱼如创造，所放技法需实用有效，而新奇独特的方法往往可以通过敢想敢做的行动来获得。简单地说，创造过程中坚持大胆思考，追求新颖独特，把握实用有效，并敢于实践，就一定会有惊喜等着你。

持“一般方法”观的谢燮正等提出：“发明创造技法是建立在创造心理和认识规律基础上的一些规律、技巧和做法。”吴诚等认为：“发明创造技法是创造学工作者通过分析、解剖自身或他人的发明创造成果，总结出具有可操作性的发明创造方法。”其他观点则认为发明创造的技法是“从事创造活动的方法”“达到创造目的的途径和手段”。

持“程序化方法”观的日本创造学家村上幸雄提出：“把拥有扩散性思维重点的思考方式定型化，使之适用于任何人，使之具有普遍性的一系列程序系统，这就是创造工程学的技法。”中华全国总工会系统开发职工创造力专用教材认为：“发明创造技法是人们通过研究和总结创造发明、创造活动的规律，经过提炼而成的程序化的科学方法。”

我认同李嘉曾对发明创造技术的定义，李嘉曾认为：“发明创造技法是人们在实践中总结出来的、开展发明创造活动普遍适用的、程序化、规范化的方法与技巧。”[1]

（二）发明创造技法的特点

发明创造技法主要有三个特点：一是科学性，科学的思维方法的概括总结；二是程序化，思想方法系统化、模式化；三是实用性，可操作性、可以传授。

（三）发明创造技法的作用

发明创造技法的作用主要体现在三个方面：一是可以启发人的创造性思维；二是应用发明创造技法可以直接产生发明创造创新成果；三是能够提高人们的创造力和创造成果的实现率。

---

[1] 李嘉曾．创造学与创造力开发训练 [M]. 南京：江苏人民出版社，1997：80.

（四）发明创造技法的发展

发明创造是创造的核心，发明创造技法的发展与创造技法的发展基本同步。

（1）发明创造技法兴起。创造力开发首先在美国出现。1906 年，美国专利审查人 E. J. 普林德尔最早提出对工程师进行创造力训练的建议，并用实例阐述了一些逐步改进发明创造的技巧和方法。[1]

1928—1929 年，美国人 J. 罗斯曼从专利局积存的资料中选出 700 多名最多产的发明家，对他们进行问卷调查，写成《发明家的心理学》，其中专门有发明创造方法一章。同年，内布拉斯加大学的克劳福德发表了《创造思维的技术》，其中提出特性列举法（Attribute Listing Technique），这成为今天常用技法之一。

1938 年被誉为创造工程之父的纽约 BBDO 广告公司副经理奥斯本制定了“头脑风暴法”（Brain Storming）并用于工作实践，取得很大成功，打破了“天赋决定论”和“遗传决定论”，成了创造工程的奠基人。[2]

（2）发明创造技法在部分国家的发展。发明创造技法在美国、日本、德国、英国、加拿大、苏联等相关国家均得到一定程度的发展。

在美国，1957 年海军特殊设计局开发了“计划评审技法”（Program Evaluation and Review Technique），陆军开发了“5W1H 法”，C. S. 惠廷制定了“焦点法”（Foused Object Technique），1963 年霍尔韦尔公司研究出“PATIERN”法，1964 年兰德公司开发出“德尔菲法”（Delphi Technique）。后来陆续出现了上百种创造技法，有的属于一种新的综合性创造技法，有的属于以原有的技法为基础，进行部分改动，以适应不同的需要。

在日本，起初主要是介绍和引进国外有关研究成果，20 世纪 40 年

[1] 侯智 . 创造力训练方法研究及其计算机实现 [D]. 重庆：重庆大学，2003.

[2] 何静 . 高职院校学生创新能力培养研究 [D]. 武汉：华中师范大学，2008.

代起开始有了自己的特色。如 1955 年创造学先驱之一市川龟久弥提出了创造的“等价变换法”；1965 年，筑波大学川喜田二郎教授制定了“KJ 法”❶，把原来根本不想收集的大量事实如实地捕捉下来，通过对事实进行有机地组合和归纳，找出全貌，提出假说和建立新学说；1969 年片山善治提出了“况法”；1970 年，创造工程研究所所长中山正和提出了“NM 法”。❷

在德国，美国的创造技法被引入后，又进行了德国式的改造，如把头脑风暴法改为默写式头脑风暴法；把综摄法改造成“视觉综摄法”（Visual Synactics）；亚琛工业大学的柯勒制定了以物理算法为核心的变换合成方法；J. H. 舒尔茨制定了集中精神的“自律训练法”（Aunjenic Training）。此外，还有 F. 汉泽的“概念组织法”（1953）、B. 古里捷的“思想会议法”（1970）、H. 缪列尔的“系统创造法”（1970）、K. 托马斯的“使用价值分析法”（1971），等等。❸

在英国，不仅从设计方法入手探讨发明创造方法的技巧，还形成了具有自己特色的创造技法。医生爱德华·德·波诺提出了一整套称为 CoRT 思维训练的课程，其中属于创造性思维技巧的课程有“是，否，也许法”“垫脚石法”“自由输入法”“向概念挑战法”“向主导观念挑战法”“确定问题法”“挑错法”“组合法”“需要探索法”“评价法”，可对成人乃至儿童进行系统训练。

在加拿大，20 世纪 60 年代，蒙特利尔大学的 H. 塞里埃制定了利用睡眠时潜意识的“睡眠思考法”（Sleeping Thinking Method）。蒙特利尔大学和魁北克大学都开设了创造性技法和创造性解决问题的训练。❹

---

❶ 张爱琴，侯光明 . 创新方法研究的比较分析与发展趋势——基于多学科视角 [J]. 北京理工大学学报（社会科学版），2014（2）：5.

❷ 简红江 . 国内外创造学发展比较研究 [D]. 合肥：中国科学技术大学，2012.

❸ 侯智 . 创造力训练方法研究及其计算机实现 [D]. 重庆：重庆大学，2003.

❹ 薛军丽 . 基于创造过程哲学视角的创造教育实证研究 [D]. 合肥：中国科学技术大学，2019.

在苏联，1946年起，一批学者从175万项发明创造专利中选出4万项高水平的专利文献，从中概括出一批普遍性、有效性的方法与“基本措施”[1]，创立了“物场分析理论与方法”，制定了《发明创造课题程序大纲》《基本措施表》《标推解法表》等，并注意不断修改完善。其起初作为国家高度机密，后来被传播辐射世界，即所谓的“发明创造问题解决理论”（TRIZ）[2]。

除此之外，发明创造技法在法国、荷兰、希腊等国也都有一定发展。

（3）发明创造技法在中国的发展。在中国，自20世纪80年代起，就开始了创造工程和发明创造技法的引进，中国学者在引进西方和日本发明创造技法的同时，结合中国的特点和需要，对其进行充实和发展。如陈树勋的《创造力发展方法论》，纪经绍的《价值革新与创造力启发》等。[3]后来，许立言在《科技画报》介绍发明创造技法；中国发明创造者基金会、中国预测研究会组织翻译出版30余部500多万字的《发明创造丛书》（内部发行）[4]，详细介绍了国外创造技法的第一手资料。

与此同时，中国陆续提出了一些有中国特色的技法。

许国泰总结文学创作和产品开发的思路，提出“信息交合法（魔球法）”，于1983年在南宁全国首届创造学学术研讨会上作了报告，受到与会者重视，并在1985年出版的《产品构思畅想曲》中系统阐述了这一方法。刘仲林总结科技创造的思维规律和特点，从审美逻辑的角度，提出了“臻美法”[5]，同年在南宁全国首届创造学学术研讨会上作报告，受

[1] 何静．高职院校学生创新能力培养研究[D]．武汉：华中师范大学，2008.

[2] 杨清亮．发明是这样诞生的：TRIZ理论全接触[M]．北京：机械工业出版社，2006：33.

[3] 孙爱玲．方秦汉院士创新方法研究[D]．成都：西南交通大学，2010.

[4] 侯莲梅．茅以升创新方法研究[D]．成都：西南交通大学，2010.

[5] 刘仲林．中西会通创造学：两大文化生新命[M]．天津：天津人民出版社，2017：342.

到与会者重视，于 1989 年出版《美与创造》，系统阐述臻美系列技法。[1] 许立言、张福奎等总结上海和田路小学创造活动经验，提出“和田十二法”（1984），在中小学创造活动中产生广泛影响。此外，1984 年袁张度在《创造与技法》一书中提出“集思广益法”，赵惠田总结辽宁省科学技术协会创造力开发培训经验，1988 年出版《发明创造学教程》，详细阐释了这一技法。

（五）发明创造技法分类

面对几百种创造发明创造技法，如何形成系统化、条理化的技法分类系统，这是一个难题，原因是多方面的：其一，绝大多数技法都是研究者根据自己的实践经验和研究方式总结出来的[2]，缺乏统一的理论指导；其二，各种技法之间不存在线性递进的逻辑关系，难以形成统一的体系；其三，创造性思维是一种高度复杂的心理活动，其规律尚未得到充分揭示，难免出现各自强调某些侧面，甚至各执一端的状况。这样，各种技法的内容上彼此交叉重叠，既互相依赖，又自成一统，难以全面条理化。

（1）“六类法”。日本电气通信协会在其编写的《实用创造性开发技法》一书中，曾将常用的 29 种技法分成六类，并列出一个“技法树”的图，以技法为树干枝，各技法为分枝，组成技法之树。

1）自由联想法[3]——头脑风暴法、KJ 法等；

2）强制联系法——查表法、焦点法等；

3）设问法——戈登法、特尔菲法等；

4）分析法——列举法、形态分析法等；

5）类比法——提喻法、等价变换法等；

6）其他方法——网络法、反馈法等。

（2）“三类法”。日本著名创造学家高桥诚在《发明创造技法手册》

---

[1] 希弗利，周健临．头脑风暴法 [J]. 外国经济与管理．1984（3）：21-23.

[2] 崔静．立体裁剪中创意思维的研究及应用 [D]. 北京：北京服装学院，2009.

[3] 关原成．纵横联想创造法 [M]. 杭州：浙江科学技术出版社，2000.

一书中，将精选出来的 100 种技法分为三大类：

1）扩散发现技法；

2）综合集中技法；

3）创造意识培养技法。

以上介绍的两种分类方法，各有其特色，也各有其不足。第一种分类法收录技法少，简明形象，但不够全面，较为粗糙，缺乏科学性和准确性；第二种分类法收录技法丰富，较为全面，但分类标准不够统一，有些技法归属不当，缺乏严谨性和准确性。

（3）我国提出了多种分类方法。

1）我国东北大学（原东北工学院）、国家科委人才资源研究所创造力开发课题组将发明创造技法分为三类：提出问题的方法；解决问题的方法；程式化的方法。

2）张志平将发明创造技法分为六大类：发散思维类发明创造技法；周全类思维技法；组合类思维技法；变换类思维技法；逻辑类思维技法；综合类思维技法。

3）罗玲玲从心理学角度，把发明创造技法分为两大类：智力类发明创造技法[1]；非智力类发明创造技法。

4）刘仲林提出技法“四大家族”（LZ 分类法）：

联想族（联想系列技法）。“头脑风暴法”可以说是联想族技法的典型代表，这一技法规定的自由思考原则、禁止批判原则、谋求数量原则、结合改善原则等，皆为丰富的想象创造条件。

类比族（类比系列发明创造技法）。“提喻法”是类比族技法的代表，这一技法的中心部分，即是拟人类比、直接类比、象征类比、幻想类比等的思维技巧问题。

组合族（组合系列发明创造技法）。“焦点法”是组合族技法中一个简单而典型的方法。它以一个事物为焦点（出发点），联想其他事物并与

[1] 梁学东 . 改变世界的魔力 [M]. 北京：海洋出版社，1999：133.

之组合，以获得新设想。如玻璃纤维和塑料结合可以制成耐高温、高强度的复合材料——玻璃钢。玻璃钢的发现就是运用了组合思维技法。

臻美族（臻美系列发明创造技法）。缺点列举法、希望点列举法是比较简单的臻美族方法。找出产品缺点，提出产品改进希望，都是使产品更完美、更富吸引力。产品的完美是无止境的，臻美也是一个不断努力的过程。

联想是基础，类比、组合是进一步发展，臻美是高境界、高层次。从汉语拼音的角度说，联想、类比第一个字母均为 L，组合、臻美的第一个字母均为 Z，所以我们可以称上述技法分类为 LZ 分类法。

5）李嘉曾的发明创造技法分类：

个人技法和集体技法。个人技法如缺点列举法、自由联想法、卡片法等；集体技法如头脑风暴法、综摄法等。

扩散技法和集中技法。扩散技法如头脑风暴法、自由联想法、特性列举法等；集中技法如情报整理法、综合技法、预测技法等。

（六）常用的发明创造技法

常用的技法其实也比较多，这里只选择“头脑风暴法”“列举法”“联想法”和“设问法”等几种最常用的技法与大家简要分享。

（1）头脑风暴法。“头脑风暴法”是由现代创造学的创始人、美国学者阿历克斯·奥斯本于 1938 年首次提出，最初用于广告设计，是一种集体开发创造性思维的方法。

原理：通过强化信息刺激，促使思考者展开想象，引起思维扩散，在短期内产生大量设想，并进一步诱发创造性设想。[1]

原则：

●自由畅想，大家不受任何条条框框限制，放飞你想象的翅膀，任思维凭空翱翔。

---

[1] 王春富 . 创新教育实施策略三探 [J]. 现代教育科学：中学教师，2013（1）：2.

●延迟判断，在头脑风暴活动中，每一提出的设想当场不做评价。(消除影响自由畅想的一切负面因素，鼓励发言，才能强化信息同时不断刺激思维，诱发新的思想。)

●以量求质，头脑风暴会议的目标是获取尽可能多的设想，从中提取有价值的创造，因此同学们的设想越多越好。[1]

●综合改善，这是一个吸收与完善的过程，也是一个相互补充一起提升的过程。

●限时限人，会议通常限定时间 30 ～ 60 分钟，人数 10 人左右。

(2) 列举法。

1) 特性列举法（美国克劳福德创始）。

①原理：通过对研究对象的特性进行详细分析，迫使人们进行逐项认真思考并深入研究，进而诱发创造性设想的方法。

②实施步骤：

对象剖析：对对象进行系统（子系统）分析。

特性列举：列出系统的各种特性。

设想开发：对各种特性进行推敲，对如何改变或改进原有特性提出设想。

设想处理：对获得的设想进行处理，给予实施、舍弃或再开发。

2) 缺点列举法（应用广泛，效果显著）。

缺点列举法是将物体的特性中的缺点罗列出来，然后提出改进设想。

3) 希望点列举（需要是发明创造之母）。

希望点列举法也是特性列举法的特例，是将人们希望所具有的、理想化的事物特性设想出来并加以罗列的特性列举法。

(3) 联想法。

联想法是运用想象力在不同事物或概念之间建立联系，从而诱发创

---

[1] 马红光，董莲 . 创造技法在“弹力”教学设计中的应用 [J]. 中学物理教学参考，2015（1）：4.

造性设想的一类发明创造技法[1]。

1）接近联想，如“天安门，人民大会堂；端午，粽子”。

2）相似联想，如“彩虹，大桥；巴金，茅盾”。

3）对比联想，如“播种，收获；闭关锁国，门户开放”。

4）因果联想，如“端午，屈原；闪电，雷鸣”。

赞鱼有因

赞由心生缘喜果，
鱼质精妙联许可。
有意追探科学路，
因正果硕发明多。

“没有无缘无故的爱”，也没有毫无意义的赞，事出有因，有因必有果。赞鱼是一种比拟，无论其外观造型、色彩动作，还是其声名显赫、质地金贵，都会招来赞声，或为喜悦，或为开眼，或为价值，或为财富。于发明创造，赞鱼的启示在于因果联姻，追因求果，缘果溯因，弄明真相，把握本质。创造的主要特性之一是科学性，而科学的本质在于求真，因此，发明创造即求真求新求实之创举。

5）强制联想法（信息交汇法），提出联想元素、建立二元坐标体系、完成联想图、设想处理。

6）自由联想法（美国罗基德航空公司），如专题漫谈会、输入输出法等。

（4）设问法。

设问法是通过多角度提出问题，从中寻找思路，进而作出选择并深入开发创造性设想的发明创造技法。设问法的主要类型有检核表法、

[1] 刘亚利．联想教学法在大学英语阅读教学中的应用研究 [D]. 南京：东南大学，2006.

5W2H 法等。

1）检核表法。

检核表法是现代创造学的奠基人奥斯本创立的又一种发明创造技法。

其基本内容是围绕一定的主题，将有可能涉及的各有关方面罗列出来，设计成表格形式，逐步检查核对，并从中选择重点，深入开发创造性思维。列表检核“九方面”：

①能否转移——现有事物原理、方法、功能能否移植至其他领域，如电吹风通过原理转移发明被褥烘干机。

②能否改变——能否改变现有事物的形、色、声、味等，如小号上的消音器。

③能否引入——现有事物能否引入其他设想系列成果，如火柴（防风、长效、保险等）。

④能否改造——能否改进现有事物及其使用价值，如自行车链条罩。

⑤能否缩小——能否使现有事物缩小、减轻、分割，如铁路工字型铁轨。

⑥能否替代——能否用其他材料代替现有材料（成本，功能），如纸杆铅笔。

⑦能否更换——能否更改变化现有事物的程序，如非同步化上班。

⑧能否颠倒——能否使现有原理、功能、工艺颠倒过来，如电动机通过现有功能颠倒发明发电机。

⑨能否组合——能否使若干事物（部分）组合，产生更大功能、效果，如大炮、堡垒、机动车组合后发明坦克。

2）5W2H 法。

由 7 个英文单词和词组的首位字母组成其名，是从七个不同角度对事物进行提问来产生大量设想，从中诱发创造性思维进而作出判断和选择。7 个词为：

why 为什么

what 什么

who 谁

when 何时

where 何地

how to 如何

how much 多少

当然，从实践中总结出来的常用发明创造技法也有很多，如上海和田路小学的“12 动词法”、启东市大江中学发明创造技法图等。[1]启东市大江中学通过多年研究与实践，学习借鉴了相关发明技法，如缺点法、希望法、组合法[2]、附加法[3]、改变法、扩大法、增减法、移植法[4]、逆向法[5]、信息交合法、专利文献法等，在结合本校经验的基础上，总结提炼出行之有效的常用发明创造技法图（图 4-4）。

最后，需要特别提醒大家的是，发明创造技法成百上千，我们没有必要也不可能全部学习掌握，学习技法要少而精，最关键的是学以致用，在“活”字上下功夫，一般建议涉足发明创造时间不长者学习 1~2 种常用技法即可，只要充分把握这两种自己认为易于理解运用的技法要领，能加以灵活运用，就算是掌握了发明创造技法使用的“秘笈”。

（七）发明技法特征演示器

（1）教具简介。

本教具是在多年指导以发明创造为主的科技创新教育中，针对学生对于发明技法特征的理解把握和技法运用中所出现的困难，总结经验，自行设计和制作而成的。通过近几年在江苏省启东中学科技创新课程中使用，使学生不仅对发明创造更加有趣，而且非常轻松地便理解掌握了常用发明技法的特征，以及使用要领，并很快能产生大量发明创意。

---

[1] 大江中学课题组 . 学会发明 [M]. 呼和浩特：远方出版社，2006：142.

[2] 关原成 . 异类组合创造法 [M]. 杭州：浙江科学技术出版社，2000.

[3] 关原成 . 主体附加创造法 [M]. 杭州：浙江科学技术出版社，2001.

[4] 关原成 . 移植借用创造法 [M]. 杭州：浙江科学技术出版社，2000.

[5] 关原成 . 逆向反求创造法 [M]. 杭州：浙江科学技术出版社，2000.

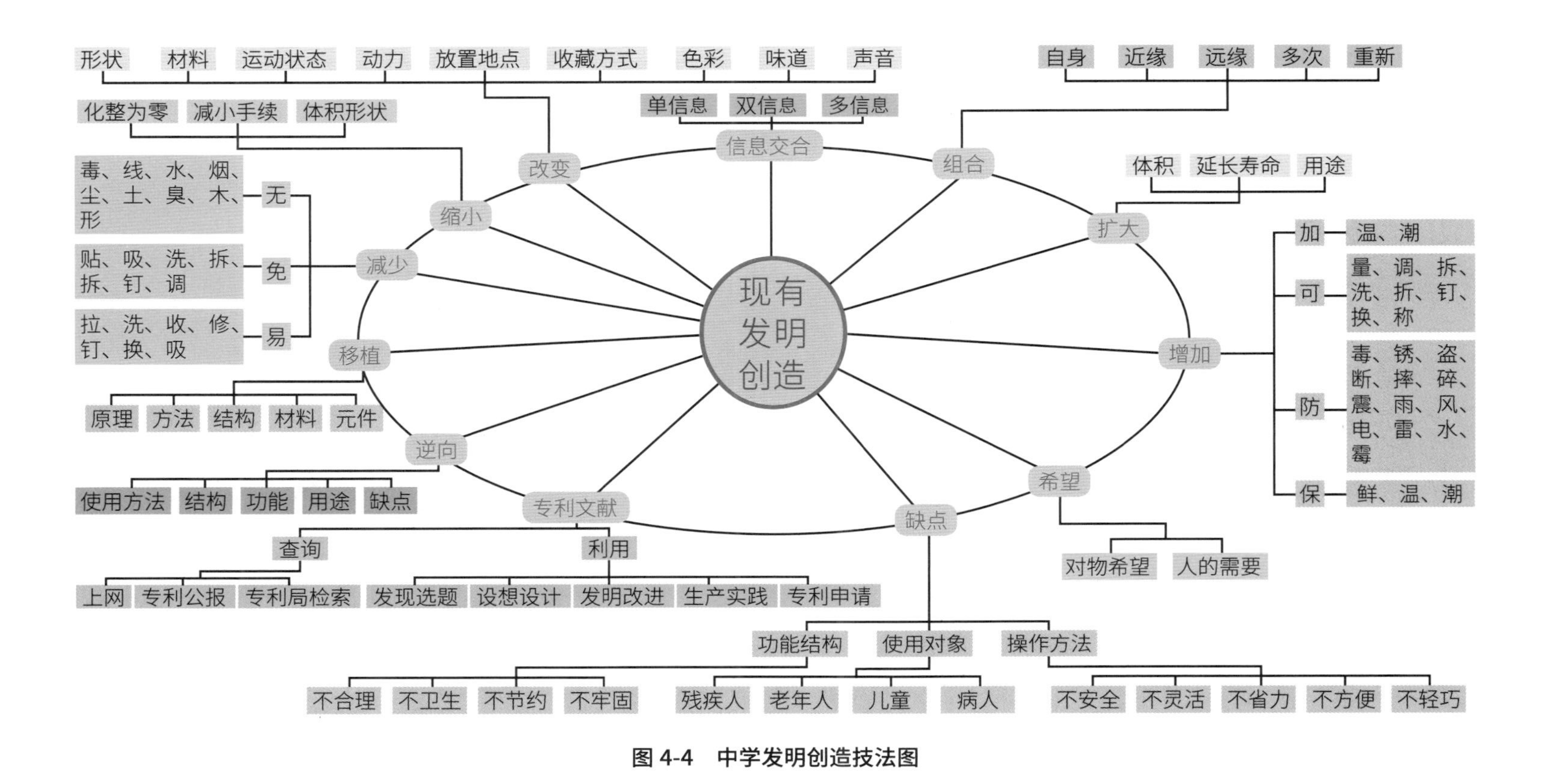

图 4-4　中学发明创造技法图

1）正面展示“发明技法图”；

2）翻开上板，演示发明创意组成要素；

3）拉动“发明技法”卷带，演示常用发明技法要点；

4）分别拉动“使用对象”“研究事物”“特征（一）”“特征（二）”，选择相关信息进行组合，即可产生不同发明创意；

5）在上板空白处自主填写想要的关键词，即可实现自主产生发明创意；

6）翻开下板，分别拉动各卷带，为发明技法特征理解和创意产生提供更多参考信息。

（2）结构示意图。发明技术特征演示器结构示意图见图 4-5。

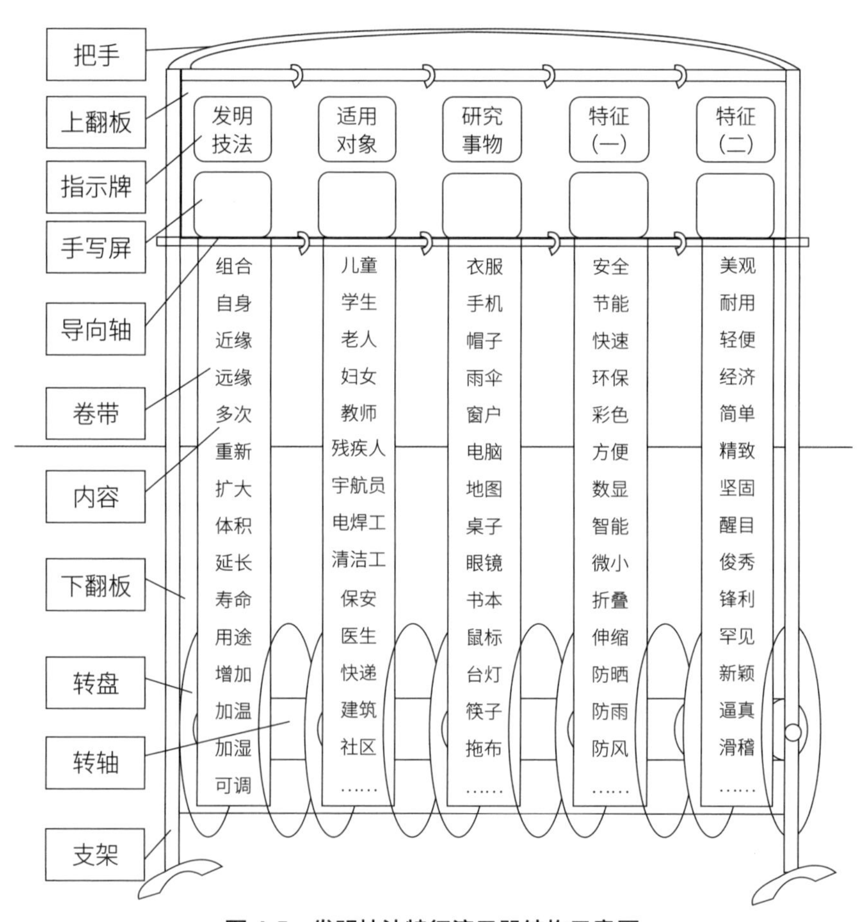

图 4-5 发明技法特征演示器结构示意图

（3）仪器的特点及用途。

1）特点：本教具用卷轴方式展现常用发明技法的要点，理解直观，方便选择；同时通过并排卷轴将发明创造所要研究的事物、使用对象及主要特征列举展现出来，在发明技法要点提示之下，辅助问题聚焦与创意思考，促进问题解决的发明方案生成，在生动有趣的操作体验过程中，增强对发明技法要点的理解和应用方法的掌握。

2）用途：本教具可演示以下 12 种常用发明技法特征及操作要点。

组合法：自身、近缘、远缘、多次、重新

扩大法：体积、寿命、用途

增加法：加——温 / 潮

可——量 / 调 / 拆 / 洗 / 折 / 钉 / 换 / 称

防——毒 / 锈 / 盗 / 断 / 摔 / 碎 / 震 / 雨 / 风 / 电 / 雷 / 水 / 霉

保——鲜 / 温 / 潮

希望法：对物希望、人的需要

缺点法：功能结构——不合理 / 不卫生 / 不节约 / 不牢固

适用对象——残疾人 / 老年人 / 儿童 / 病人

操作方法——不安全 / 不灵活 / 不省力 / 不方便 / 不轻巧

专利文献法：查询——上网、专利公报、专利局检索

利用——发现选题→设想设计→发明改进→生产实践→专利申请

逆向法：使用方法→结构→功能→用途→缺点

移植法：原理、方法、结构、材料、元件

减少法：无——毒 / 线 / 水 / 烟 / 尘 / 土 / 臭 / 木 / 形

免——贴 / 吸 / 洗 / 拆 / 折 / 钉 / 调

易——拉 / 洗 / 收 / 修 / 钉 / 换 / 吸

减小法：化整为零、减小手续、体积形状

改变法：形状、材料、运动状态、动力、放置地点、收藏方式、色彩、味道、声音

信息交合法：单信息、双信息、多信息

（4）作品照片。发明技法特征演示器见图 4-6、图 4-7。

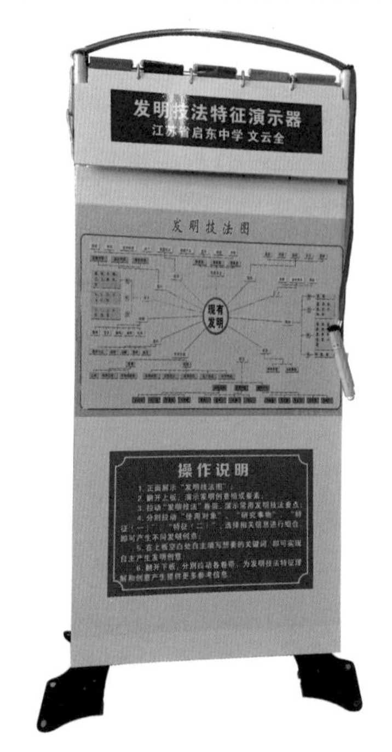

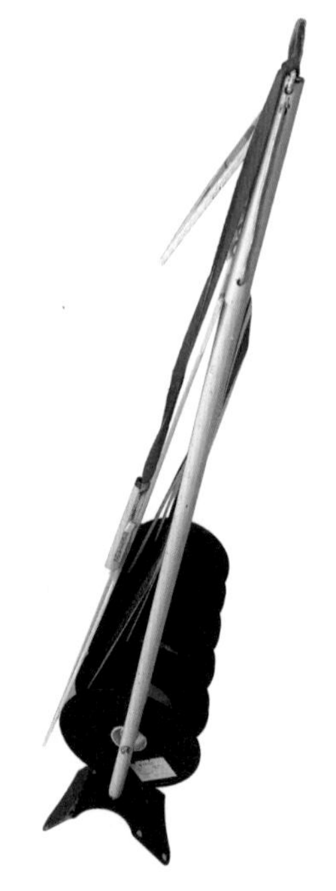

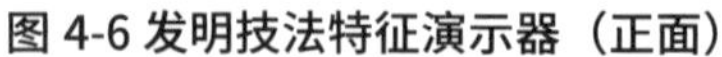
图 4-6 发明技法特征演示器（正面）　　图 4-7　发明技法特征演示器（侧面）

（5）制作材料。

选取内径约 100 毫米、外径约 250 毫米、宽约 150 毫米的线轴 5 个（可用废旧 3D 打印线轴），直径约 100 毫米、长约 500 毫米的 PVC 管 1 根，直径约 8 毫米、长约 1000 毫米的铁丝 1 根，宽约 140 毫米、长度大于 500 毫米的纸带 5 条，500 毫米宽、1000 毫米高的 KT 板一块，支架杆及支架座各 1 个。

（6）制作方法。

1）准备制作材料。

2）用 PVC 管和铁丝将线轴依次并排串连起来，见图 4-8。（注：线轴之间保持一定间隔，保证各自能自由转动。）

3）在纸带上打印或书写好发明技法等相关内容，绕在线轴上，依次为发明技法、使用对象、研究事物、特征（一）、特征（二），并安装支架及支架座，适当调整高度（见图 4-9）。

图 4-8　发明技法特征演示器（背面）

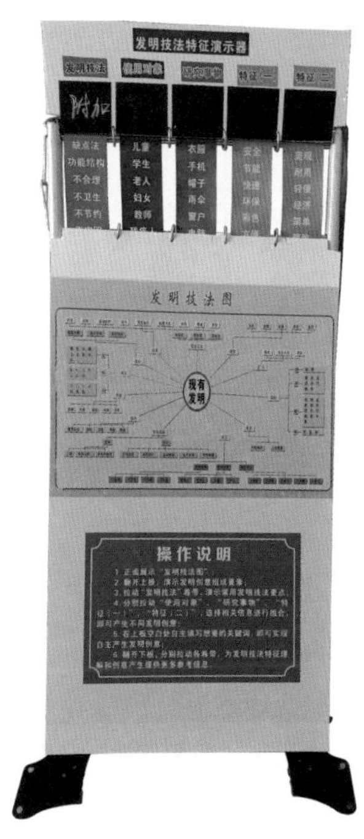

图 4-9　纸带安装后的发明技法特征演示器

（7）使用方法。

1）将本教具放置在水平桌面上，或用手提起，使纸带内容正面朝向观众。

2）转动发明技法所在线轴至需要演示的内容，即可进行演示。

3）转动后面其他线轴，即可辅助进行创意方案设想。

4）用笔将所需增加的内容填写于空白屏，可进行个性化自由创意。

四、“查”，发明创造新颖独特之秘笈

发明创造是一种重要的知识产权，受国家法律保护。青少年要从小养成知识产权意识，尊重知识产权，学会运用法律武器保护自己的知识产权，并努力学习了解知识产权的条件和特性，发挥自己和团队的聪明才智创造知识产权。

群鱼效应

群聚忽散自组织，

鱼侧线标反馈时。

效能觅食保安全，

应尽所长有限资。

多次观察鱼群活动可以发现，鱼群的活动乱而有序，忽聚忽散，整齐划一，严密灵活。鱼群有序的行动由谁来指挥？其实，鱼没有发达的大脑和神经，不是靠有意识组织、调度，而是靠简单的进化本能——侧线反馈。鱼身两侧都有一条颜色特殊的侧线，鱼以周围同伴侧线为参照标志，调节游向与速度，这就是鱼群的自组织方式。靠这种自组织方式实现鱼群的觅食和逃生的效应，就叫群鱼效应。对发明创造，群鱼效应的启示在于充分利用团队力量和集体资源，发挥各自

所长，而不在乎先天条件有多优越。

新颖性是决定方案设计是否为新发明创造的第一特性。那么，如何判断自己的方案设计是否具有新颖性呢？这就需要“查新”。查新的方式和渠道有许多，一般包括网络数据、出版图书、报纸杂志、专利公报、市场产品、生产生活应用等。发明创造类方案设计一般通过网站进行专利文献数据查询。网上查专利不仅可以为方案设计的新颖性判断提供依据，还可以为发明创造的选题提供参考。有一种发明创造技法叫专利改进法，其改进的主要依据就是专利文献，离开了专利文献，也就谈不上专利改进法。因此，应用改进法搞发明创造的前提就是要学会如何查专利文献。

专利改进

专有权属法律保，
利在千秋风格高。
改陈促新成大业，
进立人肩无比好。

专利改进是一种创造技法，是借助于已有专利文献，有针对性地进行改进，从而获得新的发明创造的一种实用高效的技法。运用这种技法的关键是要充分理解现有专利文献的实质贡献，即创新之处，并能将其改进至可以被法律认可的不侵权的程度。专利改进实为站在别人肩膀上，易于成功。

下面以国家知识产权局官网为例，说明如何从网上查找专利文献。

打开浏览器，在地址栏输入“https://www.cnipa.gov.cn/”即可进入国家知识产权局官网。

进入网站首页后，往下拉到“政务服务”栏，鼠标移到“专利”图标上，即可看到右侧显示框中的“专利检索”标签。

点击“专利检索”进入用户登录页面。

免费实名注册登录后，即可进入专利检索页面。这个专利检索及分析系统启用于 2011 年 3 月 31 日，是国家知识产权局为方便公众了解专利的相关信息，为更好地向公众提供专利信息服务而建设的一套集专利检索与分析于一体的综合性专利服务系统，包括常规检索、高级检索、导航检索、药物检索、热门工具、命令行检索和专利分析等。下面以常规检索为例，简要介绍青少年在发明创造过程中使用专利检索系统时的操作要领。

常规检索的检索模式为自动识别，支持二目逻辑运算符 AND（与）、OR（或）。多个检索词之间用空格间隔，如：“智能　手机”。系统默认二目逻辑运算符是 AND，如输入“智能　手机”，系统按照“智能 AND 手机”进行检索。常规检索输入“智能　手机”的检索结果。

从检索结果可以看到，满足“智能　手机”条件的专利信息共 9641 页 115 681 条数据。上方显示检索历史，下方依次列出检索到的专利信息。每件专利信息包括名称、申请号、申请日、公开（公告）日、申请（专利权）人、发明人等，右边有摘要附图，下边有“详览”“收藏”“+ 分析库”“申请人”“法律状态”“监控”等选项。以第一条信息“一种化工排放的远程智能化监控检测装置”为例，我们需要了解更加详细的专利信息内容时，点击“详览”即可看到更多信息，在著录项目页面即可看到摘要等诸多信息，还可直接看到全文文本和全文图像。

在检索结果具体专利信息页面，摘要下方还有“翻译”选项（见图 4-10）。被翻译文本语言类型可以选择中文、日语或自动检测，可选择翻译成英文、日文、阿拉伯文、德文等。

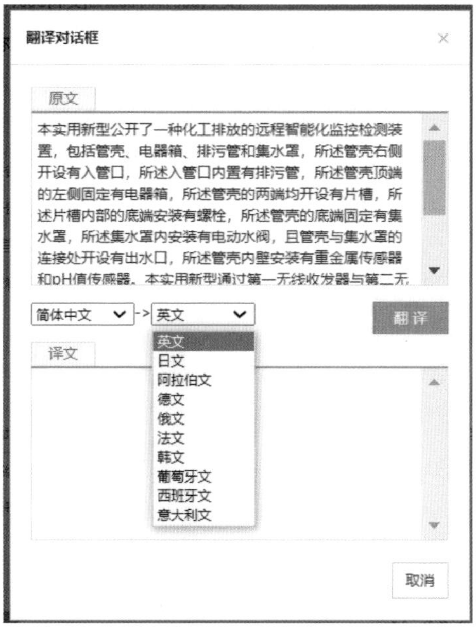

图 4-10　专利检索结果翻译界面截图

如果需要下载专利信息，可以在左边窗口点击“下载”选项，根据需要选择确定，并输入验证码后，即可免费将本专利信息全部下载到本地电脑指定文档中（见图 4-11）。

图 4-11　专利检索结果下载界面截图

除了常规检索外，有条件和需要时还可以高级检索和导航检索（见图 4-12、图 4-13）。

图 4-12　国家知识产权局官网专利检索高级检索界面截图

图 4-13　国家知识产权局官网专利检索导航检索界面截图

对青少年来说，专利检索不仅对开展发明创造起着重要的指导和引领作用，还能让青少年从小养成知识产权意识，尊重别人的知识产权，同时学会用法律武器保护自己的知识产权成果。

查找专利的途径有多种方式，如通过申请号、专利号检索特定的专利文献，或通过发明人、专利权人的名称查找特定的专利，或通过选取主题词查找相关技术主题的专利，或按分类号途径检索专利文献，等等。

目前，世界上只有少数国家和地区的专利数据库提供给网民免费检索，但它们一般仅收录本国的专利文献，这些数据库尽管可以满足用户一般性检索需求，但对于用户提出的复杂检索需求或专业化检索需求，它们就远远不能满足了。因此对于涉及法律诉讼的严格检查或复杂的专业检索需求，最好使用商业性联机检索系统，并由专业检索人员进行检索。

对于发明创造专利检索网站有许多，下面提供给大家一些免费的专利检索网站。

如 soopat（http://www.soopat.com/Home/Index），其优点是速度快，国内数据较为完整；缺点是国外数据不全，且改版更新快。

又如智慧芽（http://www.zhihuiya.com/），其优点是功能多，帮助好；缺点是数据不全。

再如佰腾（http://so.5ipatent.com/），其优点是功能实用，国际数据较全；缺点是分析量不够。

大家如有兴趣可以自行去探索使用。无论什么专利检索网站，只要能方便自己查询参考即可。

当然，专利检索是一件比较专业的事情，如果需要比较权威的专利检索报告，还需要专业机构和人士来进行。对于青少年开展发明创造活动而言，所需要的专利检索一般要求不是特别高，只要掌握一些基本的专利检索技能即可。同时，还应该提醒广大青少年及其指导教师和家长，为确定发明创造活动的选题以及创意是否具有新颖性、创造性，不仅需要到专门的专利网站进行查询，还应该在其他相关的资料和数据库进行查询确认。如中国知网、历届青少年科技创新大赛作品集、搜索网站、商品网站等。

五、"躬"，发明创造本源洞见之秘笈

做鱼诱饵

做即行动乃关键，

鱼非天物不自来。

诱其所好成群至，

饵为明食暗牵线。

"知行合一"是著名教育家、现代中国创造教育先行者陶行知的经典理念，于今仍有非凡的指导意义。可以说，做即为行动，是成功的关键。如鱼一般，非天上掉下之物，需以其所好诱之才能引其群至，而关键就在于诱饵的制作——既让其看得到，又让其看不清。指导学生发明创造，若以其所好为引导，也不必让其一下便明确其背后的长远的用途。

发明创造作为创造性活动，是动手与动脑相结合的实践活动，需要理论与实践结合，思考与行动结合。"纸上得来终觉浅，绝知此事要躬行。"这是陆游在诗《冬夜读书示子聿》中所写的，意思是说，纸上得来的东西感受总不是很深刻，要真正弄明白其中的深意，往往还需要来自于生活实践中自身的真实体验。著名教育家陶行知先生也主张"知行合一"的创造教育理念。很多东西都是自己碰过壁，吃过苦头，走过弯路，才真正明白其中的道理。运用在发明创造教育方面，无论是青少年的发明创造实践，还是辅导教师的发明创造指导，如有不通的地方，只有放手去实践，在自己选择的道路上去探索研究，躬行不怠，持之以恒，不断改进，方能取得真正成功。这一点尤其值得我们科技辅导教师和家长注意。以下结合自身经历与各位老师和家长谈谈如何在发明创造等科创教育指导和研究中的躬行体会。

（一）一次与孩子的协同实践成长

2011 年，伴着我国目标飞行器的发射成功，和着国庆佳节之喜悦，作为一名父亲，又作为一名科技教师，更作为一名科技实践活动同伴，我利用国庆期间与不满十岁的儿子文流渊一起进行了“我的飞行器”科技模型的设计和制作实践活动。从最初的火箭模型的改进，到滑翔飞机的设计，再到“一字飞行器”的试验，以及最后“丁字飞行器”的基本成功，我们经历了近一周的探讨、设计、制作、试验、改进等过程。其间，儿子在快乐地成长，我也收获颇丰。

（1）此事要躬行。虽然以前有过较为良好的训练和实践，在科技发明创造教育上取得了不小成效，从常理来讲，辅导一个小小的科技比赛项目，应该是易如反掌的事。但是在实践中，尤其是作为科技教师出现在现代孩子面前的时候，我们不能“眼高手低”。我们不能凭着自己已成为“过去时态”的“老经验”在孩子面前自以为是，以为自己有多“神气”，有多了不起，于是开始而且只是在辅导的时候指手画脚，装“君子”，“动嘴不动手”。相反，在指导孩子学习实践的过程中，教师要多做“下水”文章，“绝知此事要躬行”，作好充分的准备，把可能出现的问题作好预案，甚至将问题的关键和自己亲历的体会与孩子分享。否则，在孩子实践的过程中，如果碰到较为棘手的事情，或者要求指导者做个示范的时候，可能就会出现尴尬的场面，现场急得满头大汗，总以为这真是太意外了，以往良好的感觉怎么会随风而去呢？甚至让你被孩子嘲笑，降低孩子对你的信度，影响教育的效果。

尴尬发明

发明常在尴尬间，
尴尬引发机遇来。
勤察巧思尴尬事，
破解尴尬创意现。

发明创造往往因问题而生，为满足需要而现。而突如其来的尴尬事，常常让人难堪，此时问题便可引发创意灵感，甚至产生发明创造。因此，学习发明创造要养成勤于观察，主动思考，善于提问的良好习惯，通过破解尴尬产生创意，解决问题。

（2）角色要转换。角色定位大大影响教育的效果。在学校，作为老师，要行“传道、授业、解惑”之职；在家里，作为家长，要做监护、抚养、教育之事。在辅导孩子参与科技实践活动中，我们既是教师又是家长，所以务必摆正自己的位置，明确自己的角色，并随时准备在不同角色之间变换，以适应教育情景的需要。在辅导现代孩子开展科技类教育实践的过程中，我们作为一名长者，一名教育专业人士，更应该是一名学习实践的同伴，一名平等交流的学生，一名亲密互补的合作者，一名教育过程和教育活动的引领者。这几种角色之间的关系和比例可能随着教育实践过程的发展有所变化，因此需要按需分配，灵活转换。

（3）过程要优化。教育的过程更应该是实践的过程。教育过程的优化能使教育的效果得以提升。除了教育工作者的“躬行”和“角色”的定位之外，如何设计和掌控教育过程，优化科技实践活动的过程，是能否取得良好教育实践效果的关键。教育实践的过程本身就是一个教育方案的优化过程，是一个师生互动生成的过程，是一个不断挑战自我、表现自我、超越自我的过程。[1]教育情境的预设要尽量关注教育过程的时序性、生成性、变化性和互动性，尤其是实践类教育活动中，更应该从学生发展需求和不同学生的发展状况出发，注重实效，及时变通，灵活应对。

（二）一次对真问题全过程地求实效

第 24 届江苏省青少年科技发明创造大赛决赛在昆山举行，我作为科

---

❶ 佐藤学．学习的快乐——走向对话 [M]. 钟启泉，译．北京：教育科学出版社，2011：166.

技辅导教师比赛选手和学生项目指导教师双重身份参加了本次大赛。我本人的参赛项目为“基于数据采集的超重失重演示测量装置”，主要针对现有物理实验中演示超重失重的装置效果不明显而设计，核心是利用加速度传感器和无线发送接收模块，将物体超重失重的加速度方向和大小通过数据采集与图像直观显示，达到直观形象的目的。通过现场讲解和演示，其良好的效果引起了两组评委的共同认可。虽然现场结果还没有公布，但我已有成功的预感，肯定能获一等奖。这种自信来自我的努力和经验，主要感受有以下几点：

（1）真问题。课题来自问题，问题必须真实、真切。真问题决定着发明创造课题研究的价值取向和目标意义，换言之，问题的真实性和突出性决定了发明创造的实用性。我的“基于数据采集的超重失重演示测量装置”正是抓住了物理实验中的演示体验不直观这一真实问题而选择课题展开的研究，因此，注定其实用性相当突出，研究意义十分明显。

（2）全过程。发明创造是一个探究的过程，思考的过程，改进的过程。发明创造过程资料的收集与体现能证明研究的精神和成效，也是发明创造精神的体现。同时也反映出提出问题、分析问题和解决问题的实践能力，这是发明创造最本真之源。我在“基于数据采集的超重失重演示测量装置”的研究过程中，尽量把思考、研究如何解决直观显示这一关键问题的过程记录下来，并通过相关材料体现出来，让研究过程清晰可见，让发明创造精神和实践能力凸显。

（3）求实效。发明创造的最终效果体现为解决实际的问题，解决问题的效果尽量追求可见性，以其回归本真问题的解决程度为参照和标杆，这也是一般人最善于和最多拿来评判发明创造水平高低的手段。我的“基于数据采集的超重失重演示测量装置”通过实实在在的数据采集和图像显示，直观形象地演示和测量了物体从一个高度到另一高度过程中加速度的方向和大小，让评委折服了。

总之，发明创造作品能打动评委的地方很多，有选题的新颖独特，有研究的深入具体，有过程的坚实感人，有方法的出其不意，有结果的完满服人。在具体的项目研究中，需要根据实际，抓住关键，亮出精彩，突出体现真问题，全过程，实效果，方能出奇制胜。

（三）一次科技发明创造选题论证课的救急

高一每周一节的科技课又开始了，我按照惯例进行巡视时发现高一（2）班的林老师因临时情况没能准时到班上课，电话也联系不上。课已经开始了，换课也来不及了，没别的办法，我的选择有两个：一是让学生自习，二是为其代上这节课。看着全班学生期待的眼光，一想，他们科技课每周才有一节，不能轻易错过，于是在一闪念后便迅速决定为其代课。虽然我根本没有针对这节课进行任何备课，也不了解该班学生的具体情况，更不知道学生已经选择了什么课题，但我凭借自己十多年的教育教学经验，发挥了自己的应变能力和教育本能。

“请班长上台，这节课由你来主持”，我这话一出，班长愣了，全班一片沸腾，像炸开了锅一样。

班长上台后，我用简洁的话告诉她这节课的目的和形式，目的是论证大家选择的课题是否可行，可行者给予深入研究的建议，开始制订详细研究计划，不可行的建议“转向”，另行选择；形式是交流讨论，学生上台介绍设想，然后答辩。“你在上面主持，我在下面听。”

班长的表情从最初的惊讶，无所适从，开始逐渐镇定下来，略显紧张地快速进入了主持姿态。

通过几分钟的“磨合”，大家很快地进入了适应性的状态。班长站在前台主持，学生一个接一个上台介绍自己的创意设想，甚至还用上了实物展台，相互交流，热烈争辩，在欢快的气氛中，一个个科技发明创造课题的研究方向得以明确，研究重点得以突出，研究思路得以清晰。好一派生龙活虎的“高效课堂”景象。

大家把各自的科技发明创造选题设想登记表放在桌面上，我在听取学生交流之余，还抽空逐一查看了学生的设想，并轻声对每位学生的设想进行了鼓励性的评价。

最后两分钟，我接过班长的话语，表达对班长辛勤主持和敢于担当表示感谢。同时对大家提出两点要求：一是要求课题基本可行的同学抓紧制订深入研究的计划，包括研究的起点，研究过程中的主要内容，以及研究的发明创新点和预期成果，并迅速展开研究；二是要求课题暂时需要查新后更改或更换的同学抓紧行动起来，拓宽视野，严格查新，深入思考，尽快确定研究方向和主题。

我觉得这节课整体上算十分成功的。尤其是我在毫无准备时快速决策，在纷繁复杂中领悟主流脉络，在“随心所欲”中践行学生主体，在急中生智中体现教学思想，在点评激励中书写育人情怀。

（四）一次骨干培训中的“蝴蝶‘响’应”

一次参加科技培训，要求完成工程类项目的动手实践，包括小组合作完成一件由简单机械原理实现的玩具设计与制作，并合作完成展板制作，然后进行了小组汇报交流和评奖等活动。

制作项目要求以 6 人一组（个别小组 9 人），在规定时间（40 分钟，后来延长至 1 小时还有点紧张）内，利用提供材料和工具，完成一件包含不少于 2 个简单机械的玩具设计与制作，主要材料包括直径 4 毫米的单股铜芯导线 2 米、长宽为 25 厘米 ×40 厘米厚度为 5 毫米的泡沫板、牙签 10 根、一次性筷子若干、彩纸若干；主要工具有钳子 1 把、美工刀 1 把、小剪刀 1 把、直尺 1 把、透明胶带大小各 1 卷、双面胶 1 卷、铅笔 1 支、橡皮 1 块。

我们小组成员 6 人中有 2 名女教师 4 名男教师，通过前期交流后，他们自然就推荐我为组长，然后开始分工合作。在方案设计时拖延了一些时间，具体方案边做边修改，最终是在项目制作的后期才得以完全定稿的。制作的过程也不轻松，我本想让其他成员多表现，但没办法，他们都比较谦虚，似乎没有我的安排就不动，所以后来制作时间也紧张了。还好，利用午休间隙，我思考了一下，重新调整了策略，终于改进成功，突出了重点，基本展示了亮点，尤其是在展板制作环节，我利用新策略，大胆提出建议并画了草图进行分工，让队友们先根据自己的特长和创意中的贡献部分进行“自领任务”，然后将余下的进行适当分配，最终高效完成，合作愉快。

我们的作品名称叫“蝴蝶‘响’应”（图 4-14）。利用轮轴、连杆等简单机械传动产生动力，轮轴边通过细线拴一橡皮，用于旋转时敲击旁边的鼓，发出声响；轮轴转动同时带动与之相连接的连杆，带动蝴蝶展翅，翩翩起舞。整体产生载歌载舞的欢乐景象，寓意歌颂美好生活，向往美好未来！

作为一名指导学生发明创造为主的科创教师，以上这些类似的“下水”体验十分重要，这不仅能让我们在有学生问及“老师，你有何发明创造创新？”时有底气地回答，更是一种无形的示范引领教育力量，胜过千言万语，苦口婆心。

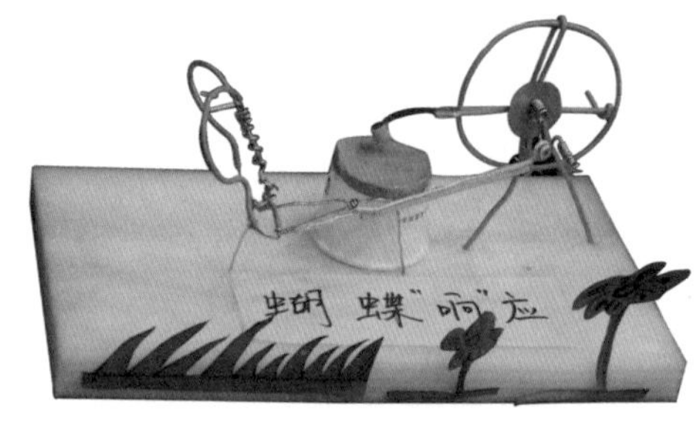

图 4-14　蝴蝶“响”应模型

第五章　发明创造的评估尺（评价策略）

在发明创造活动中，青少年普遍有争取获奖、受到别人称赞的欲望，甚至希望自己的发明创造成果能申请获得国家专利，能被市场接受，产生经济效益。可是，真正如愿以偿者很少。有的青少年勇于在发明创造这条崎岖曲折的山路上攀登，但并没有“到达光辉的顶点”；有的青少年对自己的成果“自我感觉良好”，却在参赛中未能评上奖。这是为什么呢？坦率地说，青少年不仅需要有发明创造的热情，掌握发明创造的方法和技巧，而且需要了解发明创造的评判标准，用以指导和激励自己更好地开展发明创造活动，以取得发明创造的成功。[1]

一、民众直觉，重在口碑[2]

解鱼选刀

解切砍割利刃先，
鱼头劈中竖直快。
选具不误发明工，
刀如技法思维开。

解鱼包括将鱼肉切成片、块、段，也包括将鱼头劈开等。其中，

---

[1] 文云全．略谈青少年发明创造的“评估尺”[J]. 科学大众·江苏创新教育，2014（12）：27.

[2] 文云全．儿童创造的激励性评价策略 [J]. 考试与评价，2017（8）：76.

难度最大的应该属于将鱼头劈开，这对刀的选择要求高些——不能太轻，也不能太重。对于发明创造，解鱼的启示在于选好合适的工具——思维方法。对于不同主题类型的创造，应选择灵活适用合适的思维方法和创造技法，而且最好是自己熟练掌握其使用方法和技巧的方法，这能让创造过程得以顺利进行。

段瑞春在《科学学与科学技术管理》1981年第5期发表题为“对发明创造评价标准的探讨”的文章指出：“把新颖性、先进性和实用性作为一个整体来评价科技成果和审查专利发明创造是当前国际上在此问题上的重要趋势。”新颖性的判断用反证推理，对于一项新的科技成果，如果在现有技术中存在某一技术形态和它雷同，则该项成果不具备新颖性。先进性的判断用定性的方法，评定一项成果是否比现有技术先进，包括技术原理的进步、技术构成的进步或技术效果的进步。实用性要求符合科学规律，具备实施条件，满足社会需要。

我国已启动了“指南针计划——中国古代发明创造的价值挖掘与展示”，有关专家提出，对中国古代发明创造的判断应该符合真实性、先进性、原创性、新颖性、实用性和科学性等原则。[1]借以用之，评判如今青少年发明创造，也应该符合以上这些原则。为了更加直观浅显地让更多青少年懂得发明创造的评判标准，用以指导和激励自己的发明创造行为，以下结合本人多年指导青少年发明创造的经历，从六个角度谈谈青少年发明创造的“评估尺”。

儿童被遗忘在车内引发的安全事件经常引发民众热议，江苏省启东中学沈皆伶同学认为，这些事关民众生命的课题应该马上研究。她通过研究，发明创造了“车内生命智能保护仪”（见图5-1）。她在研究报告中指出，“当汽车驾驶人员因赶着办事或其他原因将汽车在不注意的情况下锁死或汽车门关闭后自动锁死，在夏天车内温度急剧上升，冬天车内

❶ 潜伟．中国考古科技史及几点思考 [J]. 南方文物，2021（3）：9.

空调打开时二氧化碳或一氧化碳浓度上升，这些对无行为能力的小孩及其他动物来说是极其危险的。当看见银行内的报警设备和汽车的防盗报警装置时，让我深受启发，决定研制一种可用于汽车车门锁死状态下小孩及其他动物的保护装置，该装置利用所配套的测量仪器，测量车内温度、二氧化碳及一氧化碳浓度并且与手机、汽车进行信息联网，及时提醒司机车内情况，从而大大提高了被遗留在车内的无行为能力的小孩及动物的生命保障。”后来，这项发明创造获得了国家专利，并在第九届国际发明展览会上获得金奖，在第 27 届江苏省青少年科技创新大赛中获得二等奖。

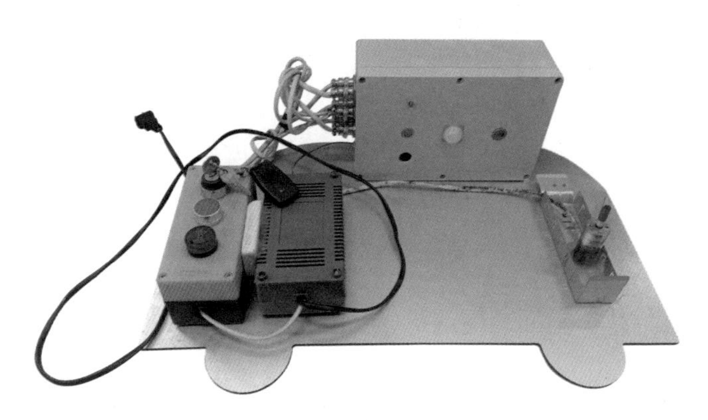

图 5-1　车内生命智能保护仪模型

空气质量直接关系人们健康，也是民众特别关心的环境指标。目前，一般采用空调器、空气净化器、排风扇调节封闭室内空气，但都不能根据空气中二氧化碳和有害气体含量进行自动调节，且空调器和空气净化器成本高，价格贵，能耗大，难以推广普及。因此，江苏省启东中学宋明哲同学发明创造了“简易室内空气自动调节器”（见图 5-2）。该发明创造作品主要由机体、空气质量检测传感器、控制电路板、风扇、过滤箱、加湿装置、调节开关和电源组成，能对空气进行二氧化碳和有害气体含量检测，并自动进行排风、过滤除尘、加湿降温，机体上装有空气质量检测传感器，检测二氧化碳和一氧化碳、甲烷、天然气等有害气体的含量，并将检测数据传输给控制电路板，根据其含量控制风扇开关。

这项发明创造参加第二十一届全国发明展览会获得铜奖，并获得国家实用新型专利，具有结构简单，成本低廉，空气调节方便，操作便捷等优点，值得推广。

图 5-2　简易室内空气自动调节器模型

在对青少年发明创造评价的实际操作过程中，最直接最有效的评判应该是随时随地、畅所欲言型的评价。[1]对于广大青少年来说，发明创造的开始往往只是一个简单的想法，或一个看似不起眼的主意，甚至是一句“不靠谱”的话、一个“出人意料”的举动。有时可能还会让民众感觉十分好笑，不可思议，认为这人“脑子进水”，但有时也可能让人感觉眼前一亮，妙不可言，赞不绝口。这其实就是对发明创造的第一“评估尺”——民众直觉。作为发明创造的实践者，我们应该学会这种最简单有效的评估，有了发明创造想法首先给周围信得过的人分享，让民众凭借直觉主观地进行判断评价，给出他们的否定或者认可，为发明创造选题的可行性或进一步改进提供直接的快速的依据和动力。

---

❶ 斯塔科 . 课堂中的创造力：充满好奇和愉悦的学校 [M]. 王贞贞，等译 . 成都：四川人民出版社，2016：470.

放鱼积善

放生力避随意杀，
鱼小命珍意欲大。
积星创意灵感护，
善得新长成名家。

放鱼归水是指将个小或品种稀缺的鱼放回水中，让其继续生长之举。放鱼即放生，有积善，保护生态，持续发展的目的。于创造，放鱼的启示在于鼓励小创意，小点子，小改进，不轻易否决任何有新意的想法，相信“星星之火，可以燎原”，日久后必得更多创新之果。因此，在发明创造过程中，不要轻易评判否决一个看似不起眼的点子，让其在鼓励之下生长。

二、专利授权，突出“三性”

《中华人民共和国专利法》第二条规定，“发明创造是指发明、实用新型和外观设计。发明，是指对产品、方法或者其改进所提出的新的技术方案。实用新型，是指对产品的形状、构造或者其结合所提出的适于实用的新的技术方案。外观设计，是指对产品的整体或者局部的形状、图案或者其结合以及色彩与形状、图案的结合所作出的富有美感并适于工业应用的新设计”。第二十二条规定：“授予专利权的发明和实用新型，应当具备新颖性、创造性和实用性。”即所谓的“三性”，也是青少年发明创造的核心“评估尺”。

新颖性，是指该发明创造或者实用新型不属于现有技术；也没有任何单位或者个人就同样的发明或者实用新型在申请日以前向国务院专利行政部门提出过申请，并记载在申请日以后公布的专利申请文件或者公告的专利文件中。新颖性是发明创造的实质，是衡量发明创造质量的决定性标准，只有先确定一个项目是否具有新颖性，才能确定它是不是一项发明创造。判断一项发明创造有没有新颖性，只限于以现在的一项发明创造同过去已有的相比，而不是把过去已有的许多项凑起来，用过去的“群体”同现在的“个体”相比。发明创造的新颖性要从发明创造项目的主体看。这就要看这项发明创造的主体部分是不是以前所没有过的新东西，有没有新的功能和新的用途，是不是新的方法。只有简单的外形变化，而主体结构和原理同过去已有的基本相同，就不能被认为具有新颖性。[1]

创造性，是指与现有技术相比，该发明具有突出的实质性特点和显著的进步，该实用新型具有实质性特点和进步。创造性的核心要求是先进性。先进性是发明创造的技术要求，是技术更新的体现，是发明创造的又一个重要的质量标准，是指一项发明创造在和性能类似、用途相同的其他东西相比较之下，技术上有所进步，能解决以前没能解决的问题，而且使用方便；或者是它改造了原有的方法、工艺，使用了新的方法、工艺，提高了原有的性能或是增加了新用途，这就具备了先进性。

实用性，是指该发明或者实用新型能够制造或者使用，并且能够产生积极效果。实用性是指这项发明创造具有能制成产品供给人们使用的使用价值，体现着发明创造的社会效益。实用性要求一项发明创造能够解决生产、工作、生活当中的实际问题。这些发明创造做成实物以后，不但能够使用，而且能够产生良好的社会效益。衡量一项发明创造是不是能够解决实际问题，首先考虑这项发明创造能不能帮助人们办到一件或几件原来办不到的事，是不是在人们原来使用过的工具、用具上增加了新的功能，是不是让人们省了力、省了事、省了时间、省了原材料、省了地方。

抄鱼动作

网囊框架和手柄，

抄鱼讲究准快稳。

---

❶ 点线面体．对青少年技术发明评估的标准 [EB/OL].（2010-04-08）[2022-05-01]. http://dxmt.blog.sohu.com/147924300.html.

浅水倚山沿岸线，
发明时机一抄成。

抄网是一种适合在浅水区捕鱼，由网囊、框架和手柄组成，以舀取方式作业的小型渔具。抄网的三大秘诀是准、稳、快。这对发明创造的启示主要在于看准时机，以及动作要求稳准快。在发明创造过程中，如果我们把选题条件即新颖性、创造性、实用性和可行性等比作抄网，那么适合的主题即可通过稳准快的筛选和分析确定下来。

江苏省启东中学高一学生季予萱同学发明创造了“汽车安全开门警醒装置”[1]（见图 5-3），因其具有符合专利要求的新颖性、创造性和实用性，于 2016 年 6 月获得国家实用新型专利。她在自己的专利申请文件中是这样描述的：

图 5-3 汽车安全开门警醒装置模型

一种汽车安全开门警醒装置，包括车载电瓶、压力传感器、智能开关、延时继电器、语音模块、喇叭、变压器和多通道 LED 显示屏控制卡，所述压力传感器安装于汽车门的内把手处，所述智能开关、延时继电器、语音模块、变压器位于集成盒内，所述集成盒位于车前部，所述多通道 LED 显示屏控制卡位于车后窗，所述压力传感器与智能开关连接，所述智能开关与延时继电器连接并触发其信号端，所述延时继电器

❶ 季予萱 . 汽车安全开门警醒装置：201620048094[P]. 2016-01-19.

同时与语音模块和变压器连接，所述语音模块与喇叭连接，所述变压器还与多通道 LED 显示屏控制卡连接。该汽车安全开门警醒装置体积小，音质好，安装简便，既能提醒车内人员开门注意观察，又能让车后人员发现前方开门，从而消除安全隐患。

同年，她的这项作品还获得第九届国际发明展览会金奖。其实，她的这项发明创造能获得国家专利和国际金奖并非易事。让我们来听听她的发明创造故事。

“由于汽车开车门引发的事故已不在少数，如何‘防患于未然’？这个问题一直缠绕在我的脑海中。通过实际观察车门结构及开门动作，并对多起开车门引发的事故进行分析，查阅相关文献后，发现现有车载语音及 LED 提醒装置也不能有效防止汽车开门事故的发生，本研究先后进行了五代解决方案的设计、实验和改进，提出利用声光电、微波雷达等设备设计一款触发警醒装置，既能够在开车门前语音提示车内人员，又能以发光字幕提醒车外行人车辆，有效减少由于开车门造成的事故。主要是当车速比较慢而未停车时，司机按下操作面板上的控制按钮，直接触发继电器，一路接通语音模块进行语音播报，警示车内人员；另一路接通 LED 多通道控制电路的其中一路，输出给 LED 驱动电路，点亮 LED 显示屏警醒路人。停车后，车内人员拉动车内把手即触动手压压力传感器，接通压力敏继电器、压力敏继电器输出的开关量给时间继电器，接通喇叭及 LED 显示屏，再次提醒车内外人员。在车后也设置了雷达感应模块，该模块感应距离可调，当检测到一定距离内的移动物体时，接通 LED 多通道控制电路的其中一路，输出给 LED 驱动电路，点亮 LED 显示屏警醒路人。显示屏装在车内后玻璃窗上。该装置在汽车 4S 店和交通部门进行专业测试，其效果得到证实。其实，科技创新之旅是一条发现之旅：发现科技的魅力，发现自己的潜能，发现更美好的未来……在研发的过程中，有我个人坚持不懈的努力，有文云全等老师不辞辛劳地指导，有学校领导的鼓励支持。科技成果获奖固然让人惊喜，但更为可贵的是在这个过程中，我的认知能力、创新能力、合作能力、职业能力等得到了多方位的挖掘，让我遇见不一样的自己。”

三、赛事摘誉，专家肯定

对多数青少年而言，发明创造较好的评价是得到专家评委的肯定，在赛事中摘得荣誉。青少年发明创造可以参加的赛事较多，如全国青少年科技创新大赛、全国发明展览会、国际发明展览会、宋庆龄少年儿童发明创造奖活动、明天小小科学家评选等。其中全国青少年科技创新大赛规则中把发明创造归入科技创新成果类比赛，要求符合科学性、创新性和实用性的“三性”原则。科学性，包括选题与成果的科学技术意义、技术方案的合理性和研究方法的正确性、科学理论的可靠性。创新性，包括新颖程度、先进程度与技术水平。新颖程度指该项发明创造或发明创造技术在申报之日以前没有同样的成果公开发表过，没有公开使用过，该项研究课题及论文的选题有创意；先进程度指该项发明创造或发明创造技术同以前已有的技术相比，有显著的进步；技术水平指课题研究及论文的研究结论所具有的科学价值和学术水平。实用性，指该项发明创造或发明创造技术可预见的社会效益、经济效益或效果以及课题研究的影响范围、应用意义与推广前景。[1]

全国青少年科技创新大赛将小学生创新成果竞赛项目与中学生创新成果竞赛项目分开评审，单独聘请科学教育方面的专家成立评审组对小学项目进行评审。充分考虑小学生进行科学探究活动的特点和水平，需要从项目涉及的科学知识、科学探究、科学态度和科学技术对社会的作用四个方面进行评审。重点考察项目的科学探究方法和技能，从科学探究的五个要素进行评审：提出和聚焦问题；设计研究方案；收集和获取证据；整理信息、分析数据、得出结论；表达与交流。[2]

---

❶ 吴建忠．中学生物科技活动研究 [D]. 长沙：湖南师范大学，2006.

❷ 林长春．全国青少年科技创新大赛小学组创新项目评审 [J]. 中国科技教育，2011（9）：2.

陈玺玏同学作为江苏省启东中学科创先锋队成员，高中阶段主要发明创造成果有：多功能晴雨伞、智能落地式电视机架、便携式智能化辅助排痰装置等。目前已有两项实用新型专利获授权，一项发明创造专利正在实质审查中。其中“便携式智能化辅助排痰装置”（见图 5-4）获第 33 届全国青少年科技创新大赛创新成果二等奖，第 18 届“明天小小科学家”奖励活动二等奖，第 5 届“互联网 +”大学生创新创业大赛萌芽板块创新潜力奖（全国共 20 项），第 10 届国际发明展览会发明创造创业奖・项目奖银奖，江苏省青少年发明家评选活动一等奖，第 29 届江苏省青少年科技创新大赛一等奖，南通市首届青少年科技创新市长奖等多个奖项。她于 2020 年被团中央授予“中国青少年科技创新奖”这一中国青少年科技创新的最高荣誉。下面让我们通过陈玺玏同学的创新故事，一起感受青少年如何在赛事摘誉和专家肯定中快乐成长的过程吧。

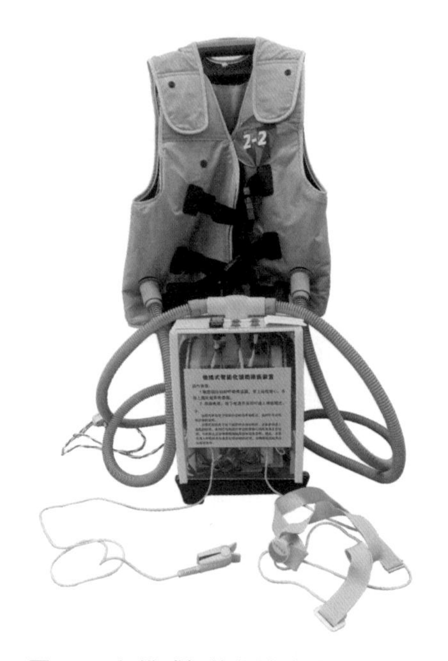

图 5-4　便携式智能化辅助排痰装置模型

来路艰辛，未来可期
——我的科创之路

陈玺玏

回望，来路。

那条曲折蜿蜒的小路，沉浸在黑夜中，我似乎看不太清了，只记得——

父母一到项目结题的繁忙季，一盏台灯，一块荧亮的电脑屏幕，在我入睡前永远都亮着。这确乎是我对科技创新最早的印象，或许是耳濡目染的缘故，我生命的轨迹似乎也渐渐与它产生了交集。

最初的最初，那是2017年冬末春初时，我考入了江苏省启东中学创新班，刚进校门，最早接触的活动便是科技创新先锋队的招新，懵懵懂懂中成为了其中的一员，只是对父母工作的好奇，对童年印记的印证而已，参加每周一次的讲座已是我做的全部的工作。

我的第一个创意方案设计是一把多功能晴雨伞，抱着最简单的目的，设计出最简单的草图，便参加了校科技创新节的比赛，意想不到的是我获得了“优秀设计奖”，一纸轻小，心底却是充溢着一种成就感混杂着抱有侥幸心理的愧疚感，我渐渐地开始对科创活动上心。

时间就这样一路奔跑，不落标点，分秒年月一声不响错落换行，时间来到了青少年科技创新大赛前夕，忆及寒假中与母亲在敬老院中做义工时，发现有一些患有慢性阻塞性肺疾病的老人无法自主排痰，而护工人工排痰费时费力的问题，我敲定了选题，接着查阅资料，分析比较，从头学起未曾研习过的专业知识，画草图，选结构，买材料，中午的闲暇时光被去学习电路连接占据，创新班鲜有的放假时间被去医院试用而挤占，确实，有些心理失衡，一度有抱怨之语。

但，看着那“便携式智能化辅助排痰装置”一代，二代……五代，一步步成长，从散落的电器元件变成一个规规整整、像模像样的产品模型，就好像看着自己的梦一点点变得清晰可辨了起来。

2018年5月，江苏省青少年科技创新大赛，泰州。

2018年8月，全国青少年科技创新大赛，重庆。

2018年10月，国际发明展览会、江苏省青少年发明家，佛山、南京。

2018年11月，全国明天小小科学家，北京。

2019年9月，南通首届青少年科技创新市长奖，南通。

2019年10月，第五届中国“互联网+”创新创业大赛，杭州……

一样样学习，一遍遍打磨，一次次优化，一场场问辩，一轮轮比赛，坐标在变，项目要求在变，而我的科创热情竟似燎原了的星星之火，愈旺愈烈。

我用时间与时间赛跑，那方荧亮的电脑屏幕前的身影，不再是父母，而是我自己。

我无意去展示自己的努力，我知道无数的人以为那不过是一份父母代劳的作品，不需要我一丝一毫的努力，很多人笑着问我，平时没见你在弄啊，怎么那么厉害，我并不奢求别人的理解，只是期望自己不曾辜负那个怀着期望并努力着的自己。

我无意于去彰显我自己的成绩，我坚信会有更多更优秀的学子取得更为骄人的成绩，我将在背后默默地祝愿他们采撷科技创新的硕果。

作为学校科技创新先锋队成员，我在历次科创节、创新体验月等活动中，表现突出，多次获优秀科技创新设计奖。多功能晴雨伞、智能可调式电视架等方案思路清晰，内容翔实，具备很强的可操作性，而且后者已获国家实用新型专利授权。

值得一提的是在“便携式智能化辅助排痰装置”的研究中，我在老师指导下，进行资料查询、市场调研、多地走访确定实施方案，动手组装并持续改进。凭借着明确的主题、科学的方法，取得了满意效果。该装置大大改善了慢阻肺患者呼吸状况，提升生活质量。在第33届全国青少年科创大赛和第18届“明天小小科学家”奖励活动中均获二等奖，第5届中国“互联网+”创新创业大赛中获萌芽板块创新潜力奖（全国仅

20个），同时申请的实用新型专利已授权，国家发明创造专利已进入实质审查阶段。

话至此处，唯言感恩，感谢那个努力着坚持，坚持着努力的自己，感谢父母，感谢老师，感谢每一个帮助过我的人，纵使一跌一晃，也有他们扶我助我继续前行。

最后的最后，那是高中的结语，也是新征程的起点……

既许深情，何忘归期。

那条仍旧崎岖着的小路，沐着初日的眸芒，我看见了前路。

未来，可期。

四、市场所需，实用科学[1]

“需要是发明创造之母”，市场是发明创造之根。[2]其实这也是在说发明创造的实用性。有人认为，发明创造的深层意义在于能唤起整个社会的潜在活力，推动科技和社会进步，启发和激励人们的聪明才智，提高全人类精神和物质文明水准，增强国家技术竞争力（技术输出），使国力增强、人民幸福。[3]反之，一个国家如果没有创造力，国家就没有活力，民族就失去希望，人民就丧失信心，整个社会就会停步不前。因此发明创造是社会发展的原动力，发明创造铺筑了人类向前发展的阶梯。

有人认为，对青少年技术发明创造的评估，最根本的是看它对人类对社会所起的作用。从总体上要看它的经济效益和社会效益。具体分析，要从新颖性、先进性、实用性和科学性等“四性”来判断发明创造质量的高低。科学性是指发明创造的性能、原理构造、方法等要符合公认的

---

❶ 吴国盛．什么是科学 [M]. 广州：广东人民出版社，2016：5.

❷ 徐方瞿．创新与创造教育 [M]. 上海：上海教育出版社，2006：142；沈世德，薛卫平．创新与创造力开发 [M]. 南京：东南大学出版社，2002：115.

❸ 胡磊，杨丽萍．社区和学校发明点子的大数据收集 [J]. 青年时代，2016（22）：1.

科学道理，没有科学错误。判断一项发明创造是不是具备科学性，要经过认真的实验检查、分析、鉴定才能对它的科学性得出结论。当然还要考虑发明创造使用后对环境是否造成污染，对人体身心健康是否有不良影响等❶。

根据市场需要发明创造“纸鞋套机”并获得国家专利的江苏省启东中学朱一丹同学，针对国家大力推行的农村厕所改造工程，在深入调研和分析后发现问题，于是发明创造了“无水手动风力高压消毒液冲洗厕所装置”（见图 5-5），主要由底板、便器和高压喷消毒液装置组成，底板上方固定有便器和高压喷消毒液装置，便器壳体内为漏斗形的贴有不粘层的滑槽，滑槽上沿装有一定数量的喷头，便器壳体后上方连接可转动的便器盖，滑槽下方为直排口，直排口处装有密封盖板，密封盖板上端通过转轴与便器壳体连接，密封盖板下端通过压缩弹簧与便器壳体连接，密封盖板下端同时通过拉线连接到便器盖内侧。使用时，用手向杠杆施力，向消毒液箱内打入高压气，将事先放在消毒液箱内的消毒液喷出，再向马桶内打入高压气体，并拉动拉环。打开马桶底盘，这样粪便便能顺着由“不粘”材料制成的马桶内壁冲入下水道，冲洗完后，马桶由于受到弹簧作用，复原拉环也恢复原状。本发明创造的有益效果是结构简单，成本低廉，无须用电、自来水，环保节能高效，操作方便，特别适合在农村推广使用，为农村厕所改造工程有效推进提供了十分重要的智力支持和产品参考，此作品还获得第七届国际发明展览会银奖和第八届宋庆龄少年儿童发明创造奖铜奖。她还通过创新感悟向学弟学妹们寄语：“如果你有了一个兴趣，不要让它止步于一个想法，而要转变为实实在在，能丰富你生活的一项活动。如果你还没有发现自己的兴趣，那就多多地观察身边的每一件事，每一个人，总有一个小细节会让你邂逅自己的兴趣爱好，然后，请参照第一句话。”

---

❶ 点线面体 . 对青少年技术发明评估的标准 [EB/OL].（2010-04-08）[2022-05-01]. http://dxmt.blog.sohu.com/147924300.html.

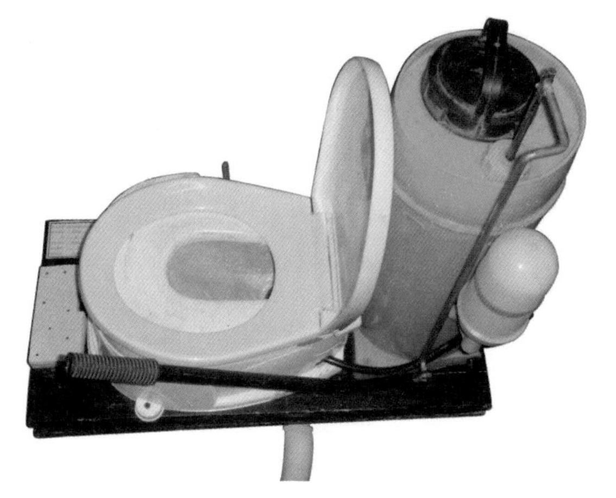

图 5-5　无水手动风力高压消毒液冲洗厕所装置模型

针对用电安全问题，江苏省启东中学王子凡同学敏锐地发现某些特殊场所，如浴室、卫生间、小孩或老人房间、学生宿舍、幼儿园、中小学教室、加油站、油库等，为避免用电安全事故发生，需要提供一种低压电源，进而发明创造了“一种非接触式全封闭安全插座及插头”（见图 5-6）。它采用非接触式全封闭传输，通用 USB 接口，限定输出电压和功率，能有效防触电、防过载、防潮、防尘、防爆，既适用于特殊场合，也可广泛用于一般场合小功率电子产品，如手机、MP3、MP4、复读机、微型扩音机、剃须刀、LED 台灯、对讲机、电子计量设备等，管理方便，安全可靠。此作品获得第 21 届全国发明展览会银奖。他在科创感悟中说：“高中学习期间，在老师的指导下，我尝试进行发明创造实验，取得了一定奖项，受到了大家鼓励。在创新发明创造活动中，一是深化了知识和认识。通过创新发明创造活动，把课堂上学到的理论知识运用到实践中，深化了对理论知识的认识。二是激发了学习兴趣。在创新发明创造实践中，自己动手操作，虽然有时失败，但当获得成功时，心中会激起很强的成就感，激发了我进一步加强学习、探索创新的兴趣。三是提高了答辩能力。通过对创新发明创造原理的学习分析，在南京大学、东南大学自主招生考试中，提高了自己对考试题目的分析能力和应答能力，帮助自己顺利地通过了大学自主招生考试，顺利地进入了南京大学。”

图 5-6　一种非接触式全封闭安全插座及插头模型

当然，青少年技术发明创造是不是具备“四性”，要综合起来分析。这“四性”是相互联系、相辅相成的；发明创造活动应按照“四性”的要求去选题、去构思、去设计、去制作。只有认真掌握这“四性”，才能使发明创造水平不断提高，才能搞出好的发明创造来。❶

五、星级认证，激励成长

测鱼视觉

测量常见研究中，

鱼之感官定计谋。

视为首要心有度，

觉技巧引成随后。

量化研究是一种技能，更是一种方法和要求，而测量是量化研究的重要手段。在渔趣活动中，应该首先从鱼的感官测量，尤其是视觉能力开始，做到心中有数，然后采取巧妙的引诱方法，让鱼在可视而不清晰的情况之下，最能使其“随我意”“跟我来”。所以，指导发明创造也要了解孩子“可视”范围。

❶ 点线面体 . 对青少年技术发明评估的标准 [EB/OL].（2010-04-08）[2022-05-01]. http://dxmt.blog.sohu.com/147924300.html.

南通大学创造教育研究所所长王灿明在《中小学生创造力的测量与评价》一文中指出，人们对创造力的理解不一，导致中小学生创造力测评中的许多困扰。目前中小学生创造力测量总体上是从创造的作品、人和过程三方面衡量的，创造力评价应坚持专家评价与校园评价、静态评价与动态评价、教育评价与发展指导、评价与元评价相结合的原则。

对青少年发明创造的评价更多地应该关注评价对青少年成长的激励作用。实践证明，与新课程接轨，采取“星级论证”的方法是行之有效的。启东市大江中学率先启动了学生发明创造素质的早期认证，大胆实施发明创造教育评价的优化变革[1]，给学生颁发“星级证书”，取得了良好效果。其评价体系共分 4 大板块、15 项指标。4 大板块分别为发明创造品质、发明创造知识、发明创造技能以及发明创造成果，实行定性与定量考核相结合，总星点为 50，学校为达到 30 星点以上的学生颁发“星级证书”，并根据星点分为三星级、四星级和五星级。认证实施后，学生们平时更加积极地参加发明创造活动，更注重积累发明创造经历、感言等相关资料，收集最满意的创意设计等作品，使自己的成长记录丰富多彩。[2]

江苏省启东中学国际部学生杨姚耀同学和俞淳耀同学在科技创新活动中表现突出，获得“五星级证书”。他们除了平日积极参加相关科创活动以外，还主动寻找机会开展各种各样的研究性学习活动，包括发明创造、社会实践、志愿服务等。他们发现现有大棚种植和室内景观植物的补光技术存在效率低、光色单一、光照强度不可调节，补光不均衡的问题，且不能满足室内混合种植和植物不同生长阶段的补光需求。针对这一问题，他们发明创造了“一种分布式 LED 植物均衡补光的方法和系统”解决以上问题。该发明创造包括上位机、调光控制模块、恒流驱动

[1] 王灿明，文云全 . 中国当代创造教育：探索、困境与对策 [M]. 上海：上海教育出版社，2011：7.

[2] 文云全 . 中小学科技创新教育评价的优化变革初探 [J]. 科学时代，2010（23）：341.

模块、阵列式 LED、室内植物光度和温度检测模块。室内温度和光线强度经分区域光度和温度检测模块传送给调光控制模块，调光控制模块分时段、分区域控制恒流驱动模块，恒流驱动模块控制阵列式 LED，阵列式 LED 向室内植物补充光能。上位机根据植物种类和生长周期向调光控制模块提供不同的控制方案，调光控制模块将室内光线强度、温度和补光信息传输给上位机，由上位机进行存储、显示和控制工作。其特点是系统从空间排布、光强度可调和不同颜色 LED 发光控制三个方面实现对植物的均衡补光，促使室内植物光合作用，节能、高效，能通过多种控制方案适应多种植物不同生长周期的补光需要。

六、自我实现，“成物”“成己”

从本质上说，对青少年发明创造的评价是为了学生全面而有个性地发展。突出主体、回归生活、注重实践是发明创造评价的基本理念，其核心价值是培养学生的实践能力、发明创造精神、情感态度价值观。因此，对青少年发明创造的评价，一是要着眼于学生的实践和经验，在“做中学、学中做”[1]，让学生能有更多的动手实践和体验的机会，在活动的实践中引导学生实现对活动过程的积极情感体验，感受实践活动的乐趣，以实践求真知，以实践求体验，以实践求发展。二是要通过教育挖掘人的创造潜能，让学生科学发展、全面发展、个性发展、持续发展，不断满足学生自主发展与自我实现的需求，追求“成物”与“成己”的结合。三是要培养学生的“五种精神”“五种意识”和“五种作风”。所谓“五种精神”，是指培养学生质疑、批判、团队、奉献和敬业的精神；所谓“五种意识”，是指培养学生竞争、冒险、责任、环保和维权的意识；所谓“五种作风”，是指教育学生自觉养成严谨、求真、谦虚、诚信

[1] 韦钰．十年“做中学”为了说明什么 [M]. 北京：中国科学技术出版社，2012：1.

和高效的作风。[1]

在中学阶段便拥有“一种大管径割管器”“一种电动电气水示数盒”“信件封口开启两用器”和“相片贴膜装置”等多项发明创造作品的江苏省启东中学张天鹭同学，在回想自己的创新感悟时说：“我从小就喜欢参加小发明创造，初中开始就在老师的指导下参加各类的小发明创造的活动，在进入高中后也不忘发明，也很幸运地在省级及国家级的发明创造评比中取得了良好的成绩。参与发明创造创新，能够活跃我的思维，能够从多角度多方位去考虑处理事情，这样的思维方式也能够在将来的工作生活中得以广泛的应用。也希望学弟学妹们能够勇于创新，敢于创新，善于创新，开阔自己思维的同时，相信也能为自己学习生活中增添乐趣，收获精彩。”

在发明创造评价中，以“过程性”为原则建设发明创造项目孵化中心，让学生通过项目学习达成“七会”目标[2]（见图5-7），即会看（科学观察）、会找（敏锐发现）、会想（大胆构想）、会画（方案设计）、会做（动手操作）、会写（研究报告）、会讲（交流分享）。为培养学生的发明创造精神和实践能力，为发明人才培养奠基，让一批拔尖发明人才由此生长发展，学校以斯滕伯格的创造力三维智力理论、杜威的“做中学”理论和斯滕豪斯的课程开发实践模式等为理论支撑，以发明创造项目孵化为依托，实施完整的发明创造过程教育，让学生了解和体验完整的发明创造基本程序和环节，掌握发明创造实施的规律、方法和要领，全方位、多角度地培养提高学生的科学素养、科学探究能力和技术发明创造能力。制定项目孵化规程，配备电脑室、多媒体室、实验室、模型制作室、成果展示交流室“五大功能室”，建设孵化项目资料库，形成学生需求、学校条件与专家信息相结合的发明创造项目孵化网络系统。

---

[1] 李俊，文云全．普通高中创新人才培养校本化探索——以江苏省启东中学为例[J]. 创新人才教育，2016（3）：51-55.

[2] 文云全．创造力开发“OCPE”体系架构及实施策略[J]. 现代中小学教育，2018（8）：1；文云全．中小学创新人才培养校本化探索[J]. 教学与管理，2015（5）：13.

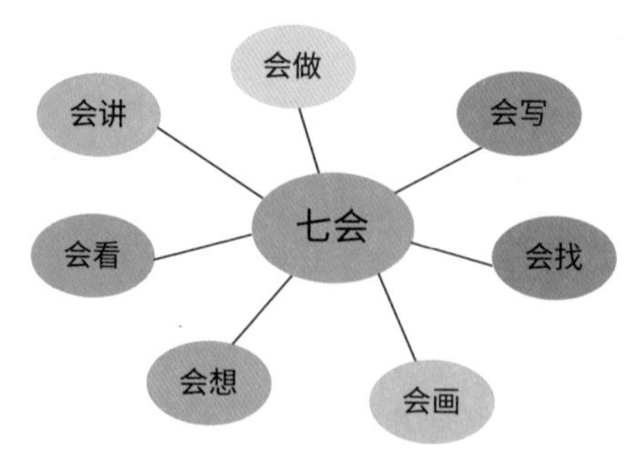

图 5-7 “七会”学习目标示意图

当然，发明创造的评判标准是与发明创造的特点、意义和作用密不可分的。对青少年而言，发明创造的“评估尺”是多角度、动态化和激励性的，需要我们根据青少年的年龄特点、知识水平、发明创造对象、发明创造目的和社会需求等要素正确把握，方能让大家的发明创造热情更高、发明创造兴趣更浓、发明创造选题更具针对性和可操作性，让发明创造的过程少走弯路，使发明创造成功的梦想早日实现。

后记

Postscript

书稿完成，终于有机会为本书写后记了，心里既激动又忐忑。激动的是将自己多年开展发明创造教育研究与实践的成果梳理成册，忐忑的是担心自己的理念、想法和表述不能同时满足青少年、家长、教师和从事发明创造研究者等多类读者的需求，毕竟我心里十分清楚，发明创造对于国家发展、人类进步具有非常重要的意义，因为作为“牛鼻子”的科技创新是创新型国家的“发动机”，而作为“牛鼻绳”的发明创造是科技创新的“核动力”。

无论心情多么复杂，梳理难度多么大，我一直真心希望本书能早日与读者见面，因为十年前，我受邀在《江苏创新教育》杂志上开设“学发明琐论”专栏，连载数十篇文章之后，便有不少老师提出让我编辑出书的建议。期间，我有了自己的体会，发明创造如捕鱼，技法和兴趣都很重要，应该让青少年不仅领会发明创造的重要意义和价值，还应体会发明创造的思想与方法，并能在探索实践中体验发明创造的趣味，领悟发明创造的真谛。这就是《渔趣发明》诞生记。

对了，还想告诉大家，作为一名科创教师，其实我是“半路出家”的。二十多年前，作为一名心怀美好梦想的中学物理教师，我踌躇满志。然而，就在那时，所在学校出现了科技教师“断代”的危机，我临危受命，兼任科技辅导员。两年间，我从科技教育“门外汉”成长为“全国优秀科技辅导员”，后来专门从事以发明创造为重点的科创教育研究与实践，任教通用技术、综合实践活动、劳动与技术、学会发明等多门课程。如今，在“渔趣发明”理念指导下，我辅导的学生发明创造项目超过 2 万项，学生中不乏“中国少年科学院院士”“中国当代发明家”“中国青少年科技创新奖”“青少年发明家”“科创之星”“创新标兵”“创业能手”等，在各行各业逐梦创新，奉献社会。我也先后获评全国模范教师、全国优秀创新创业导师、全国十佳优秀科技辅导员、江苏省特级教师、正高级教师、“苏教名家”培养对象等，领衔名师工作室和劳模创新工作室被江苏省教育科技工会确认为第四批江苏省教科系统示范性劳模和工匠人才创新工作室。期待大家在发明创造之路上走出属于自己、属于国家、属于民族和世界的精彩！

最后，我要感谢知识产权出版社对本书出版付出的辛勤劳动！感谢江苏省启东中学、启东市大江中学和工作室小伙伴们对本书出版的大力支持！非常感谢国家知识产权局刘启龙主任、中国科学院上海光学精密机械研究所向世清教授、北京师范大学郭华教授、华中师范大学刘华教授、东南大学任祖平教授和南通大学王灿明教授等对出版本书的积极鼓励和大力推荐！特别感谢中国科学院上海光学精密机械研究所向世清教授能在百忙中抽出宝贵时间倾力为本书作序！同时，书中引用了部分学生作品图文以及参考文献资料，在此一并表示感谢！

由于本人水平有限，书中一定存在不少疏漏，恳请大家批评指正！